普通高等学校
电类规划教材

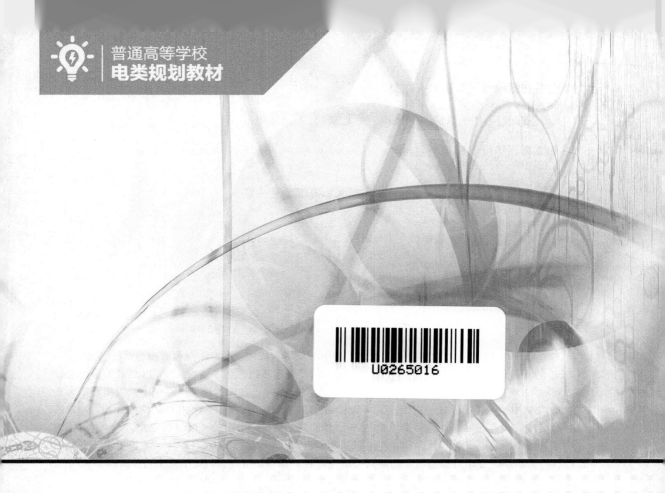

U0265016

PLC 原理及应用

西门子 S7-200

◎刘星平 主编
◎赖指南 唐勇奇 王明东 副主编

人民邮电出版社
北 京

图书在版编目（CIP）数据

PLC原理及应用 / 刘星平主编. -- 北京：人民邮电出版社，2017.1
普通高等学校电类规划教材
ISBN 978-7-115-44514-8

Ⅰ．①P… Ⅱ．①刘… Ⅲ．①PLC技术－高等学校－教材 Ⅳ．①TM571.6

中国版本图书馆CIP数据核字(2016)第316078号

内 容 提 要

本书系统地讲解 PLC 原理及应用，共分 10 章。第 1 章概述、第 2 章继电器控制系统基础、第 3 章 PLC 的硬件组成与工作原理、第 4 章可编程控制器编程基础、第 5 章 S7-200 PLC 的编程方法、第 6 章 S7-200 PLC 的功能指令及其应用、第 7 章 S7-200 PLC 在模拟量控制系统中的应用、第 8 章 S7-200 PLC 控制系统的设计与应用、第 9 章 HMI 的组态与应用、第 10 章 PLC 的网络控制。每章后附有习题，供读者练习与上机实践。书中标有*号的章节可根据教学的要求进行选用。

本书可作为普通高等学校自动化、电气工程及自动化、机械设计及自动化、测控技术等专业的课程教材，高职高专也可根据需要选讲其中部分内容。本书还可供工程技术人员自学或培训使用。

◆ 主　　编　刘星平
　　副 主 编　赖指南　唐勇奇　王明东
　　责任编辑　张孟玮
　　执行编辑　李　召
　　责任印制　沈　蓉　彭志环

◆ 人民邮电出版社出版发行　　北京市丰台区成寿寺路 11 号
　　邮编　100164　　电子邮件　315@ptpress.com.cn
　　网址　http://www.ptpress.com.cn
　　固安县铭成印刷有限公司印刷

◆ 开本：787×1092　1/16
　　印张：18.25　　　　　　　　2017 年 1 月第 1 版
　　字数：446 千字　　　　　　 2025 年 1 月河北第 14 次印刷

定价：48.00 元

读者服务热线：(010)81055256　印装质量热线：(010)81055316
反盗版热线：(010)81055315

教育部为贯彻落实《国家中长期教育改革和发展规划纲要（2010-2020 年）》和《国家中长期人才发展规划纲要（2010-2020 年）》，于 2010 年开始实施"卓越工程师教育培养计划"（简称"卓越计划"）。作为首批实施高校之一，湖南工程学院为推进"卓越计划"，对相关专业的专业课程进行了整合，本书即是在对相关专业开设的《电气控制与 PLC》课程内容进行整合的基础上编写而成的。

本书是以 S7-200 系列 PLC 为主进行编写的，为适应 PLC 的最新发展与应用，增加了触摸屏控制、S7-200 SMART 系列 PLC 等一些新内容，主要章节最后都有与工程实际应用相对应的项目实例，章节的编排上遵循深入浅出的学习顺序和规律。

随着技术的发展，可编程序控制器的功能也越来越强大，所以原来很多由继电器控制系统（俗称电气控制技术）实现的功能可以很容易地由可编程序控制器来实现，正是基于这一考虑，所以把电气控制技术与可编程序控制器这两门课程合并，书中只保留了继电器控制系统的经典知识及基本应用。

可编程序控制器简称 PLC，是以微处理器为核心的工业自动控制通用装置。它具有控制功能强、可靠性高、使用灵活方便、易于扩展、通用性强等一系列优点，不仅可以取代继电器控制系统，还可以进行复杂的生产过程控制和应用于工厂自动化网络，被誉为现代工业生产自动化的三大支柱之一。因此，学习和掌握 PLC 应用技术已成为工程技术人员的紧迫任务。

本书编写时力求由浅入深、通俗易懂、理论联系实际、注重应用，充分体现教材内容的适用性和先进性。结合作者多年的工程应用实践和教学经验，书中的相关章节列举了大量的工程实例，所列举的例子都可以作为教学案例。

本书从应用的角度出发，系统地介绍了 PLC 硬件组成、工作原理和性能指标，以国内使用西门子公司 S7-200 系列 PLC 为样机，详细介绍了其指令系统及应用、PLC 程序设计的方法与技巧、PLC 控制系统设计应注意的问题等。为了适应新的发展需要，本书还介绍了 PLC 在模拟量过程控制系统中的应用、触摸屏或计算机对 PLC 控制系统的组态监控设计、PLC 的网络通信与控制、高速计数及脉冲输出的编程应用等。

每章后附有习题，供读者练习与上机实践。书中标有*号的章节可根据教学的要求进行选用。主要章节的习题参考答案请登录人邮教育社区 www.ryjiaoyu.com。

本书由湖南工程学院刘星平担任主编，湖南工程学院赖指南、唐勇奇、昆山佰奥智能装备股份有限公司的王明东担任副主编，全书由刘星平统稿。

本书获得 2016 年湖南省普通高等学校教学改革研究项目（基于翻转课堂的 PLC 课程项目化教学的改革与实践）（湘教通【2016】400 号）的资助。

由于编者水平有限，书中难免有不足和错误之处，恳请读者批评指正。

编　者

2017 年 2 月

电气控制包括继电器控制和 PLC（programmable logic controller）控制，继电器控制是经典、传统的电气控制方法，一般把继电器控制叫作继电控制系统（或电气控制技术）。而 PLC 控制系统除了可以代替继电器控制系统中的控制电路外，还能实现比较复杂的控制功能，所以继电器控制系统是 PLC 控制系统的基础。

1.1 继电器控制系统的发展简介

1.1.1 电器与电气控制的概念

电器是对电能的生产、输送、分配和应用起控制、调节、检测及保护等作用的工具之总称，如开关、熔断器、变阻器等都属于电器。简言之，电器就是一种能控制电的工具。电器的控制作用就是手动或自动地接通、断开电路，因此，"开"和"关"是电器最基本、最典型的功能。

电气是以电能、电气设备和电气技术为手段来创造、维持与改善限定空间和环境的一门科学。电气是一种利用电产生能量的方式。如电气设备、铁路电气化、工业电气自动化。

由电器元件按照一定的控制要求而组成的控制系统，称为电气控制系统。所使用的电器元件，主要指的是控制类电器元件，如按钮、转换开关、继电器、接触器和行程开关等。控制要求，指的是为使控制对象完成某一动作而提出的要求，如夹具的夹紧与松开；某一运动部件的前进与后退；转轴的正转与反转；电动机的启动与停止等。

1.1.2 继电器控制系统经历的两个阶段

手动控制阶段：每一条控制命令都需要操作工人通过按钮等电器元件发出。有系统结构简单、造价低廉的优点。但操作麻烦、费时、效率不高，不能实现生产的自动化。

自动控制阶段：除启动命令外，所有的其他命令都可以由控制装置按照事先设计好的逻辑控制关系自动有序地发出，系统操作方便，效率高，可实现生产的自动化。但（1）对于复杂的自动化系统，控制系统结构复杂，造价较高；（2）复杂控制系统的安装、接线工作量大，制作周期长；（3）控制系统的接线固定，程序更改不方便，因此通用性、适应性差，不能适应瞬息万变的商品生产的需要；（4）复杂控制系统的线路越复杂，则故障点越多，工作的可靠性越差，查找故障点越困难；（5）控制系统的体积大、重量大、耗电量大。

目前主要应用于控制程序不是很复杂、所需继电器数量不是很多、对工作的可靠性和动作速度的要求不是很高、控制程序比较固定的场合，如传统的车床、铣床、钻床、磨床、刨床等机床上使用的控制系统主要是继电器控制系统。

1.2 PLC 控制系统的发展概况

1.2.1 可编程控制器的产生及其定义

1. 可编程控制器的产生

1968 年，由美国通用汽车公司（GE）提出了研制可编程序控制器（即可编程控制器）的基本设想，希望尽量减少重新设计和更换继电器控制系统的硬件和接线、减少系统维护和升级时间、降低成本。希望将计算机的优点与继电器控制系统简单易懂、操作方便、价格便宜等优点相结合，设计一种通用的控制装置来满足生产需求。

1969 年，由美国数字设备公司（DEC）研制成功世界上第一台可编程控制器，有逻辑运算、定时、计算功能，称为 PLC。

1980 年后，由于计算机技术的发展，PLC 采用通用微处理器为核心，功能扩展到各种算术运算，PLC 运算过程控制可与上位机通信，实现远程控制。

2. 可编程控制器的定义

国际电工委员会（IEC）1985 年颁布的可编程逻辑控制器的定义如下："可编程逻辑控制器是专为在工业环境下应用而设计的一种数字运算操作的电子装置，是带有存储器、可以编制程序的控制器。它能够存储和执行命令，进行逻辑运算、顺序控制、定时、计数和算术运算等操作，并通过数字式和模拟式的输入输出，控制各种类型的机械或生产过程。可编程控制器及其有关的外围设备，都应按易于工业控制系统形成一个整体、易于扩展其功能的原则设计"。

可编程序控制器是一种用程序来改变控制功能的工业控制计算机，它是以微处理器为基础的通用工业控制装置。

1.2.2 可编程控制器的发展

可编程控制器最初是用于替代继电器控制系统的新型控制器，现在的 PLC 功能更加完善，除了在开关逻辑控制的场合能够大显身手外，在要求有模拟量闭环控制、运动控制的场合，PLC 也能完成。而且 PLC 更适用于工业生产现场环境，具有更高的可靠性及较好的电磁兼容性。

近年来，可编程控制器发展很快，几乎每年都推出不少新的系列产品，其功能已远远超出了定义的范围，已成为自动化工程的核心设备。PLC 成为现代工业自动化的三大技术支柱（PLC、机器人、CAD（Computer Aided Design）/CAM（Computer Aided Manufacturing））之一。

1.3 PLC 的分类

PLC 的生产厂家有很多，除了美国的一些生产厂家之外，还有欧洲一些国家的生产厂家（如德国西门子的系列 PLC、法国施耐德的系列 PLC、日本的生产厂家（如三菱的系列 PLC、欧姆龙系列 PLC）、中国台湾的生产厂家（如台达系列 PLC、永宏系列 PLC），此外在中国大陆也有许多 PLC 生产厂家（如大工计控的系列 PLC、上海香岛机电公司的系列 PLC）等。一般可将 PLC 按输入输出点数（I/O 点数）和结构进行分类。

1.3.1 按 I/O 点数分类

按 I/O 点数可分为微、小、中、大型四大类。

（1）微型 PLC：I/O 点数在 64 点以下，主要用于单台设备的控制。

（2）小型 PLC：I/O 点数在 256 点以下，主要用于小型自动化设备或机电一体化设备的控制。

（3）中型 PLC：I/O 点数在 256～1024 点之间，主要用于有大量开关量控制的综合性设备的控制，可以实现较简单的模拟量闭环控制。

（4）大型 PLC：I/O 点数在 1024 点以上。主要用于大规模过程控制、集散控制系统和工厂自动化网络等。能进行远程控制和智能控制，控制规模大，组网能力强。

以上划分不包括模拟量 I/O 点数，且划分界限不是固定不变的。

1.3.2　按结构分类

可编程序控制器从结构上可分为整体式和模块式。

（1）整体式：又称单元式或箱体式。整体式 PLC 一般为小型机（24 点、40 点、64 点等），整体式 PLC 是将电源、CPU、I/O 部件都集中装在一个机箱内。整体式 PLC 由不同 I/O 点数的基本单元（又称主机）和扩展单元组成。基本单元内有 CPU、I/O 接口、与 I/O 扩展单元相连的扩展口，以及与编程器或计算机相连的接口等。基本单元和扩展单元之间一般用扁平电缆连接。

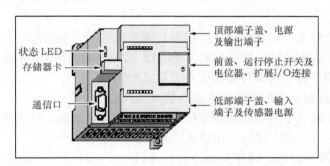

图 1-1　整体式 PLC

（2）模块式：将 PLC 各部分分成若干个单独的模块，如电源模块、CPU 模块、输入/输出模块、A/D，D/A 模块、通信模块、各种功能模块等，模块装在框架或基板的插座上，组合灵活，可根据需要选配不同模块组成一个系统，而且装配方便，便于扩展和维修。可组成中型机（128～512 点）、大型机（>512 点），如图 1-2 所示。

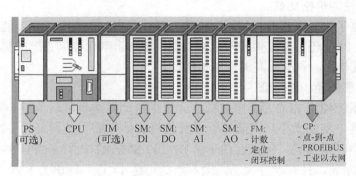

图 1-2　模块式 PLC

1.4 PLC 的特点

1. 编程简单、使用方便

"可编程"是 PLC 应用最重要的特点，由于大多数 PLC 编程系统均采用类似于继电器-接触器控制线路的梯形图编程语言，与常用的计算机语言相比，更容易为一般工程技术人员所理解和掌握。同时，PLC 编程软件或简易编程器的操作与使用也比较简单，现场可修改程序。

2. 维修工作量少，维护方便

可编程序控制器的故障率很低，并且有完善的自诊断和显示功能。可编程序控制器或外部的输入装置和执行机构发生故障时，可以根据可编程序控制器上的发光二极管或编程器提供的信息迅速地查明故障的原因，用更换模块的方法可以迅速地排除故障。

3. 可靠性高，抗干扰能力强

传统的继电器控制系统使用了大量的中间继电器、时间继电器。由于触点接触不良，容易出现故障。PLC 用软件代替了中间继电器和时间继电器，仅剩下与输入和输出有关的少量硬件元件，接线可减少到继电器控制系统的十分之一以下，大大减少了因触点接触不良造成的故障。另外，PLC 有较强的带负载能力，可以直接驱动大多数电磁阀和中小型交流接触器的线圈。

PLC 采用了光电隔离、电磁屏蔽、防辐射、输入滤波等一系列硬件和软件抗干扰措施，提高抗干扰能力，平均无故障时间达到数万小时以上，可以直接用于有强烈干扰的工业生产现场，PLC 被广大用户公认为最可靠的工业设备之一。

4. 大大提高了控制系统的设计、安装、调试工作效率

PLC 用软件功能取代了继电器控制系统中大量的中间继电器、时间继电器、计数器等器件，使控制柜的设计、安装、接线工作量大大减少。

PLC 的梯形图程序可以用顺序控制设计法来设计。这种设计方法很有规律，很容易掌握。对于复杂的控制系统，用这种方法设计程序的时间比设计继电器系统电路图的时间要少得多。

大多数的 PLC 可以用仿真软件来模拟 CPU 模块的功能，用它来调试用户程序。在现场调试过程中，一般通过修改程序就可以解决发现的问题，系统的调试时间比继电器系统少得多。

5. 功能强，性能价格比高

PLC 内部提供了许多可供用户使用的编程元件，有很大的存储容量，能实现非常复杂的控制功能。另外，PLC 还可以提供联网通信功能，实现自动化控制系统的集成。与相同的硬件继电器控制系统相比，具有很高的性能价格比。

6. 体积小、重量轻、能耗低

复杂的控制系统使用 PLC 后，可以减少大量的中间继电器和时间继电器，小型 PLC 的体积相当于几个继电器的大小，因此可以将开关柜的体积缩小到原来的 1/2～1/10。可编程序控制器的体积小、重量轻，例如西门子的 S7-200 SMART PLC（CPU SR20 型），其底部尺寸为 90mm×100mm，只有卡片大小，输入点数可达 14 点，输出为 8 点，重量为 367.3g，正常功耗为 14W。由于体积小，很容易装在机械设备内部，是实现机电一体化的理想控制

设备。

7．硬件配套齐全，通用性强，适用性强

PLC 一般都配备有品种齐全的各种硬件装置供用户选用，产品已经标准化、系列化、模块化，使用者可以灵活方便地进行系统配置，组成不同功能、不同规模的控制系统。硬件配置确定后，通过修改用户程序，就可以快速方便地适应工艺条件的变化。

1.5　PLC 的应用领域

PLC 已迅速渗透到工业控制的各个领域，应用范围也越来越广。当前，PLC 在国内外已广泛应用于机械制造、钢铁、装卸、造纸、纺织、环保、风力发电、采矿、水泥、石油、化工、电子、汽车、船舶、娱乐等各行各业。

PLC 的应用范围大致可分为以下几个大类。

1．顺序控制（开关量逻辑控制）

这是 PLC 最广泛应用的领域，PLC 具有逻辑控制功能，特别适用于开关量控制系统，可以实现各种通断控制。它取代传统的继电器顺序控制。PLC 应用于单机控制、多机群控制、生产自动线控制，如组合机床、磨床、装配生产线、包装生产线、电镀流水线及电梯控制、注塑机、切纸机械、印刷机械、订书机械等。

2．（闭环）过程控制

在工业生产过程中，许多连续变化的物理量需要进行控制，如温度、压力、流量、液位等，这些都属于模拟量。过去，控制系统对于模拟量的控制主要靠仪表。现在的 PLC 都具有闭环控制功能，即具有 PID 控制能力，可用于过程控制，而且编程和使用都比较方便。

3．运动控制

目前许多 PLC 已提供了拖动步进电机或伺服电机的单轴或多轴位置控制的功能或专用位置控制模块。可以实现由 PLC 对伺服电机或步进电机的位置和速度进行控制，图 1-3 所示为 PLC 对单个电机的控制示意图，图 1-4 所示为 PLC 对 3 个伺服电机的控制示意图，运动控制的编程可用 PLC 的编程语言完成。

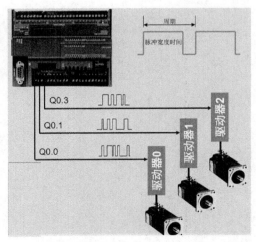

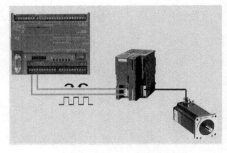

图 1-3　PLC 对单个伺服电机的控制　　　　图 1-4　PLC 对 3 轴伺服电机的控制

相对来说，位置控制模块比 CNC 装置体积更小、价格更低、速度更快、操作更方便。

4．数据处理

现代的 PLC 有较强的数据处理能力，具有数学运算和数据传送、转换、排序和查表、位操作、数据显示和打印等功能。可以完成数据的采集、分析和处理，进行函数运算、浮点运算等。

5．通信和联网

为了适应国外近几年来兴起的工厂自动化（FA）系统、柔性制造系统（FMS）及集散系统等发展的需要，现在的 PLC 还具有与其他智能控制设备之间、PLC 和上级计算机之间、PLC 与 PLC 之间的通信功能。使用 PLC 可以很方便地组成集中管理、分散控制的分布式控制系统。

总之，PLC 已经广泛应用于各种机电自动化设备和生产过程的自动控制系统中，在其他领域，例如在民用和家用自动化设备控制系统中也得到了迅速的发展。

习　　题

1-1　继电器控制系统有哪些优缺点？

1-2　什么是可编程控制器？它的特点是什么？

第 **2** 章 继电器控制系统基础

PLC 是从继电器控制系统发展而来的。它的梯形图程序与继电器控制系统的电路图相似，所以梯形图中的某些编程元件也沿用了继电器这一名称。

这种用计算机程序实现的软继电器，与继电器控制系统中的物理继电器在功能上有某些相似之处。先回顾一下继电器控制系统的基本知识。

任何一种继电器控制系统的控制线路，都是由一些最基本的单元所组成。为了便于理解控制电路的组成及工作原理，本章将首先介绍一些最常用的有触点的控制电器，然后就普遍应用的三相鼠笼式异步电动机的一些典型控制电路进行扼要的介绍。

2.1 继电器控制系统的基本单元

继电器控制系统的核心是继电器，继电器在电气自动化工业中起到"开关"的作用。继电器用于控制电路，电流小，没有灭弧装置，可在电量或非电量的作用下动作。它具有控制系统（又称输入回路）和被控制系统（又称输出回路），通常应用于自动控制电路中，它实际上是用较小的电流去控制较大电流的一种"自动开关"。

继电器具有逻辑记忆功能，能组成复杂的逻辑控制电路，继电器用于将某种电量（如电压、电流）或非电量（如温度、压力、转速、时间等）的变化量转换为开关量，以实现对电路的自动控制功能。

继电器的种类很多，按输入量可分为电压继电器、电流继电器、时间继电器、速度继电器、压力继电器等；按工作原理可分为电磁式继电器、感应式继电器、电动式继电器、电子式继电器等；按用途可分为控制继电器、保护继电器等；按输入量变化形式可分为有无继电器和量度继电器。

有无继电器是根据输入量的有或无来动作的，无输入量时继电器不动作，有输入量时继电器动作，如中间继电器、通用继电器、时间继电器等。

量度继电器是根据输入量的变化来动作的，工作时其输入量是一直存在的，只有当输入量达到一定值时继电器才动作，如电流继电器、电压继电器、热继电器、速度继电器、压力继电器、液位继电器等。

2.1.1 电磁式继电器

电磁式继电器一般由铁芯、电磁线圈、衔铁、触点簧片等组成（如图 2-1 所示）。只要在线圈两端加上一定的电压，线圈中就会流过一定的电流，从而产生电磁效应，衔铁就会在电磁力吸引的作用下克服返回弹簧的拉力吸向铁芯，从而带动衔铁的动触点与静触点（常开触点）吸合。当线圈断电后，电磁的吸力也随之消失，衔铁就会在弹簧的反作用力作用下返回原来的位置，使动触点与原来的静触点（常闭触点）吸合。这样吸合、释放，从而达到了在电路中的导通、切断的目的。从继电器的工作原理可以看出，它是一种机电元件，通过机械动作来实现触点的通断，是有触点元件。

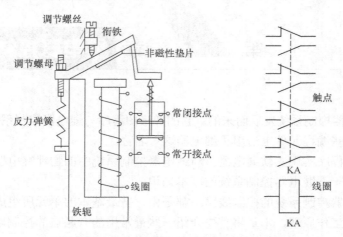

图 2-1　电磁式继电器组成示意图及图文符号

2.1.2　接触器

接触器的结构和工作原理与继电器的基本相同，接触器也是利用电磁吸力的原理工作的，主要由触头系统、电磁系统、灭弧装置、支架底座、外壳组成。用于主电路，电流大，有灭弧装置，一般只能在电压作用下动作。电磁机构通常包括吸引线圈、铁芯和衔铁三部分。图2-2 所示为交流接触器的结构图以及图形与文字符号。

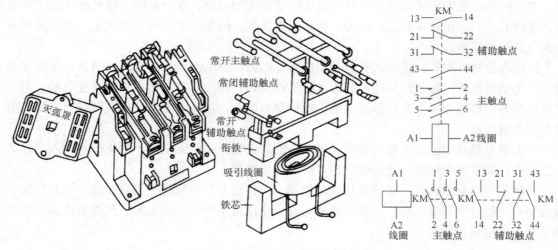

图 2-2　交流接触器结构图及图文符号

接触器是一种用来自动接通或断开大电流电路的电器。它可以频繁地接通或分断交直流电路，并可实现远距离控制。其主要控制对象是电动机，也可用于电热设备、电焊机、电容器组等其他负载。按照所控制电路的种类，接触器可分为交流接触器和直流接触器两大类。

2.1.3 热继电器

电动机长期过载、频繁启动、欠电压、断相运行均会引起过电流。热继电器是具有过载保护特性的过流继电器，它是利用电流的热效应来切断电路的保护电器。它在控制电路中，用作电动机的过载保护和断相保护，既能保证电动机不超过容许的过载，又可以最大限度地保证电动机的过载能力。当然，首先要保证电动机的正常起动。

图 2-3 所示为热继电器结构原理图，作电动机过载保护时，将热元件 3 串接在电动机定子绕组中。当电动机正常运行时，热元件产生的热量虽然能使双金属片 2 发生弯曲，但不足以使热继电器动作。当电动机过载时，热元件产生的热量增大，使双金属片弯曲位移增大，从而推动导板 4，并通过补偿金属片 5 与推杆 14 带动触点系统动作。通常用热继电器的常闭触点断开控制电路，以实现过载保护。图 2-4 所示为热继电器在控制电路中的图形符号及文字符号。

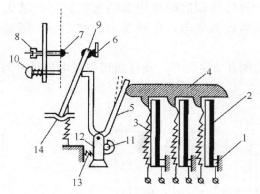

图 2-3 热继电器结构原理图

1—双金属片固定支点；2—双金属片；3—热元件；4—导板；5—补偿双金属片；6—动断触点；7—动合触点；8—复位螺钉；9—动触点；10—复位按钮；11—调节旋钮；12—支撑件；13—弹簧；14—推杆

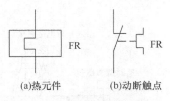

图 2-4 热继电器的图文符号

(a)热元件　　　　(b)动断触点

*2.1.4 时间继电器

时间继电器是一种实现触点延时接通或断开的自动控制电器，其种类很多，常用的有电磁式、空气阻尼式、电子式、钟表式、电动机式时间继电器。时间继电器的延时动作，区别于一般的固有动作时间。

本书以交流控制回路中常用的阻尼式时间继电器为例来说明时间继电器的组成及工作原理。图 2-5 所示为空气阻尼式通电时间继电器的外形图，作用原理如图 2-6 所示，当线圈通电时，电磁力克服弹簧的反作用拉力而迅速将衔铁向上吸合，衔铁带动杠杆立即使瞬动节点中的动断触点分断，动合触点闭合。

图 2-5 空气阻尼式时间继电器外形图

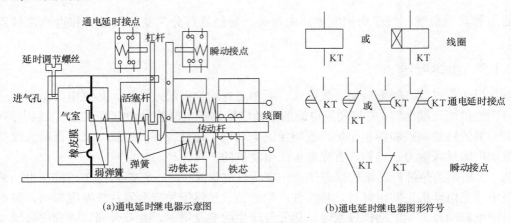

图 2-6　通电延时时间继电器示意图及图文符号

同时，空气室中的空气受进气孔处调节螺钉的阻碍，在活塞上升过程中空气室内造成空气稀薄而使活塞上升缓慢，到达最终位置时压合微动开关，通电延时动合触点闭合送出信号。可见，由线圈得电到触点动作的一段时间即时间继电器的延时时间，其大小可以通过调节螺钉调节进气孔气隙加以改变。当线圈失电，在弹簧力的作用下，活塞迅速返回。

图 2-7 所示为断电延时型时间继电器的示意图及文字符号，动作原理与通电延时时间继电器相同。

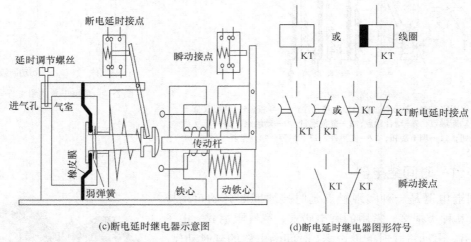

图 2-7　断电延时时间继电器示意图及图文符号

2.1.5　速度继电器

速度继电器用来感受转速。它的感受部分主要包括转子和定子两大部分，执行机构是触头系统。当被控电机转动时，带动继电器转子以同样速度旋转而产生电磁转矩，使定子克服外界反作用力转动一定角度，转速越高角度越大。当转速高于设定值时，速度继电器的触点发生动作，当速度小于这一设定值时，触点又复原。速度继电器常用于电机的降压起动和反接制动，图 2-8 所示为速度继电器的结构原理图，其图文符号如图 2-9 所示。

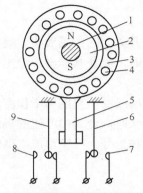

图 2-8 速度继电器结构原理图

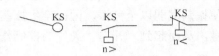

图 2-9 速度继电器图文符号

1—转轴 2—转子 3—定子 4—绕组 5—定子柄
6、9—簧片 7、8—静触点

2.1.6 按钮

按钮是手动控制电器的一种，用来发出信号和接通或断开控制电路。图 2-10 所示是按钮的结构原理示意图和图文符号，图（a）中 1、2 是动断（常闭）触点，图（b）中 3、4 是动合（常开）触点，图（c）表示文字符号及对应的文字符号。

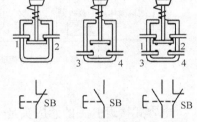

(a)动断按钮　(b)动断按钮　(c)复合按钮
图 2-10 按钮的结构原理图及图文符号

2.1.7 万能转换开关

万能转换开关用来选择工作状态，转换测信号回路，控制小容量电机。不同型号的万能转换开关，其手柄有不同的挡位（操作位置），其各触点的分合状态与手柄所处的挡位有关。图 2-11（a）所示为万能转换开关的外形图，图 2-11（b）所示为万能转换开关的图形符号和文字符号。图 2-11（b）中的万能转换开关具有 3 个挡位、5 对触点，在电路图中除了要画出相应触点外，还要标记出手柄位置（挡位）与触点分合状态的对应关系，有两种标记表示方法。一种是图形方法，用虚线表示挡位，而用有无实心点（•）表示触点在该挡位的分合状态，如图 2-11（b）所示；另一种方法是以表格的形式（称为接通表）描述手柄处于不同挡位时各触点的分合状态，如图 2-11（c）所示，表中符号"×"表示触点处于闭合状态。

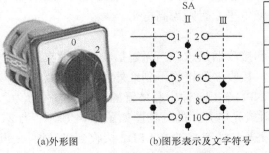

触点号	I	II	III
1-2		×	
3-4	×		
5-6			×
7-8		×	×
9-10	×		

(a)外形图　　(b)图形表示及文字符号　　　(c)接通表

图 2-11 万能转换开关的外形图、图形表示及文字符号、触点接通表

2.1.8　接近开关

接近式位置开关是一种非接触式位置开关，简称接近开关。它由感应头、高频振荡器、放大器和外壳组成。当运动部件与接近开关的感应头接近时，就使其输出一个电信号。

接近开关分为电感式和电容式两种。

电感式接近开关的感应头是一个具有铁氧体磁心的电感线圈，只能用于检测金属体。振荡器在感应头表面产生一个交变磁场，当金属块接近感应头时，金属中产生的涡流吸收了振荡的能量，使振荡减弱以至停振，因而产生振荡和停振两种信号，经整形放大器转换成二进制的开关信号，从而起到"开"、"关"的控制作用。

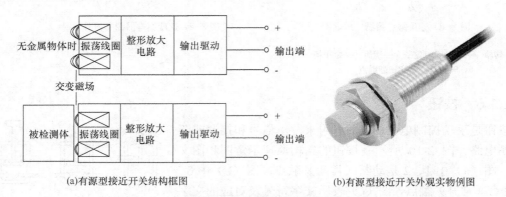

(a)有源型接近开关结构框图　　　　　　(b)有源型接近开关外观实物例图

图 2-12　有源型接近开关结构框图和外观实物例图

电容式接近开关的感应头是一个圆形平板电极，与振荡电路的地线形成一个分布电容，当有导体或其他介质接近感应头时，电容量增大而使振荡器停振，经整形放大器输出电信号。电容式接近开关既能检测金属，又能检测非金属及液体。

常用的电感式接近开关型号有 L11、LJ2 等系列产品，电容式接近开关型号有 LXJ15、TC 等系列产品。

2.1.9　红外线光电开关

红外线光电开关分为反射式和对射式两种。

1. 反射式光电开关

反射式光电开关是利用物体将光电开关的红外线反射回去，由光电开关接收，从而判断是否有物体存在。如有物体存在，光电开关接收到红外线，其触点动作，否则其触点复位。

它有三根连接线，分别连接直流电源的正极、负极、OUT 输出信号（如图 2-13 所示），当有物体经过遮住红外光时输出电平为低电平，否则为高电平。

2. 对射式光电开关

对射式光电开关是由分离的发射器和接收器组成。当无遮挡物时，接收到发射器发出的红外线，其触点动作；当有物体挡住时，接收器便接收不到红外线，其触点复位。

对射式光电开关的输出状态一般为 NPN 输出，输出晶体管的动作状态可分为入光时 ON 和遮光时 ON 两种。入光时为 ON 的对射式光电开关的结构图如图 2-14 所示，当 24V 电压加到发光二极管 LED1 时，它将光发射给发光二极管 LED2，LED2 接收到光导通，三极管导通，输出为 ON；当发光二极管 LED1 发射出的光被物体挡住使发光二极管 LED2 接收不到时，

LED2 不导通，三极管也不导通，输出为 OFF。

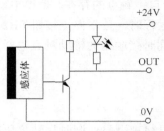
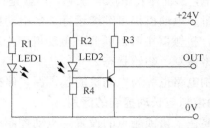

图 2-13 反射式光电开关原理图　　　　　图 2-14 对射式光电开关原理

光电开关和接近开关的用途已远远超出一般行程控制和限位保护，可用于高速计数、测速、液面控制、检测物体的存在、检测零件尺寸等许多场合。

此外，继电器控制系统中还有行程开关、机械式凸轮开关、微动开关、干簧管开关、压力开关、液位开关、物位开关等，这些电器元件的图文符号可参见有关的低压电器设备手册。

2.2　继电器控制系统常用的控制方式

2.2.1　点动控制

1. 线路设计思想

点动，顾名思义，点一下，动一下，不点则不动。即要求按下起动按钮后，电动机起动运转，松开按钮时，电动机就停止转动，点动控制也叫短车控制或点车控制。

主电路由刀开关 Q、熔断器 FU1、接触器主触点 KM、热继电器 FR 和三相电动机组成，如图 2-15 左边所示。控制回路包括熔断器 FU2、按钮、接触器线圈和热继电器常闭触点，如图 2-15 右边所示。

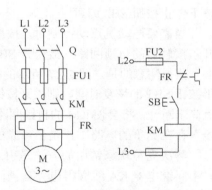

图 2-15 三相异步电动机的点动控制电路图

2. 三相异步电动机点动控制电路的动作流程

电机起动时，按下按钮（SB）→线圈（KM）通电→触头（KM）闭合→电机转动。

电机停车时，按钮松开→线圈（KM）断电→触头（KM）打开→电机停止。

2.2.2　长动控制

1. 线路设计思想

长动，又称连动。即控制对象能够持续运转，即使松开起动按钮后，吸引线圈通过其辅助触点仍保持继续通电，维持吸合状态。这个辅助触点常称为自锁触点。

2. 典型电路设计

如图 2-16 所示，合上开关 Q，按下启动按钮 SB1，控制电路中接触器 KM 的线圈得电，在主电路中，接触器的主触点 KM 闭合，电动机得电起动，在控制电路中

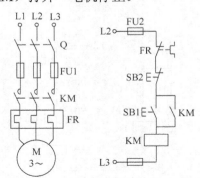

图 2-16 三相异步电动机的长动控制电路图

的接触器的辅助常开触点 KM 闭合，虽然 SB1 可能已经松开了，但接触器线圈通过辅助触点得以继续供电，从而维持其吸合状态。也就是说，由于自锁触点的存在，使得电动机起动后，松开起动按钮，电动机仍可继续运行。当电动机正常运行时，按下停止按钮 SB2，接触器线圈 KM 失电，接触器主触点断开，电动机停止运行；同时接触器的辅助触点也断开，自锁功能丧失，电路恢复至初始状态。

上述控制电路也称为电动机的起、保、停控制电路。

3. 点动控制与长动控制的区别

区别主要在于自锁触点的设置。点动控制电路没有自锁触点，同时点动按钮兼起停止按钮的作用；而长动控制电路，必须设有自锁触点，并另设停止按钮。

2.2.3 点动+长动复合控制

1. 线路设计思想

在工程应用中，单一的点动控制电路或长动控制电路的使用场合十分受限，实际的控制电路往往是既能实现点动控制，又能实现连续运行的复合电路。有鉴于此，在控制电路设计时，要想实现点动+长动复合控制，必须根据点动控制与长动控制线路的区别，着重强调对自锁触点的处理。

如图 2-17 所示，在 KM 的常开触点回路上串接点动按钮 SB3 的常闭触点。

2. 三相电动机的点动+长动复合控制电路工作原理

当需要电动机连续运行时，按下长动按钮 SB1，电动机通电起动运转。欲使电动机停转，按下停止按钮 SB2 即可。

当需要电动机点动控制时，按下点动按钮 SB3，电动机通电起动运转。由于按钮 SB3 断开了接触器的自锁回路，故松开 SB3 时电动机断电停止运转。

值得注意的是，图 2-17 所示的控制电路存在一定的隐患。如果接触器 KM 的释放时间大于按钮 SB3 的恢复时间，则松开按钮 SB3 后，SB3 的常闭触点先闭合，而 KM 的辅助常开触点尚未断开，将会使 KM 的自锁回路起作用，点动控制无法实现。这种现象称为触点间的"竞争"。存在竞争的电路工作是不可靠的，所以在设计控制电路时应尽可能避免竞争现象的发生。

解决竞争现象常用的方法是引入中间继电器，控制电路如图 2-18（a）所示。长期工作时中间继电器 KA 线圈得电并自锁，同时使接触器 KM 吸合；点动控制时按下 SB3，由于 KM 无法自锁，因此电路可以可靠地实现点动控制。

图 2-18（b）所示的电路也能可靠地实现点动与连续运行。手动开关 SA 断开时，按动按钮 SB1 即可实现点动控制；当 SA 闭合时，KM 的自锁触点被接入，电路可方便地实现连续运行。

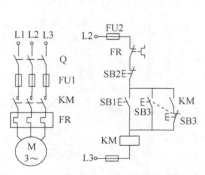

图 2-17 三相电动机的点动+长动复合控制电路图

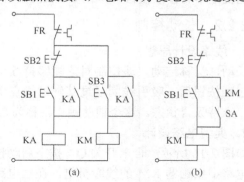

图 2-18 点动与长动结合的控制电路图

2.2.4　点动+延时复合控制

在工程应用中，常常有一些用按钮起动、延时一段时间又自动关闭的控制应用，这时可以用一个按钮和一个延时时间继电器来实现。在控制电路设计时，要想实现点动+延时复合控制，就要求时间继电器有一个瞬动的常开触点和一个延时断开的常闭触点，着重强调对自锁常开触点的处理，如图 2-19 所示。

2.2.5　多地控制

有些生产机械和设备常常要求可以在两个或两个以上的地点进行起、停控制，称为多地控制或多点控制。多地控制要求在每个地点都装有起动按钮和停止按钮。若要求在任一地点按下起动按钮电动机均能起动，则应将所有的起动按钮（常开触点）并联起来（逻辑或）；若要求在任一地点按下停止按钮电动机均能停止，则应将所有的停止按钮（常闭触点）串联起来（逻辑与）。

图 2-20 所示为三相异步电动机的三地启停控制电路图，SB1、SB3、SB5 分别对应三地的启动按钮，SB2、SB4、SB6 分别对应三地的停止按钮。

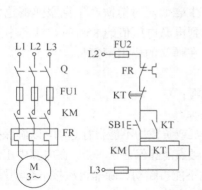

图 2-19　三相异步电动机的按钮延时控制电路图

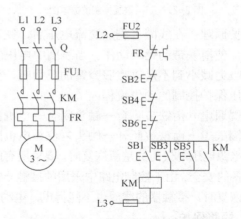

图 2-20　三相异步电动机的三地启停控制电路图

2.2.6　正反向接触器的联锁控制

许多生产机械在工作过程中常要求具有上下、左右、前后、往返等相反方向的运动，这就要求能对电动机进行正反转控制。可以通过控制接触器改变定子绕组相序来实现。应用在要求两个控制对象不能同时处于动作状态的场合。

典型的控制电路如图 2-21 所示。该电路由两个基本的起、保、停电路构成，此外在控制电路中附加了一定的联锁条件，将 KM1（或者 KM2）的辅助常闭触点串入接触器 KM2（或者 KM1）的控制电路中，这就能够保证在任何时刻只能有一个接触器工作。可以避免因正反两个接触器同时工作而造成的短路事故，这种方法称为互锁或联锁控制。

为了能够实现直接正反转控制，可以采用带按钮联锁的正反转控制电路。如图 2-21 所示，电动机正传时，无需按下停止按钮 SB1，而直接按下反转起动按钮 SB3，即可实现电动机由正转向反转的切换。

2.2.7　三相异步电动机起动控制电路的相关保护

1.　失压保护

采用接触器实现保护控制，如图 2-22 所示。

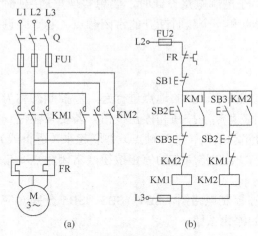

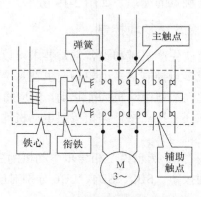

图 2-21　正反联锁控制的原理图　　　　图 2-22　失压保护控制的动作示意图

保护原理：在线圈上施加交流电压后，铁芯中产生磁通，对衔铁产生克服弹簧拉力的电磁吸力，使衔铁带动触头动作。当线圈中电压的值降到电源电压值的 85% 时，铁芯中的磁通下降，吸力减小到不足以克服弹簧的反力时，衔铁就在弹簧的作用下复位。

失压保护控制的动作流程：

线圈通电→衔铁被吸合→触头闭合→电机接通电源；

线圈失电→衔铁被断开→触头复位→电机脱离电源。

当电源电压消失而又重新恢复时，要求所有的电动机或负载均不能自行起动，以确保操作人员和设备的安全。由于控制电路中采用的接触器的自锁触点能够保证这一点，在电源电压消失而又重新恢复时，接触器的线圈也不能得电，电动机也就不能再起动。除非再次按下起动按钮。

2.　短路保护

采用熔断器实现保护控制。

保护原理：操作时熔断器串接于被保护电路中，当电路发生严重过载或短路时，利用电流的热效应原理，熔体熔断而切断电路，实现短路保护，如图 2-23 所示。

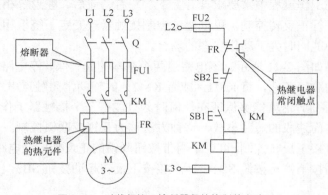

图 2-23　过载保护及熔断器保护控制的电路图

短路保护控制的注意事项，异步电动机的起动电流（I_{st}）约为额定电流（I_N）的 5～7 倍。选择熔体额定电流 I_{RT} 时，必须躲开起动电流，但对短路电流仍能起保护作用。

3. 过载保护

采用加装热继电器实现保护控制。

保护原理：发热元件接入电机主电路，若长时间过载，双金属片被烤热。因双金属片的下层膨胀系数大，使其向上弯曲，扣板被弹簧拉回，常闭触头断开，从而切断电路，实现过载保护，如图 2-23 所示。

*2.3 电液控制

自动化设备或系统中，除了大量使用电动机来实现控制对象的各种动作外，还广泛使用液压缸或气缸来实现各种动作控制，电液（或气压）控制系统是现代机电设备中，特别是机、电、液（或气体）一体化设备中一个重要的组成部分，电液控制亦是控制领域中的一个重要的分支。电磁换向阀是用电磁的效应进行控制，主要的控制方式是继电器控制，本节主要讲解电液控制中常用的电磁换向阀的工作原理及其基本应用，气动控制的原理与电液控制类似。

2.3.1 电磁换向阀

电磁换向阀是用来控制流体的自动化基础元件，属于执行器，并不限于液压控制，也广泛应用于气动控制，用于控制液流（或气体）的流动方向，实现运动换向、接通或关断油路。

电磁阀中有个密闭的腔，在不同位置开有通孔，每个孔连接不同的油管，腔中间是活塞，一边或者两边有电磁铁，哪边的电磁铁线圈通电，阀体就会被吸引到哪边，通过控制阀体的移动来开启或关闭不同的排油孔，而进油孔是常开的，液压油就会进入不同的排油管，然后通过油的压力来推动油缸的活塞，活塞又带动连接有机械装置的活塞杆。

图 2-24 所示为电磁换向阀的结构原理及通道工作情况图。符号中方格表示滑阀的位，图 2-24 中（a）～（c）三个阀都是两个方格为二位，（d）～（e）两个阀为三位，箭头表示阀内液流方向，符号"⊥"表示阀内通道堵塞。电磁阀有交流电磁阀和直流电磁阀两种，根据电磁铁所用电源而定。

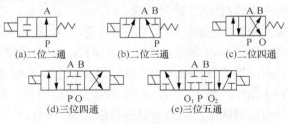

图 2-24　电磁换向阀的结构原理及通道工作情况

以图 2-24 中的（c）为例说明其工作原理，图中阀口 P 为压力油口（进油口），阀口 O 为回油口。A、B 为工作油口，接液压缸右、左两个腔。靠近弹簧符号的方框为电磁换向阀的常态，即线圈断电时的状态；靠近线圈符号的方框是线圈得电时的状态。图 2-24 中所示电磁换向阀，当电磁铁断电时阀口 P 与 B 通，A 与 O 通；当电磁铁得电时，P 与 A 通，B 与 O 通，即改变了压力油进入液压缸的方向，实现了油路的换向，也就改变了油缸的动作方向。

2.3.2 电液控制的应用举例

液压动力头是既能完成进给运动，又能同时完成刀具切削运动的动力部件。液压动力头的自动工作循环是由控制线路控制液压系统来实现的。图 2-25 所示是动力头工作进给的液压系统和电气控制线路图，实现动力头快进→工作进给→快速退回（或延时再快速退回）到原位。图中 1U、2U 为油过滤器，L 为溢流阀。

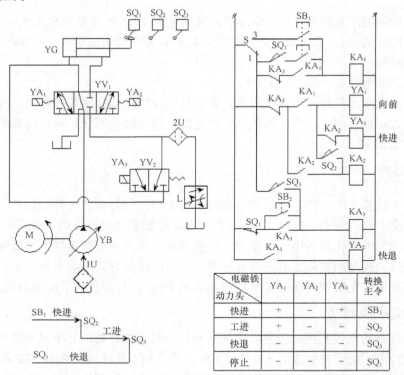

图 2-25 动力头的液压系统和电气控制原理图

电磁铁\动力头	YA$_1$	YA$_2$	YA$_3$	转换主令
快进	+	−	+	SB$_1$
工进	+	−	−	SQ$_2$
快退	−	+	−	SQ$_3$
停止	−	−	−	SQ$_1$

下面我们一起分析自动工作循环的控制原理，在原位时 SQ1 常开触点闭合，常闭触点断开。当转换开关处于"1"时，按启动按钮 SB1，中间继电器 KA1 得电→电磁铁 YA1、YA3 通电→电磁阀 YV1 推向左端、动力头向前运动，又由于 YA3 得电，电磁阀 YV2 将液压缸右腔中的回油排入左腔，加大了油的流量，因此动力头可以快速向前移动→当动力头移动到限位开关 SQ2 时，KA2 得电动作并且自保持，KA2 的常闭触点断开了 YA3，动力头就自动转换为工进状态→当工作进给达到终点位置 SQ3 时，KA3 得电动作并且自保持，KA3 的常闭触点断开，YA1 断电，停止进给，KA3 的常开触点闭合，YA2 得电，电磁阀 YV1 右移，动力头将自动转换为快退状态→动力头退回到原位 SQ1 时，KA3 断电，YA2 也断电，动力头停止在原位处。

如果转换开关处于"3"时，可以实现对液压动力头的点动调整控制（或手动控制），另外，当动力头不在原位需要快退调回原位时，可按动按钮 SB2 调整动力头到原位。

在上述控制线路的基础上，增加一个时间继电器 KT，适当改变控制线路，就能得到有延时停留再返回的自动工作循环方式：快进→工进→延时停留→快退。限于篇幅，控制线路本书从略。

2.4 项目实例：设计一个运料小车继电器控制系统

1. 项目要求

如图 2-26 所示的运料小车系统，小车由交流电动机控制，可以实现小车在 A、B 范围内自动往返运动，也可以实现手动正反转控制、故障停机及总

运料小车的控制

图 2-26 运料小车动作示意图

停控制，试采用继电器和接触器等电器元件来实现控制要求。

2．控制分析

该系统是在典型的交流电动机正反转运动控制的基础上来实现区间自动往返控制的。控制系统的主电路由控制电动机正反转的接触器主触点及保护元件组成。控制电路则较为复杂，除了常用的按钮、限位开关及接触器之外，还要有专门产生延时时间的时间继电器 KT1 和 KT2，设 A 点处的限位开关为 SQ1，B 点处的限位开关为 SQ2，设计满足控制要求的主电路及控制电路如图 2-27 所示。

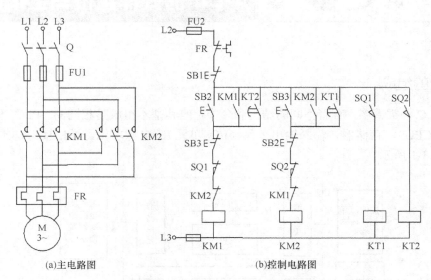

图 2-27　正反联锁自动往返控制的电路图

习　　题

2-1　自动控制线路中常设置哪几种保护？过载保护与短路保护有什么区别？各用什么电器实现？

2-2　什么叫互锁？它有何作用？

2-3　什么叫自保？它有何作用？

2-4　如图所示控制电路能否实现既能点动又能长动连续运行？试分析原因。

2-5　继电器和接触器有什么区别？

2-6　在电动机的正反向接触器的联锁控制中，有了按钮的机械互锁后，电气互锁是否能省去？为什么？

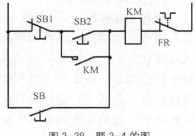

图 2-28　题 2-4 的图

*2-7　在 2.4 项目实例中，送料小车往返运动的控制用传统的继电器控制系统实现时要用到哪些电器元件？控制功能的实现是通过什么方式来完成的？

第 **3** 章 **PLC 的硬件组成与工作原理**

3.1 PLC 的组成

尽管 PLC 种类繁多，有着不同的结构和分类，但其基本组成是相同的。PLC 都是由中央处理单元（CPU）、存储器、输入输出单元（I/O 单元）、电源单元、通信接口、扩展接口等组成，如图 3-1 所示。

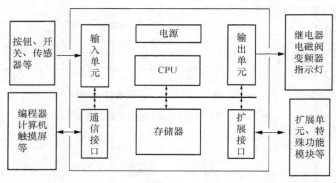

图 3-1　PLC 组成原理图

1. 中央处理单元

与普通计算机一样，CPU 是系统的核心部件，由大规模或超大规模的集成电路微处理器芯片构成，主要完成运算和控制任务，可以接收并存储从编程器输入的用户程序和数据。进入运行状态后，用扫描的方式接收输入装置的状态或数据，从内存逐条读取用户程序，通过解释后按指令的规定产生控制信号。分时、分渠道地执行数据的存取、传送、比较和变换等处理过程，完成用户程序设计的逻辑或算术运算任务，并根据运算结果控制输出设备。PLC 中的中央处理单元多用 8～32 位字长的单片机。

2. 存储器

存储器包括系统存储器和用户存储器。系统存储器存放系统管理程序、用户指令解释程序和标准程序模块。用户存储器包括用户程序存储器和数据存储器两部分，用户存储器存放用户编制的控制程序，数据存储器存放用户程序中所使用的编程元件的状态和数值等。

按照物理性能，存储器可以分为两类，随机存储器（RAM）和只读存储器（ROM）。

随机存储器由一系列寄存器阵组成，每位寄存器可以代表一个二进制数，在刚开始工作时，它的状态是随机的，只有经过置"1"或清"0"的操作后，它的状态才确定。若关断电源，状态丢失。这种存储器可以进行读、写操作，主要用来存储输入输出状态和计数器、定时器以及系统组态的参数。只读存储器有两种。一种是不可擦除 ROM，这种 ROM 只能写入一次，不能改写。

另一种是可擦 ROM，这种 ROM 经过擦除以后还可以重写。其中 EPROM 只能用紫外线擦除内部信息，EEPROM 可以用电擦除内部信息，这两种存储器的信息可保留 10 年左右。

对于不同的 PLC，其存储器的容量随 PLC 的规模不同而有较大的差别，用户程序存储器容量的大小，关系到用户程序容量的大小和内部软元件的多少，是反映 PLC 性能的重要指标之一。

3．输入输出单元（I/O）

输入输出单元通常也叫 I/O 单元或 I/O 模块，是 PLC 与被控对象间传递输入输出信号的接口部件。输入部件是开关、按钮、传感器等，PLC 通过输入接口可以检测被控对象的各种数据，以这些数据作为 PLC 对被控对象进行控制的依据。输出部件是指示灯、电磁阀、接触器、继电器、变频器等，PLC 通过输出接口将处理结果送给被控对象。以实现控制目的。

4．电源

PLC 的交流输入一般为单相交流（AC85～260V，50/60Hz），有的也采用直流 24V 电源，PLC 对外部工作电源的稳定度要求不高，一般可允许±15%的波动范围，抗干扰能力比较强。有些 PLC 还配有大容量电容作为数据后备电源，停电时可以保持 50 小时。使用单相交流电源的 PLC，其内部配有开关式稳压电源，该电源可以向 CPU、存储器、I/O 模块提供 DC5V 工作电源，在容量许可的条件下，还可同时向外部提供 DC24V 电源，供直流输入或输出使用。

5．通信接口

通过通信接口可以连接编程器、个人计算机、触摸屏（或文本显示器）、打印机等外围设备。

（1）连接编程器

通信接口与编程器连接可以将用户程序送入 PLC 的存储器，并可以检查、监控、修改程序。编程器一般由 PLC 生产厂家提供，且只能用于某个品牌、某个系列的 PLC。

编程器是用于编制特定 PLC 程序的编程装置，分为简易编程器和图形编程器两种。简易编程器只能编辑语句表指令程序，不能直接编辑梯形图程序，使用简易编程器时必须把设计的梯形图程序先转化为语句表指令程序。因此，简易编程器一般用于小型 PLC 的编程，或者用于 PLC 控制系统的现场调试和维修。图形编程器本质上是一台便携式专用计算机系统，具有 LCD 或 CRT 图形显示功能，用户可以在线或离线地编制 PLC 应用程序，所能编辑的也不再局限于语句表指令，可直接使用梯形图编程。

（2）连接计算机

除了专用编程器以外，各 PLC 厂家都提供了能在计算机（PC 机）上运行的专用编程软件，借助于相应的通信接口，利用编程软件，用户可以在 PC 机上通过专用编程软件来编辑和调试用户程序，而且专用编程软件一般可适应于同一厂商的多种型号 PLC。专用编程软件具有功能强大、通用性强、升级方便、价格低廉等特点，在个人计算机和便携式电脑日益普及的情况下，是用户首先采用的编程装置。

通信接口与 PLC 连接，组成多机系统或连成网络，实现更大规模的控制。通信接口与触摸屏（或文本显示器）连接，利用网络通信可以实现对 PLC 控制系统的远程监控。通信接口与打印机连接，可将过程信息、系统参数等输出、打印。

6．扩展接口

扩展接口是用于连接扩展单元的接口，当 PLC 基本单元 I/O 点数不能满足要求时，可通过扩展接口连接扩展单元以增加系统的 I/O 点数，当 PLC 基本单元的控制功能不能满足要求时，通过扩展接口连接特殊功能模块，由特殊功能模块来满足更高要求的控制任务。

3.2　PLC 的输入输出接口电路

PLC 的输入接口电路是 PLC 与外部控制对象之间的桥梁和窗口，现场设备的位置信息或操作信息要连接到 PLC 的输入端，然后经过输入接口电路把相关信息存入寄存器。经过程序执行和处理的控制信息要经过输出接口从 PLC 的输出端连接到现场的对象，实现 PLC 的控制任务。PLC 中的 CPU 处理指令和执行程序调用的输入信息和输出信息一般都来自 PLC 的寄存器。

3.2.1　输入接口电路

输入接口电路的功能是把外部开关量的状态（例如按钮、拨动开关触点的接通状态或开断状态，晶体管开关的导通状态或截止状态）转换为 PLC 内部存储单元的“1”或“0”状态。

为实现这种转换，外部每个开关都要连入一个单独的回路中，这个回路上的元器件主要是：电源、开关、发光指示二极管、光电耦合器件的输入端，还有限流电阻及旁路电阻等。电源和开关在 PLC 外部，其他在 PLC 内部。

内外电路通过输入端子排连接。外部电源和开关串联，开关的另一端接在一般称为输入点的端子上，电源另一端接在 COM 端子上。内部的光电耦合器件的输入端和限流电阻等串联后也连在这两个端子上。

通常 PLC 的输入类型可以是直流、交流。输入电路的电源可由外部供给，有的也可由PLC 内部提供。

1．直流输入电路

由直流电提供电源的接口方式，称为直流输入电路。直流电可以由 PLC 内部提供，也可以由外接直流电源提供给外部输入信号的元件。

当外部输入信号的元件为无源的干接点时，如图 3-2 所示，当外部输入元件与电源正极导通，电流通过 R1、发光管 VD1（输入点信号指示）、光电耦合器内部 LED，到 COM 端形成回路，光耦合器中的发光管使三极管导通，信号传输到内部电路，此输入点对应的内部位寄存器状态由 0 变为 1，即输入映像寄存器的对应位由 0 变为 1。

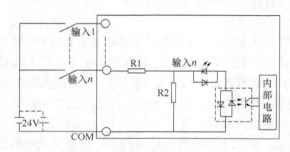

图 3-2　PLC 的直流输入接口电路

当外部输入信号的元件为直流有源的无触点开关接点（如接近开关或光电开关）时，接近开关或光电开关分 NPN 型与 PNP 型输出，在传感器是属于常开的状态下，当有检测信号时，内部 NPN 管导通，无触点开关输出为低电平，内部 PNP 管导通，无触点开关输出为高电平。

接近开关或光电开关与 PLC 的连接方法一般都是棕色线接+24V，蓝色线接-24V，黑色线为信号输出接 PLC 输入点，漏型输入口（公共端为-24V）只可接 PNP 型光电开关。源型输入口（公共端为+24V）只可接 NPN 型光电开关，漏型输入的输入电流流进输入模块，源型输入的输入电流从模块流出，如图 3-3 所示。

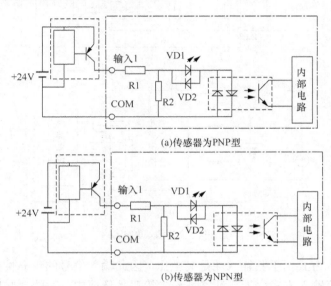

(a)传感器为PNP型

(b)传感器为NPN型

图 3-3　输入端为无触点开关的电路图

当无触点开关为 PNP 型时，如图 3-3 中的（a）所示，接口电路工作原理与有触点输入的电路工作原理类似。

当无触点开关为 NPN 型时，如图 3-3 中的（b）所示，当有检测信号时，无触点开关输出为低电平，这时电流将从 COM 端流入，通过光电耦合器内部 LED、VD2、R1 再经无触点开关流出，形成回路。

R2 在电路中的作用是旁路光电耦合器内部 LED 的电流，保证光电耦合器 LED 不被开关的静态泄漏电流导通。

需要注意的是：现在大多数的 PLC 光耦合元件输入端有两个发光二极管反并联，无论 24V 电源正负极如何接，二极管都要导通发光，使光耦合元件输出端的晶体光敏三极管导通，把该外部开关闭合的信号传递到内部电路，但有的 PLC 输入口接 24V 电源要明确正负极。

2．交流输入接口电路

图 3-4 所示为 PLC 的交流输入接口电路的电路图，采用的是外接交流电源。交流输入电路要求外部输入信号的元件为无源的干接点，图 3-4（a）的内部主要电路与直流输入电路相同，只是前端增加了电阻电容元件。

　　图 3-4（b）的交流输入接口电路在光电耦合器前加一级降压电路与桥式整流电路，外部元件与交流电接通后，电流通过 R、C 再经过桥式整流环节，变成降压后的直流电，后续电路的原理与直流的基本一致。

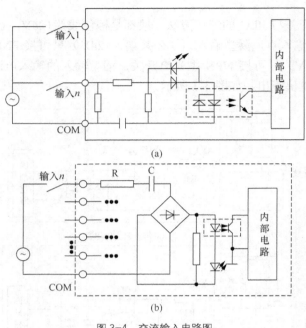

图 3-4　交流输入电路图

　　PLC 的交流输入方式由于其输入端是高电压，因此输入信号的可靠性要比直流输入电路高。一般来说，交流输入方式用于有油雾、粉尘等恶劣环境中，对快速响应性要求不高的场合，而直流输入方式用于环境较好、电磁干扰不严重、对快速响应性要求高的场合。

3.2.2　输出接口电路

　　PLC 输出电路用来驱动被控负载（电磁铁、继电、接触器线圈等）。PLC 输出电路结构形式分为继电器型式、晶体管型式、晶闸管型式三种。

　　继电器型输出电路如图 3-5（a）所示。内部电路使继电器的线圈通电，它的常开触点闭合，使外部负载得电工作。继电器同时起隔离和功率放大的作用，每一路只给用户提供一对常开触点。与触点并联的 RC 电路和压敏电阻用来消除触点断开时产生的电弧，以减轻它对 CPU 的干扰。继电器型输出电路的滞后时间一般在 10ms 左右。

　　晶体管集电极输出电路如图 3-5（b）所示。各组的公共点接外部直流电源的负极。输出信号送给内部电路中的输出锁存器，再经光耦合器送给输出晶体管，后者的饱和导通状态和截止状态相当于触点的接通和断开。图中的稳压管用来抑制关断过电压和外部的浪涌电压，以保护晶体管，晶体管输出电路的延迟时间小于 1ms。图 3-6 所示为 S7-200 系列 PLC 的场效应晶体管输出电路图。

　　除了上述两种输出电路外，有的 PLC 还有双向晶闸管输出电路，它用光敏晶闸管实现隔离。双向晶闸管由关断变为导通的延迟时间小于 1ms，由导通变为关断的最大延迟时间小于 10ms。

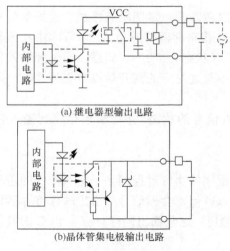

(a) 继电器型输出电路

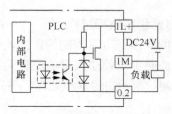

(b)晶体管集电极输出电路

图 3-5　PLC 的开关量输出电路图

图 3-6　场效应晶体管输出电路

3.3　PLC 的工作原理

3.3.1　PLC 控制系统的等效电路

PLC 是从继电器控制系统发展而来的。以图 2-15 中电动机的控制电路为例，该电路是以触点、线圈的组合实现了起、保、停控制及热继电器保护控制，用 PLC 实现等效的电气控制逻辑非常方便，如图 3-7 所示，可以将 PLC 控制的等效电路分成 3 部分，即输入部分、内部程序执行部分和输出部分。它的梯形图程序与继电器系统电路图相似，所以梯形图中的某些编程元件也沿用了继电器这一名称。

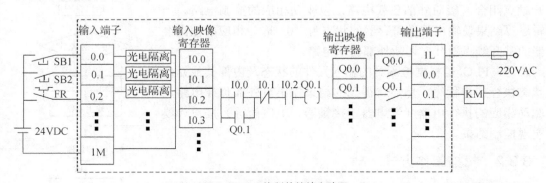

图 3-7　PLC 控制的等效电路图

1．输入部分

输入部分由外部输入电路、输入端子和输入接口组成，每个外部输入信号经由输入接口电路驱动相同编号的内部输入映像寄存器。

输入映像寄存器也称为输入映像继电器，由标识符（I 或 X）和位地址表示，如 I0.0、I 0.1 或 X000、X001 等，其状态分为有输入（"ON"或"1"）和没有输入（"OFF"或"0"）两种。外接的输入电路闭合时，对应的输入映像寄存器为"1"状态，梯形图中对应的输入映像继电器的常开触点接通，常闭触点断开。外接的输入电路断开时，对应的输入映像寄存器为"0"

状态，梯形图中对应的输入映像继电器的常开触点断开，常闭触点接通。当外部信号状态为"1"时（外部触点处于闭合状态），对应的输入映像寄存器状态为"1"，程序中与该元件对应的常开触点闭合（状态为"1"）、常闭触点断开（状态为"0"）。同理，当外部输入信号断开时，相应的输入映像寄存器状态为"0"，程序中与之对应的常开触点状态为"0"、常闭触点状态为"1"。

输入部分的主要功能就是检测各外部输入信号的状态，并将结果存放到输入映像寄存器中。

2．内部程序执行过程

PLC 的程序是电气控制线路的软件实现，程序的执行过程相当于电气控制的逻辑运算过程。PLC 按照用户程序规定的逻辑关系，对输入映像寄存器信号和输出映像寄存器信号的状态进行检测、判断、运算和处理，得到相应的输出，这些输出同样对应于 PLC 的其他某些内部寄存器。

3．输出部分

以继电器输出形式为例，输出部分由 PLC 的输出继电器（硬件继电器）常开触点、输出端子和外部输出电路组成，输出端子与同编号的输出映像寄存器相对应，通过输出继电器常开触点的分合来驱动外部负载。

输出映像寄存器也称为输出映像继电器，由标识符（Q 或 Y）和位地址表示，如 Q0.0、Q 0.1 或 Y000、Y001 等，其状态分为有输出（"ON"或"1"）和没有输出（"OFF"或"0"）两种。

输出继电器的状态由程序执行结果决定。当逻辑运算结果使输出映像寄存器的状态变为"1"时，相应的输出继电器得电，其常开触点闭合，接通外部负载电路，以驱动相应的控制电路。当逻辑运算结果使输出映像寄存器的状态为"0"时，相应的输出继电器的常开触点断开，切断外部驱动电路。

总之，PLC 是根据检测到的输入元件的状态及内部其他元件的状态执行用户程序，然后将得到的结果输出至外部负载电路，以驱动相应的执行电器（继电器、接触器、电磁阀等）按设计要求实现控制结果。

3.3.2　扫描工作方式

PLC 有两种基本的工作模式，即运行和停止。可以由外设的钮子开关设置，也可以由编程软件设置，在程序编辑、修改、上载和下载时 PLC 应处于停止模式，在 PLC 执行控制时必须处于运行模式。运行和停止模式都有相应的状态指示灯指示。

PLC 采用循环扫描的工作方式，包括内部处理、通信操作、输入处理、程序执行、输出处理等几个主要阶段，如图 3-8 所示，全过程扫描一次所需的时间称为扫描周期。

当处于 RUN 状态时，上述扫描周期不断循环。当处于 STOP 状态时，PLC 不执行程序及输出刷新处理。

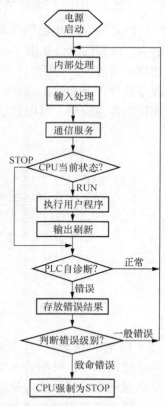

图 3-8　PLC 的扫描工作方式

1．内部处理阶段

内部处理阶段主要完成自检、自诊断及完成一些其他工作等，如检查 CPU 模块内部的硬件是否正常，将监控定时器复位等。

2．通信服务阶段

PLC 与其他的带微处理器的智能装置通信，如程序的上载或下载，人机界面设备的通信等等。

3．输入处理

PLC 在输入采样阶段，扫描所有输入端子，包括未接线的端子，将各输入状态信息存入内存各对应的输入映像寄存器中。此时，输入映像寄存器被刷新。在程序执行过程中用到的输入信息均来自输入映像寄存器，在程序执行阶段和输出刷新阶段，输入映像寄存器与外界隔离，无论输入信号如何变化，其内容保持不变，直到下一个扫描周期的输入采样阶段，才重新写入输入端的新内容。

应当注意的是：CPU 在正常扫描周期中不会读取模拟量输入值。而当有程序访问模拟量输入时，将立即从设备中读取模拟量值。

4．程序执行

在程序执行阶段，根据 PLC 梯形图程序扫描原则，PLC 按先左后右，先上后下的步序语句逐句扫描。但遇到程序跳转指令，则根据跳转条件是否满足来决定程序的跳转地址。当指令中涉及输入、输出状态时，PLC 就从输入映像寄存器"读入"上一阶段采的对应输入端子状态，从元件映像寄存器"读入"对应元件（"软继电器"）的当前状态。然后，进行相应的运算，运算结果再存入元件映像寄存器中。对元件映像寄存器来说，每一个元件（"软继电器"）的状态会随着程序执行过程而变化。

5．输出处理

在输出刷新阶段，在所有指令执行完毕后，所有输出映像寄存器的状态（1/0）在输出刷新阶段锁存到输出锁存器中，通过一定方式输出，驱动外部负载。

同样需要注意的是：CPU 在正常扫描周期中不会写入模拟量输出值。只有当程序访问模拟量输出值时，立即写入模拟量输出。

6．故障处理

PLC 每执行一次扫描周期后，均要执行一次自诊断过程，以检查 CPU 的状态是否正常，若出现一般故障，CPU 相应的指示灯会亮，并且保存相应的故障代码，扫描过程继续；若出现致命故障，CPU 将被强制转换为停止方式，扫描过程停止。

7．实例分析

可以通过如图 3-9 所示的例子来进一步分析 PLC 控制的工作原理。图中的程序是用梯形图来表示的，梯形图是一种软件，是 PLC 图形化的程序，但是实际上梯形图是以指令的形式储存在 PLC 的用户程序存储器中，图 3-7 中的梯形图程序与下面的 5 条指令相对应。

```
LD      I0.0        // 逻辑开始
O       Q0.1        // 并联条件
AN      I0.1        // 串联条件
A       I0.2        // 串联条件
=       Q0.1        // 启动输出 1
```

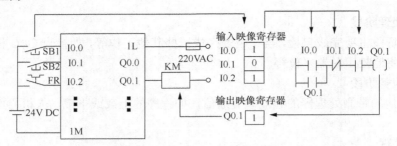

图 3-9　PLC 的外部接线及梯形图

在输入处理阶段，CPU 将 SB1、SB2 的常开触点、FR 的常闭触点的状态读入相应的输入映像寄存器，外部触点接通时存入寄存器的是二进制，反之存入 0。

执行第 1 条指令时，从 I0.0 对应的输入映像寄存器中取出二进制数并保存起来。执行第 2 条指令时，取出 Q0.1 对应的输出寄存器中的二进制数，与 I0.0 对应的二进制数相"或"。运算结束后只保留运算结果，不保留取出来的参与运算的数据。

执行第 3 条指令时，取出 I0.1 对应的输入映像寄存器中的二进制数，因为是常闭触点，先将取出的数取反，再与前面的运算结果相与，然后存入运算结果寄存器。第 4 条指令的执行与第 3 条指令的执行类似。只是取出的数不要取反而已。

执行第 5 条指令时，将运算结果寄存器的二进制数送入 Q0.1 对应的输出映像寄存器。

在输出处理阶段，CPU 将各输出映像寄存器的二进制数传送给输出模块并锁存起来，如果 Q0.1 对应的输出映像寄存器存放的是二进制数 1，外接的接触器的线圈将通电，反之将断电。

3.3.3　扫描周期

在 RUN 工作模式时，PLC 的工作方式是一个不断循环的顺序扫描工作方式。全过程扫描一次所需的时间称为扫描周期或工作周期。CPU 从第一条指令开始，按顺序逐条地执行用户程序，直到用户程序结束，然后返回第一条指令，开始新的一轮扫描。PLC 就是这样周而复始地重复上述循环扫描的。

PLC 运行正常时，扫描周期的长短与 CPU 的运算速度有关，与 I/O 点的情况有关，与用户应用程序的长短及编程情况等均有关。通常用 PLC 执行 1K 指令所需时间来说明其扫描速度（一般 1~10ms/K）。值得注意的是，不同指令其执行时间是不同的，从零点几微秒到上百微秒不等，故选用不同指令所用的扫描时间将会不同。当用于高速系统、要缩短扫描周期时，可从软硬件上考虑。

3.3.4　输入/输出滞后时间

输入/输出滞后时间又称系统响应时间，是指 PLC 的外部输入信号发生变化的时刻至它控制的有关外部输出信号发生变化的时刻的时间间隔，它由输入电路滤波时间、输出电路的滞后时间和因扫描工作方式产生的滞后时间这三部分组成。

PLC 是一种工业控制计算机，因此它是建立在计算机工作原理基础上的，即是通过执行反映控制要求的用户程序来实现的。但是 CPU 是以分时操作方式来处理各项任务的，在每一瞬间只能做一件事，所以程序的执行是按程序顺序依次完成相应各继电器的动作，便成为时间上的串行，实际输入/输出的响应是有滞后的。

但 PLC 总的响应时间一般只有几十毫秒，对于一般的系统是无关紧要的。要求输入输出信号之间的滞后时间尽量短的系统，可以选用扫描速度快的 PLC 或采取其他措施。

习　题

3-1　PLC 由哪几部分组成？各有什么作用？

3-2　PLC 开关量输出接口按输出开关器件的种类不同，有几种形式？又各自应用在什么场合？

3-3　简述 PLC 的扫描工作过程。

3-4　为什么 PLC 中软继电器的触点可无数次使用？

3-5　PLC 执行程序是以循环扫描方式进行的，请问每一扫描过程分为哪几个阶段？

第**4**章　可编程控制器编程基础

德国的西门子（SIEMENS）公司是欧洲最大的电子和电气设备制造商，生产的 SIMATIC 可编程序控制器在欧洲处于领先地位。其第一代可编程序控制器是 1975 年投放市场的 SIMATIC S3 系列的控制系统。在 1979 年，微处理器技术被应用到可编程序控制器中，产生了 SIMATIC S5 系列，取代了 S3 系列，SIMATIC S7 系列 PLC 是西门子公司于 20 世纪末推出的，根据控制规模的不同分为 S7-200、S7-1200、S7-200 SMART、S7-300、S7-400、S7-1500 等系列，S7-200、S7-200 SMART、S7-1200 对应小型 PLC，S7-300 对应中型 PLC，S7-400、S7-1500 对应大型 PLC。

从本章开始，我们以 S7-200 系列 PLC 为例，讲述系统的基本构成及内部元件的编址方法、基本程序设计及其应用等。

S7-200 PLC 既可单机运行，也可联网运行，它功能强、性价比高、结构小巧、工作可靠，并配有功能强大、使用方便的编程软件。S7-200 PLC 是小规模自动控制系统的理想控制设备。S7-200 PLC 易于学习和掌握，很适合作为初学者深入学习 S7 系列各型 PLC 的首选入门机型。S7-200 CN PLC 是中国市场的专用产品，S7-200 smart PLC 是近期推出的带以太网通信的小型 PLC，两者都具有很高的性价比。

4.1　S7-200 可编程控制器的硬件组成

在 S7-200 PLC 的硬件系统中，包括有下述硬件部分：CPU 模块，数字量 I/O 扩展模块，模拟量 I/O 扩展模块，热电偶与热电阻扩展模块，PROFIBUS-DP 模块，AS-*i* 接口模块，CPU 主机上还有存储卡，实时时钟卡，电池卡等。另外有文本显示器，触摸屏，编程设备等可以和 CPU 主机通信。

用户可根据自己的需要选用其中的一个或多个硬件组成适合于自己的控制系统。但 CPU 模块是组成 PLC 控制系统不可缺少的硬件。图 4-1 所示为 S7-200 PLC 系统的基本构成。

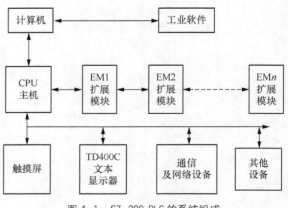

图 4-1　S7-200 PLC 的系统组成

工业软件是为了更好地管理和使用这些设备而开发的与之相配套的程序、文档及其规则的总和，它主要由标准工具、工程工具、运行软件和人机接口等几大类构成。

4.1.1 S7–200 PLC 的 CPU 模块

S7-200 系列 PLC 的 CPU 模块为单体式结构，配有 RS-485 通信端口、内置电源系统和部分 I/O 接口。CPU 模块即可用单独的 CPU 构成简单的开关量控制系统，也可用 I/O 扩展或通信联网功能构成中等规模的控制系统，它体积小、运算速度快、可靠性高，具有丰富的指令，系统操作简便，可方便地实现系统的 I/O 扩展，性能价格比高，是中小型控制系统的理想控制设备。

S7-200 系列 PLC 的 CPU 模块有两个子系列，即 CPU21X 和 CPU22X。CPU22X 系列是市场的主流产品。

1. CPU 模块的外形结构

如图 4-2 所示，PLC 主机单元上有工作方式开关、模拟电位器、I/O 扩展接口、工作状态指示和用户程序存储卡、I/O 接线端子排及发光指示等。

一般 PLC 主机及其扩展模块的宽度和厚度是固定的，长度随点数的不同而不同。

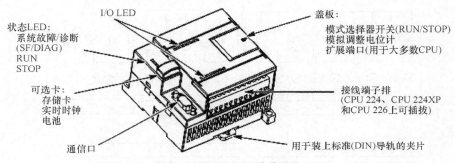

图 4-2 S7-200 PLC 的外形图

主机箱体外部的 RS-485 通信接口，用以连接编程器（手持式或 PC 机）、文本/图形显示器、PLC 网络等外部设备。

2. CPU 模块的型号及技术性能指标

S7-200CN 有 5 种 CPU 类型，CPU 模块的型号见表 4-1。S7-200 系列 PLC 的电源供电形式有两种：一种为直流输入（24VDC），一种为交流输入（120～240VAC），分别用 DC 和 AC 描述。输入类型是指输入端子的输入形式，一般为直流，用 DC 描述。输出类型是指输出端子的输出形式，有两种形式的输出，即晶体管输出和继电器输出，分别用 DC 和 Relay 描述。如 CPU224 AC/DC/Relay，表示 PLC 型号为 224，交流电源供电，继电器输出；CPU226 DC/DC/DC，表示 PLC 型号为 226，直流电源供电，晶体管输出。通常，晶体管输出时，CPU 模块供电电源为直流；继电器输出时，供电电源为交流。CPU224XP 是在 CPU224 的基础上添加了 1 个通信口和一个集成的模拟量输入/输出通道。S7-200 22X 各主机的主要技术性能指标见附录 B。

表 4-1   S7-200 PLC 的 CPU 型号

CPU 模板	CPU 供电（标称）	数字量输入	数字量输出	通信口	模拟量输入	模拟量输出	可拆卸连接
CPU221	24 VDC	6×24 VDC	4×24 VDC	1	否	否	否
CPU221	120～240 VAC	6×24 VDC	4×继电器	1	否	否	否
CPU222	24 VDC	8×24 VDC	6×24 VDC	1	否	否	否
CPU222	120～240 VAC	8×24 VDC	6×继电器	1	否	否	否

续表

CPU 模板	CPU 供电(标称)	数字量输入	数字量输出	通信口	模拟量输入	模拟量输出	可拆卸连接
CPU224	24 VDC	14×24 VDC	10×24 VDC	1	否	否	是
CPU224	120～240 VAC	14×24 VDC	10×继电器	1	否	否	是
CPU224XP	24 VDC	14×24 VDC	10×24 VDC	2	2	1	是
CPU224XP	120～240 VAC	14×24 VDC	10×继电器	2	2	1	是
CPU226	24 VDC	24×24 VDC	16×24 VDC	2	否	否	是
CPU226	120～240 VAC	24×24 VDC	16×继电器	2	否	否	是

3. CPU 模块的端子接线

以 CPU224 例，CPU224AC/DC/Relay 端子接线如图 4-3 所示，CPU224DC/DC/DC 端子接线如图 4-4 所示。输入和输出都采用分组式结构，继电器输出形式的 PLC 即可以带直流负载，也可以带交流负载。而晶体管输出形式的 PLC 只能带直流负载。

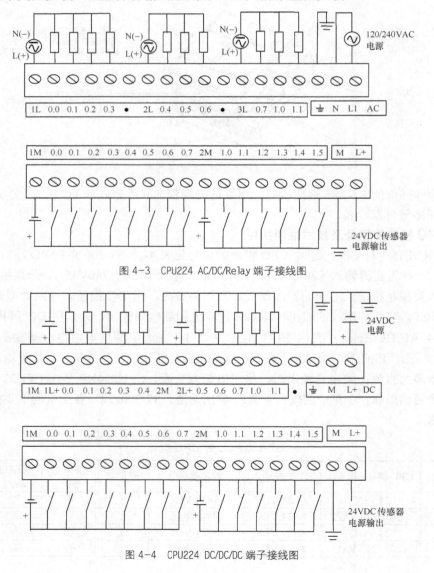

图 4-3　CPU224 AC/DC/Relay 端子接线图

图 4-4　CPU224 DC/DC/DC 端子接线图

需要说明的是，西门子 S7-200 系列 PLC 的输入端的公共点（1M、2M 等）可以连接直流电源的正极，也可以连接直流电源的负极（或 0V）端，在实际应用中一般连接直流电源的负极（或 0V）端。

4.1.2 S7-200 PLC 的扩展模块

1. 数字量扩展模块

S7-200 PLC 有 3 大类共 10 种数字量输入/输出扩展模块，见表 4-2。可根据应用系统的实际要求灵活配置 CPU 模块及数字量扩展模块。

表 4-2   数字量输入/输出扩展模块

型号	扩展模块
EM221	8 点 24VDC 输入，光电隔离
	16 点 24VDC 输入，光电隔离
EM222	8 点 24VDC 输出型
	8 点继电器输出型
EM223	24VDC 输入 4 点/晶体管输出 4 点
	24VDC 输入 4 点/继电器输出 4 点
	24VDC 输入 8 点/晶体管输出 4 点
	24VDC 输入 8 点/继电器输出 8 点
	24VDC 输入 16 点/晶体管输出 16 点
	24VDC 输入 16 点/继电器输出 16 点

数字量扩展模块的接线与 CPU 类似，图 4-5 所示为 EM223（4 输入/4 继电器输出）模块的端子接线图。其中 M、L+端子通常与 CPU 主机单元的 M、L+相连。

2. 其他扩展模块

除基本单元及数字量控制模块外，S7-200（CN）PLC 还提供了许多扩展模块，以满足 PLC 的扩展应用，扩展模块可以根据实际控制系统的要求加以选择。有用于模拟量信号检测与控制的模拟量扩展模块 EM231、EM232、EM235。有专用于温度信号检测的热电偶扩展模块 EM231CT、热电阻扩展模块 EM231RTD。有用于网络通信的模块，如 PROFIBUS-DP 模块 EM277、工业以太网通信处理器 CP243-1、调制解调器模块 EM241 等。这些模块的性能及应用分别在相关的章节里详细介绍。关于特定模块的相关技术信息，可参看西门子 S7-200 系列 PLC 产品手册。

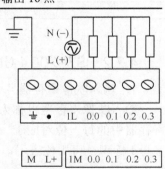

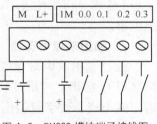

图 4-5 EM223 模块端子接线图

4.2 S7-200（CN）PLC 的编程元件

程序设计中需要用到 PLC 的内部元件，如输入输出映像寄存器、辅助寄存器、定时器、计数器等。这些元件具有与低压电器相似的功能，但它们在 PLC 内部是以寄存器的形式出现的，每个元件对应于一个或多个内部单元，而非实际的硬件元件，所以称之为内部软元件或编程元件。

S7-200 将编程元件统一归为存储器单元，存储单元按字节进行编址，无论所寻址的是何种数据类型，通常应指出它所在存储区域和在区域内的字节地址。每个单元都有唯一的地址，地址由名称和编号两部分组成。

4.2.1 编程元件的地址编号表示

地址包含区域标识符、指定数据大小的字母以及地址编号。

（1）用位来表示，如 I0.0（I 是区域标识符，表示输入映像寄存器区域，0 表示 0 通道，I0.0 表示 0 通道的 0 位），为 1 位。

（2）用字节来表示，如 IB0、VB1500 等，B 表示字节（byte），为 8 位。

（3）用字来表示，相邻的两字节组成一个字，如 IW0、VW300 等，为 16 位；IW0 是由 IB0 和 IB1 组成的，其中 I 是区域标识符，表示输入映像寄存器区域，W 表示字（word）。

（4）用双字来表示，如 ID0、VD100 等，为 32 位，其中 D 表示"double word"。如图 4-6 所示的 ID0 为 32 位双字数据，表示映像寄存器中编号为 0 的双字，由 IB0、IB1、IB2、IB3 这 4 字节组成。MSB 表示最高位，LSB 表示最低位。

用字节表示的序号是连续的，但用字表示时就要用 IW0、IW2、IW4 等，用双字表示时就要用 ID0、ID4、ID8 等，这样就不会造成地址重叠。

MSB												LSB
I0.7	...	I0.1	I0.0	I1.7	...	I1.1	I1.0	I2.7	...	I2.0	I3.7	...	I3.0

IB0	IB1	IB2	IB3

IW0	IW2

ID0

图 4-6 位、字节、字、双字类型的地址表示

4.2.2 S7-200（CN）的编程元件

1. 输入映像寄存器

输入映像寄存器也称为输入映像继电器（沿用了继电器控制系统的传统叫法），输入映像寄存器中的每一位对应于一个输入端子，从而对应于一个数字量输入点。输入映像寄存器用字母 I 标识。可用位表示，也可以用字节、字或双字表示，如用 I0.0～I15.7 表示 128 个输入继电器。

2. 输出映像寄存器

PLC 输出映像寄存器中的每一位对应于一个输出端子，从而对应于一个数字量输出点，用字母 Q 标识，可用位表示，也可以用字节、字或双字表示，用 Q0.0～Q15.7 表示 128 个输出继电器。数字量输出映像寄存器是用来将 PLC 的输出信号传递给负载，线圈用程序指令驱动。

3. 模拟量输入寄存器（AIW）和模拟量输出寄存器（AQW）

模拟量输入信号经 A/D 转换后，数字量信息存储在模拟量输入寄存器中，将要经 D/A 转换成为模拟量的数字量信息存储在模拟量输出寄存器中。因为 CPU 处理的数字量为 16 位数据，为字类型数据，所以模拟量输入寄存器和模拟量输出寄存器常用 AIW 和 AQW 表示。AI 编址范围 AIW0，AIW2，……，AIW62，起始地址定义为偶数字节地址，共有 32 个模拟

量输入点。AQ 编址范围 AQW0，AQW2，……，AQW62，起始地址也采用偶数字节地址，共有 32 个模拟量输出点。

模拟量输入寄存器只能读取，而模拟量输出寄存器只能写入。

4．变量寄存器（V）

S7-200（CN）PLC 还提供了大量的变量寄存器，可用于数据运算、变量传送以及保存程序执行过程中的中间结果，变量寄存器用字母 V 表示，可用位表示，也可以用字节、字或双字表示，如 V200.0、V200.1、VB100、VW300、VD302 等。CPU 224 有 VB0.0～VB5119.7 的 5KB 存储字节。

5．辅助寄存器（M）

辅助寄存器也称为辅助继电器，用字母 M 标识，其功能相当于传统电气控制系统的辅助继电器或中间继电器，只能起到中间状态的暂存作用，不能直接驱动外部负载。可用位表示，也可以用字节、字或双字表示，但通常是以位的形式出现。S7-200 系列 PLC 的 M 寄存器只有 32 字节（M0.0～M31.7）。

6．特殊功能寄存器

特殊功能寄存器也称为特殊标志寄存器或特殊继电器，用字母 SM 标识。特殊功能寄存器为用户提供了一系列特殊的控制功能和系统信息，有助于用户程序的编制和系统的各类状态信息的获取。用户也可将控制过程中的某些特殊要求通过特殊功能寄存器传递给 PLC，可用位表示，也可以用字节、字或双字编址。

CPU 224 编址范围 SM0.0～SM549.7，共 550 字节。其中 SM0.0～SM29.7 的 30 字节为只读型区域。用户不能更改。

（1）SMB0 为状态位字节，在每次扫描循环结尾由 S7-200 CPU 更新，定义如下。

SM0.0：RUN 状态监控，PLC 在运行 RUN 状态，SMB0 该位始终为 1。

SM0.1：首次扫描时为 1，PLC 由 STOP 转为 RUN 状态时，ON（1 态）一个扫描周期，用于程序的初始化。

SM0.2：当 RAM 中数据丢失时，ON 一个扫描周期，用于出错处理。

SM0.3：PLC 上电进入 RUN 方式，ON 一个扫描周期。

SM0.4：分脉冲，该位输出一个占空比为 50%的分时钟脉冲。用作时间基准或简易延时。

SM0.5：秒脉冲，该位输出一个占空比为 50%的秒时钟脉冲。可用作时间基准。

SM0.6：扫描时钟，一个扫描周期为 ON（高电平），另一为 OFF（低电平）循环交替。

SM0.7：工作方式开关位置指示，0 为 TERM 位置，1 为 RUN 位置。为 1 时，使自由端口通信方式有效。

（2）SMB1 为指令状态位字节，用于指示潜在错误的 8 个状态位，这些位可由指令在执行时进行置位或复位，SMB1 部分位定义如下。

SM1.0：零标志，运算结果为 0 时，该位置 1。

SM1.1：溢出标志，运算结果溢出或查出非法数值时，该位置 1。

SM1.2：负数标志，数学运算结果为负时，该位为 1。

常用的特殊功能寄存器如下。

（3）SMB2：自由口通信接收字符缓冲区，在自由口通信方式下，接收到的每个字符都放在这里，便于用户程序存取。

（4）SMB3：用于自由口通信的奇偶校验，当出现奇偶校验错误时，将 SM3.0 置"1"。

（5）SMB4：用于表示中断是否允许和发送口是否空闲。

（6）SMB5：用于表示 I/O 系统发生的错误状态。

（7）SMB6：用于识别 CPU 的类型。

（8）SMB8～SMB21：用于 I/O 扩展模板的类型识别及错误状态存储。

（9）SMB22～SMB26：用于提供扫描时间信息，以毫秒计的上次扫描时间、最短扫描时间及最长扫描时间。

（10）SMB28 和 SMB29：分别对应模拟电位器 0 和 1 的当前值，数值范围为 0～255。

（11）SMB30 和 SMB130：分别为自由口 0 和 1 的通信控制寄存器。

（12）SMB34 和 SMB35：用于存储定时中断间隔时间。

（13）SMB36～SMB65：用于监视和控制高速计数器 HSC0、HSC1 和 HSC2 的操作。

（14）SMB66～SMB85：用于监视和控制脉冲输出（PTO）和脉冲宽度调制（PWM）功能。

（15）SMB86～SMB94 和 SMB186～SMB194：用于控制和读出接收信息指令的状态。

（16）SMB98 和 SMB99：用于表示有关扩展模板总线的错误。

（17）SMB131～SMB165：用于监视和控制高速计数器 HSC3、HSC4、HSC5 的操作。

（18）SMB166～SMB185：用于显示包络表的数量、地址和变量寄存器在表中的首地址。

7．定时器（T）

定时器是 PLC 程序设计中的重要元件，其作用相当于继电器-接触器控制系统中的时间继电器。S7-200 CPU22X 系列 PLC 共有 256 个定时器，编号为 T0～T255，有三种类型的时间基（定时精度），即 1ms、10ms、100ms。定时器的延时时间由指令的预设值和时间基确定，即

$$延时时间=定时器预设值×时间基$$

每个定时器有两种操作数：一种是字类型，用于存储定时器的当前值，为 16 位有符号整数；另一种是位类型，称为定时器位，用于反映定时器的延时状态，相当于时间继电器的延时触点。这两种数据类型的字符表达与定时器编号完全相同，在指令执行中具体访问哪种类型取决于指令的形式，带位操作数的指令会访问定时器位，而带字操作数的指令则访问当前值。

定时器有三种指令格式，即通电延时定时器（TON）、断电延时定时器（TOF）和带保持的通电延时定时器（RTON）。TON 和 TOF 指令的动作特性与通电延时时间继电器和断电延时时间继电器相同。不同的指令格式、定时器编号，其时间基不同，定时器的刷新方法也不同。

8．计数器（C）

计数器也是 PLC 应用中的重要编程元件，计数器主要用来累计输入脉冲个数。S7-200 CPU22X 系列 PLC 共有 256 个计数器，编号为 C0～C255。计数器的预设值由程序设定。

每个计数器有两种操作数：一种是字类型，用于存储计数器的当前值，当前值寄存器用以累计脉冲个数。另一种是位类型，称为计数器位，用于反映计数状态，计数器当前值大于或等于预置值时，状态位置 1。这两种数据类型的字符表示与计数器编号相同，在指令执行中具体访问哪种类型的数据取决于指令的形式，字类型操作指令取计数器的当前值，位类型

操作指令取计数器位的值。

计数器指令有加计数（CTU）、减计数（CTD）和加减计数（CTUD）三种形式。

一般计数器的计数频率受扫描周期的影响，频率不能太高。对于高频输入的计数应使用高速计数器。

9. 高速计数器（HSC）

对高频输入信号计数时，可使用高速计数器。高速计数器只有一种数据类型，即有符号的 32 位的双字类型整数，用于存储高速计数器的当前值。CPU 22X 提供了 6 个高速计数器 HC0、HC1……HC5（每个计数器最高频率为 30kHz）用来累计比 CPU 扫描速率更快的事件。高速计数器的当前值为双字长的符号整数。

10. 累加器（AC）

累加器是 S7-200 系列 PLC 内部使用较为灵活的存储器，可用于向子程序传递参数，或从子程序返回参数，也可以用来存放数据、运算结果等。S7-200 CPU22X 系列 PLC 提供了 4 个 32 位的累加器，编号为 AC0～AC3。累加器可以支持字节类型、字类型和双字类型的指令，数据存取时的长度取决于指令形式。若为字节类型指令，则只有低 8 位参与运算；若为字类型指令，则只有低 16 位参与运算；若为双字类型指令，则 32 位数据全部参与运算。

11. 状态寄存器（S）

状态寄存器也称为状态元件或顺序控制继电器，是使用步进控制指令编程时的重要元件。以实现顺序控制和步进控制。S7-200 CPU22X 系列 PLC 共有 256 个状态寄存器（32 字节），S7-200 PLC 编址范围 S0.0～S31.7，它们常以"字节.位"的形式出现，与步进控制指令 LSCR、SCRT、SCRE 结合使用，实现顺序控制功能图的编程。

12. 局部变量寄存器（L）

局部变量寄存器与变量寄存器很相似，其主要区别在于变量寄存器是全局有效的，而局部变量寄存器是局部有效的。"全局"指的是同一个寄存器可以被任何一个程序读取，如主程序、子程序、中断程序；而"局部"是指该寄存器只与特定的程序相关。S7-200 系列 PLC 给每个程序（主程序、各子程序和各中断程序）都分配有最多 64 字节的局部变量存储器，其中 60 字节可以用作暂时存储器或者给子程序传递参数，最后 4 字节为系统保留字节，可以按位、字节、字和双字访问局部变量寄存器。局部存储器有一个局部范围，局部存储器仅在子程序实体内可用，其他程序实体无法访问。

表 4-3 列出了 S7-200 CPU22X 系列 PLC 的存储器范围，可供编程时参考。

表 4-3　　　　　　　　　　S7-200 CPU22X 系列 PLC 存储器范围

CPU 类型 / 编程元件	CPU221	CPU222	CPU224	CPU224XP	CPU226
输入映像存储器	I0.0～I15.7	I0.0～I15.7	I0.0～I15.7	I0.0～I15.7	I0.0～I15.7
输出映像存储器	Q0.0～Q15.7	Q0.0～Q15.7	Q0.0～Q15.7	Q0.0～Q15.7	Q0.0～Q15.7
模拟量输入	AIW0～AIW30	AIW0～AIW30	AIW0～AIW30	AIW0～AIW30	AIW0～AIW30
模拟量输出	AQW0～AQW30	AQW0～AQW30	AQW0～AQW30	AQW0～AQW30	AQW0～AQW30
变量寄存器	VB0～VB2047	VB0～VB2047	VB0～VB8191	VB0～VB10239	VB0～VB10239

续表

CPU 类型 编程元件	CPU221	CPU222	CPU224	CPU224XP	CPU226
局部变量寄存器	LB0～LB63	LB0～LB63	LB0～LB63	LB0～LB63	LB0～LB63
辅助继电器	M0.0～M31.7	M0.0～M31.7	M0.0～M31.7	M0.0～M31.7	M0.0～M31.7
特殊功能寄存器	SM0.0～SM179.7 SM0.0～SM29.7	SM0.0～SM279.7 SM0.0～SM29.7	SM0.0～SM549.7 SM0.0～SM29.7	SM0.0～SM549.7 SM0.0～SM29.7	SM0.0～SM549.7 SM0.0～SM29.7
定时器	T0～T255 带保持的通电延时，时基为 1ms：T0，T64；10ms：T1～T4，T65～T68；100ms：T5～T31，T65～T95 通电/断电延时，时基为 1ms：T32，T96；10ms：T33～T36，T97～T001；100ms：T37～T63，T101～T255				
计数器	C0～C255	C0～C255	C0～C255	C0～C255	C0～C255
高速计数器	HC0～HC5	HC0～HC5	HC0～HC5	HC0～HC5	HC0～HC5
状态寄存器	S0.0～S31.7	S0.0～S31.7	S0.0～S31.7	S0.0～S31.7	S0.0～S31.7
累加器	AC0～AC3	AC0～AC3	AC0～AC3	AC0～AC3	AC0～AC3
调用/子程序	0～63	0～63	0～63	0～63	0～63
中断程序	0～127	0～127	0～127	0～127	0～127
跳转/标号	0～255	0～255	0～255	0～255	0～255

4.3 STEP7-Micro/WIN V4.0 编程软件的使用与安装

SIMATIC S7-200 编程软件是指西门子公司为 S7-200 系列可编程控制器编制的工业编程软件的集合，其中 STEP7-Micro/WIN4.0 SP6 软件是基于 Windows XP3 的应用软件，STEP7-Micro/WIN4.0 SP9 软件是基于 Windows 7 的应用软件。本书以 STEP7-Micro/WIN V4.0 SP9 编程软件为例，介绍编程软件的功能、安装和使用方法，并结合应用实例讲解用户程序的输入、编辑、调试及监控运行的方法。

4.3.1 SIMATIC S7-200 编程软件的基本功能

STEP7-Micro/WIN V4.0 编程软件在离线条件下，可以实现程序的输入、编辑、编译等功能。

编程软件在联机工作方式下可实现程序的上、下载，通信测试及实时监控等功能。编程软件安装完毕后，双击 STEP 7-Micro/WIN 软件图标，即可进入编程软件主界面，如图 4-7 所示。主界面的各组成部分及其功能简述如下。

1. 菜单栏

菜单栏包括文件（File）、编辑（Edit）、视图（View）、可编程控制器（PLC）、调试（Debug）、工具（Tools）、窗口（Windows）和帮助（Help）8 个主菜单项，提供了文件操作、程序编辑、PLC 参数设置、系统组态、编程环境设置、窗口切换以及帮助等多种功能，包括了用户在 STEP 7-Micro/WIN 环境下可以进行的绝大部分操作。

2. 工具条

工具条是指以按钮形式提供给用户在程序编辑、调试和运行时最常用的操作。用户可通过菜单命令 View/Toolbars 自定义工具条。

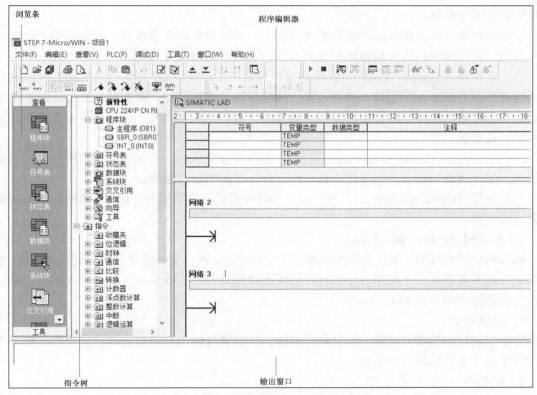

图 4-7 STEP7-Micro/WIN V4.0 编程软件主界面

3. 浏览条

浏览条可实现编程过程中各功能窗口的快速切换。单击浏览条中的任一控制按钮，即可将编程主窗口切换为该按钮对应的窗口。浏览条中的各控制按钮及其功能如下。

（1）程序块（Program Block）。单击程序块按钮，可将编程主窗口切换至程序编辑器，如图 4-7 中的 SIMATIC LAD 窗口，用户可在该窗口下编制梯形图程序。如果使用的是语句表或功能块图，则将分别打开 SIMATIC STL 窗口和 SIMATIC FBD 窗口，这 3 种窗口可通过"查看"菜单下的 LAD、STL 和 FBD 命令切换。

单击 SIMATIC LAD 窗口下部的 MAIN、SBR_0、INT_0 等标签可分别进入主程序、子程序 0、中断程序 0 的编辑界面。

程序编辑器的上部为程序的局部变量表，可用于定义局部变量。在带参数的子程序调用中，参数的传递是通过局部变量表进行的。

（2）符号表（Symbol Table）。符号表可将 PLC 内部元件的地址定义为特定符号，即用具有某种实际意义的文字符号名称替换内部元件的实际地址。如系统的起动按钮地址为 I0.0，如果在符号表中将 I0.0 定义为 START，则在梯形图中所有的 I0.0 地址均由 START 代替。为增强程序的可读性，还可以在符号表窗口内附加一些注释信息。

（3）状态图表（Status Chart）。状态图表窗口用于联机调试时监视所选择变量的状态及当前值。只需要在地址栏中（Address）写入欲监视的变量地址，在数据格式（Format）栏中注明所选择变量的数据类型，选择 Debug 菜单下的 Single Read 命令就可以在运行时监视这些变量的状态及当前值。

（4）数据块（Data Block）。在数据块窗口中，可以设置和修改变量寄存器中的一个或多个变量值。使用时应注意变量地址和变量类型以及数据的范围要匹配。

（5）系统块（System Block）。系统块窗口主要用于系统组态，允许为 S7-200 PLC 配置不同的硬件参数。如数字量输入滤波设置、模拟量输入滤波设置、脉冲捕捉设置、配置数字量输出表、存储器保持范围设定、CPU 密码设置、模拟电位器设置、高速计数器设置和高速脉冲输出设置等。

（6）交叉索引（Cross Reference）。当用户程序编译完成后，交叉索引窗口将提供相关索引信息，如交叉索引信息、字节使用情况信息和位使用情况信息等。

（7）通信（Communications）。通信窗口的功能是建立计算机与 PLC 之间的通信连接及设置通信参数。

4．指令树（Instruction Tree）

指令树包括两部分：项目文件管理系统和指令系统。项目文件管理系统主要包括 CPU 型号确定、程序重命名、子程序与中断程序的添加和删除等。指令系统以树的形式按类列举了所有的快捷操作指令和 PLC 指令。

5．输出窗口

用于显示程序的编译结果。如果程序有错误，则通过输出窗口可查询错误类型、错误所属的程序以及其具体位置等信息。

6．状态条

在编程软件的最底端，状态条也称为任务栏，用于指示编程主窗口的状态。

7．程序编辑器

程序编辑器是程序编辑的窗口，当创建一个新的项目后，在浏览条中单击程序块按钮即可打开程序编辑器，图 4-7 所示为 LAD 程序编辑器窗口界面，图中的方框（也称为光标）为当前正在编辑的指令，每个指令由指令图标和操作数（或操作数地址）组成。

单击程序编辑器底部的标签，可以在主程序、子程序和中断程序之间移动。

4.3.2　编程软件的安装（安装方法）

西门子 PLC S7-200 编程软件 STEP7 MicWIN_V4SP9 完整版，全面支持 Windows7（32位机）。

1．安装准备

关闭所有的应用程序，在光盘驱动器中插入驱动光盘，如果没有禁止光盘插入自动运行，安装程序会自动进行，或者在 WINDOWS 资源管理器中打开光盘上（或 U 盘上）的"Setup.exe"。

2．按照安装程序的提示完成安装

首先选择安装程序界面语言，再选择安装目的文件夹，对于自动弹出的"Set PG/PC Interface"窗口，单击 OK 即可，安装完成后重启计算机。

3．中英文语言选择

安装完后，打开软件，初次为英文版，如要选择编程软件界面为中文格式，可以双击桌面上的 STEP7-Micro/WIN V4.0 图标，在 Tools/Options/General 的语言栏中选择"Chinese"，然后重启编程软件。

4.3.3 建立与 S7-200 CPU 的通信

用 STEP 7-Micro/WIN 软件或其他编程器对用户程序进行下载、调试、监控时，应首先建立与 PLC 的通信连接。图 4-8 所示为连接 S7-200 与编程设备的 RS-232/PPI 多主站电缆。

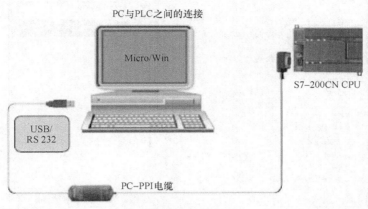

图 4-8 通信线的连接

1. 通信电缆连接

连接 RS-232/PPI 多主站电缆的 RS-232 端（标识为"PC"）到编程设备的通信口上。（本例中为 COM2。）

连接 RS-232/PPI 多主站电缆的 RS485 端（标识为"PPI"）到 S7-200 的端口 0 或端口 1。

2. 通信参数设置

单击浏览条中的通信按钮（Communications），或选择菜单命令 View/Communications，将弹出通信对话框，双击"PC/PPI 电缆"图标或单击左下方的 Set PG/PC Interface 按钮，弹出设置 PG/PC 接口对话框，选择 PC/PPI Cable，单击 Properties 按钮，弹出 PC/PPI 电缆属性对话框，用于设置通信参数，如图 4-9 所示。

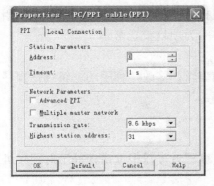

图 4-9 PC/PPI 通信参数设置

在属性对话框中，可在 PPI 中设置主站地址（默认为 0）、波特率（默认 9600bit/s）、最高站地址等，在 Local Connection 中设置通信连接接口等。

3．建立通信连接

设置好通信参数后，返回至通信对话框，双击刷新图标，STEP 7-Micro/WIN 将检查所有已连接的 S7-200 系列 PLC 的 CPU 站，并为每个 CPU 站建立一个 PLC 图标，如图 4-10 所示，图中显示已检测到 1 个 PLC 站，站号为 2，PLC 的型号为 CPU224。

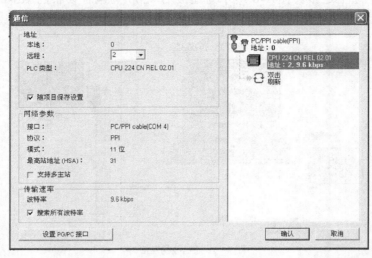

图 4-10　PC/PPI 通信对话框

若网络中有多个 PLC 站，则单击相应 PLC 站的图标，在对话框左边会显示出各站的地址信息和通信参数。

如果双击 PLC 站图标，则会弹出 PLC Information 信息框，显示 PLC 的型号、内部错误显示、I/O 错误显示及硬件组态等信息。

建立了通信连接后，即可应用 STEP 7-Micro/WIN 软件的在线监控功能，对用户程序进行调试。

4.3.4　程序编制

1．建立项目（用户程序）

可以用新建菜单建立一个项目，也可以用打开菜单打开已有的项目，可以用另存为菜单保存项目并修改项目名称，还可以在文件菜单中为项目设置密码。

2．程序的编辑、修改

通常利用梯形图编辑器进行梯形图程序的编辑、修改，程序的编辑包括程序的剪切、复制、粘贴、插入和删除、字符串替换、查找等。

3．程序的编译及上、下载

（1）编译

程序的编译，能明确指出错误的网络段，编程者可以根据错误提示对程序进行修改，然后再次编译，直至编译无误。

（2）下载

用户程序编译成功后，将下载块中选中的下载内容下载到 PLC 的存储器中，如图 4-11 所示。

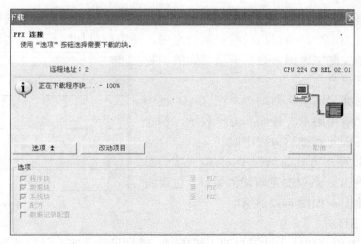

图 4-11　程序下载

（3）载入（上载）

载入可以将 PLC 中未加密的程序或数据向上送入编程器（PC 机）。

将选择的程序块、数据块、系统块等内容上载后，可以在程序窗口显示上载的 PLC 内部程序和数据信息。

4.3.5　程序的监视、运行、调试

1. 程序运行方式的设置

将 CPU 的工作方式开关置在 RUN 位置。或将开关置在 TERM（暂态）位置时，操作 STEP7-Micro/WIN V4.0 菜单命令或快捷按钮对 CPU 工作方式进行软件设置。

2. 程序运行状态的监视

运用监视功能，在程序状态打开时，可以观察 PLC 运行时程序执行过程中各元件的工作状态及运行参数的变化。

3. 变量的强制操作

在实验室调试程序时，往往会因为没有现场实际设备，使得用户程序无法正常调试。STEP 7-Micro/WIN 提供了软件"强制"功能，允许用命令的形式来改变程序中的各变量的值，使调试过程简单快捷。

总之，STEP 7-Micro/WIN V4.0 软件提供了丰富的资源供用户使用，这里由于篇幅的原因就不一一介绍了，使用者可在实际使用中逐一掌握。

4.4　S7-200 PLC 的编程语言及程序结构

PLC 的编程语言有梯形图、语句表（指令表）、逻辑符号图以及其他高级语言等，但在西门子 S7-200（CN）系列 PLC 的工程应用项目中，主要应用梯形图（LAD）、语句表（STL）、逻辑符号图（FBD）三种。

4.4.1　S7-200 编程语言

1. 梯形图指令格式（LAD）

梯形图是一种以图形符号及图形符号在图中的相互关系表示控制关系的编程语言，它是

从继电器控制电路图演变过来的。梯形图将继电器控制电路图进行简化，同时加进了许多功能强大、使用灵活的指令，将微机的特点结合进去，使编程更加容易，而实现的功能却大大超过了传统继电器控制电路图，是目前最普通的一种可编程控制器编程语言。

梯形图程序由梯形图编辑器编程。在 LAD 程序中，逻辑的基本元素用触点、线圈和方框表示，构成完整电路的一套互联元素被称为程序段。

LAD 编辑器以图形方式显示程序，与电气接线图类似。LAD 程序通过一系列的逻辑输入条件，进而决定是否启用逻辑输出，如图 4-12 所示。

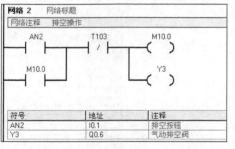

图 4-12　梯形图程序

2. 语句表（STL）

语句表（STL）语言类似于计算机的汇编语言，特别适合于来自计算机领域的工程人员。用指令助记符创建用户程序，属于面向机器硬件的语言，程序由 STL 编辑器编程。STL 编辑器允许输入指令助记符来创建控制程序。STL 程序不用梯形图程序和 FBD 程序使用的图形显示，而是用文本格式显示。STL 编辑器还允许创建用 LAD 或 FBD 编辑器无法创建的程序。可以使用 STL 编辑器显示所有用 SIMATIC LAD 编辑器编写的程序。

语句是语句表编程语言的基本单元，每个控制功能由一个或多个语句组成的程序来执行。每条语句规定可编程控制器中 CPU 如何动作的指令，它是由操作码和操作数组成的。

编程软件 STEP7-Micro/Win V4.0 SP3 的语句表举例如下：

```
网络 2    网络标题
网络注释         排空操作
LD     AN2                   // 逻辑开始
O      M10.0                 // 并联条件
AN     T103                  // 串联条件
=      M10.0                 //启动输出1
=      Y3                    //启动排空阀
```

3. 功能块图

功能图编程语言实际上是用逻辑功能符号组成的功能块来表达命令的图形语言，与数字电路中逻辑图类似，它极易于表现条件与结果之间的逻辑功能。图 4-13 所示为先"或"后"与"再输出操作的功能块图。

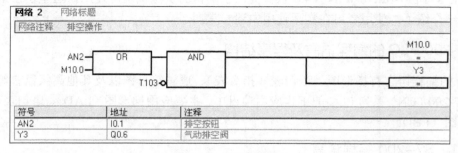

图 4-13　功能块图程序

由图可见，这种编程方法是根据信息流将各种功能块加以组合，是一种逐步发展起来的新式的编程语言，在西门子的小型控制器"LOGO！"中使用了 FBD 编程语言。

总之，LAD 程序被分为程序段。一个程序段是按照顺序安排的以一个完整电路的形式连接在一起的触点、线圈，不能短路或者开路，也不能有能流倒流的现象存在。可以利用编程软件为每一个程序段加注释。STL 程序不用分段，也可以用关键词 NETWORK 将程序分段。FBD 编程使用程序段的概念对程序进行分段和注释。

值得注意的是：所有成功编译的 LAD 和 FBD 程序均可在 STL 中查看，但并不是所有成功编译的 STL 程序均可在 LAD 或 FBD 中查看，例如当组合逻辑过于复杂时，STL 程序无法在 LAD 或 FBD 编辑器中查看，但某些特殊应用可能必须使用该逻辑。

4.4.2　程序结构

一个程序块由可执行代码和注释组成。可执行代码由主程序和若干子程序或者中断服务程序组成。可执行代码被编译并下载到 S7-200 中，而程序注释不会被下载。可以使用组织组件（主程序、子程序和中断服务程序）来结构化控制程序。如果编程使用的是手编器，主程序应安排到程序的最前面。其他部分的位置安排没有严格的顺序，但习惯上把子程序安排在中断程序的前面。

1．主程序

主程序中包括控制应用的指令。S7-200 系列 PLC 在每一个扫描周期中顺序执行这些指令。主程序也被表示为 OB1。

2．子程序

子程序是应用程序中的可选组件。只有被主程序、中断服务程序或者其他子程序调用时，子程序才会执行。当希望重复执行某项功能时，子程序是非常有用的。与其在主程序中的不同位置多次使用相同的程序代码，不如将这段程序逻辑写在子程序中，然后在主程序中需要的地方调用。调用子程序有如下优点。

（1）用子程序可以减小程序的长度。

（2）由于将代码从主程序中移出，因而用子程序可以缩短程序扫描周期。S7-200 在每个扫描周期中处理主程序中的代码。而子程序只有在被调用时，S7-200 才会处理其代码。在不调用子程序时，S7-200 不会处理其代码。

（3）用子程序创建的程序代码是可传递的。可以在一个子程序中完成一个独立的功能，然后将它复制到另一个应用程序中而无需做重复工作。

3．中断处理程序

中断服务程序是应用程序中的可选组件。当特定的中断事件发生时，中断服务程序执行。可以为一个预先定义好的中断事件设计一个中断服务程序。当特定的事件发生时，S7-200 PLC 会执行中断服务程序。

中断服务程序不会被主程序调用。只有当中断服务程序与一个中断事件相关联，且在该中断事件发生时，S7-200 才会执行中断服务程序。

4.5　S7-200 PLC 的数据类型及寻址方式

4.5.1　数据类型、范围

前面我们已经知道，SIMATIC S7-200 系列 PLC 的寄存器大小可以用位、字节、字和双字表示，能够表示的数据类型可以是字符串、布尔型、整型和实型（浮点数）等。实数采用32 位数来表示，其数值有较大的表示范围：正数为+1.175495E-38～+3.402823E+38；负数为−3.402823E+38～−1.175495E-38。不同长度的整数所表示的数值范围如表 4-4 所示。

表 4-4　　　　　　　　　　　　　　　　数据类型和范围

整数长度	无符号整数表示范围		有符号整数表示范围	
	十进制	十六进制	十进制	十六进制
字节 B（8 位）	0～255	0～FF	−128～+127	80～7F
字 W（16 位）	0～65535	0～FFFF	−32768～32767	8000～7FFF
双字 D（32 位）	0～42949	0～FFFFFFFF	−2147483648～2147483647	80000000～7FFFFFFF

4.5.2　常数表示

在编程中经常会使用常数。常数数据长度可为字节、字和双字，在机器内部的数据都以二进制存储，但常数的书写可以用二进制、十进制、十六进制、ASCII 码或浮点数（实数）等多种形式。几种常数形式如表 4-5 所示。

表 4-5　　　　　　　　　　　　　　　常数表示

进制	书写格式	举例
十进制	十进制数值	1180
十六进制	16#十进制数值	16#4AC5
二进制	2#二进制值	2#0011_0101_1101_0010
ASCII 码	'ASCII 码文本'	'ABCD'
浮点数	IEEE75-1985 标准	+/−1.175495E-38～+/−3.402823E+38

在实际应用中，一般是用十进制小数来输入或显示浮点数，例如，60 是整数，60.0 是浮点数。

4.5.3　S7–200 PLC 的寻址方式

寻址方式是指程序执行时 CPU 如何找到指令操作数存放地址的方式。S7-200 系列 PLC 将数据信息存放于不同的存储器单元，每个单元都有确定的地址。根据对存储器数据信息的访问方式的不同，寻址方式可以分为直接寻址和间接寻址。

1. 直接寻址方式

所谓直接寻址就是直接使用编程元件的名称和地址编号来访问存储中的数据，实际上就是我们对要使用的编程元件单元中数据的直接调用。直接寻址明确指出存储单元的地址，程序中指令的参数直接指明存储区域的名称（内部软元件符号）、地址编号和长度。直接寻址是编程设计中最常用的寻址方式。

常用的直接寻址方式有位寻址、字节寻址、字寻址和双字寻址。直接寻址方式也是 PLC 用户程序使用最多、最普遍的方式。可以按位、字节、字、双字方式对 I、Q、S、V、SM、M、L 等存储区域进行存取操作。

若要存取存储区的某一位，则必须指定地址，包括存储器标识符、字节地址和位号。图

4-14 所示是一个位寻址的例子（也称为"字节.位"寻址）。在这个例子中，存储器区、字节地址（I 代表输入，4 代表字节 3）和位地址（第 5 位）之间用点号（"."）相隔开。图中 MSB 表示最高位，LSB 表示最低位。

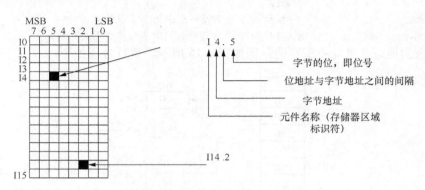

图 4-14 位寻址举例

若要存取 CPU 中的一个字节、字或双字数据，则必须以类似位寻址的方式给出地址，包括存储器标识符、数据大小以及该字节、字或双字的起始字节地址。例如 VW100、MW2 等。VW100 表示变量储存区 V 中的字类型数据，地址为 100，执行指令时表示以字的方式存取数据。MW2 表示对由字节 MB2、MB3 组成的字进行存取操作。

另外，存储区内有一些元件（T、C、HC）是具有一定功能的器件，不用指出它们的字节地址，而是直接写出其编号。如 T10，既表示位状态又表示其当前值。累积器 AC 的数据长度可以是字节、字或双字。使用时只要表示出累积器的地址编号即可，如 AC1，数据长度取决于进出 AC1 的数据类型。

*2. 间接寻址方式

间接寻址使用指针访问存储器中的数据。指针是包含另一个存储单元地址的双字存储单元。只能将 V 存储单元、L 存储单元或累加器寄存器（AC1、AC2、AC3）用作指针。不能使用间接寻址访问单个位。

这种间接寻址方式与计算机的间接寻址方式相同。间接寻址在处理内存连续地址中的数据时非常方便，而且可以缩短程序所生成的代码长度，使编程更加灵活。但在实际中应用较少。

用间接寻址方式存取数据需要做的工作有 3 种：建立指针、间接存取和修改指针。

（1）建立指针

建立指针必须用双字传送指令（MOVD），通过输入一个"和"符号（&）和要寻址的存储单元的第一个字节，创建一个该位置的指针。指令的输入操作数前必须有一个"和"符号（&），表示内存位置的地址（而非其内容）将被移到指令输出操作数中标识的位置（指针）。

（2）间接存取

在指令操作数前面输入一个星号（*）可指定该操作数是一个指针。

下面是建立指针和间接存取的应用例子。

```
LD    SM0.0
MOVB  16#12, VB200
MOVB  16#34, VB201
```

```
MOVB   16#56, VB202
MOVB   16#78, VB203
MOVD   &VB200, AC1      //将 VB200（VW200 的初始字节）中的地址传送至 AC1 以
                          创建指针
MOVB   *AC1, MB2        //移动 AC1 中的指针引用的字节值传送至 MB2
MOVW   *AC1, MW4        //移动 AC1 中的指针引用的字值传送至 MW4
```

若存储区的地址及单元中所存的数据如图 4-15 所示，执行过程如下。

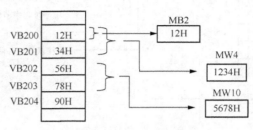

图 4-15　间接寻址方式的应用例子

（3）修改指针

可以改动指针数值。由于指针是 32 位数值，使用双字指令修改指针数值。可使用简单算术操作（例如加或递增）修改指针数值。例如：

```
LD     SM0.0
+D     2, AC1
MOVW   *AC1, MW10      //移动 AC1 中的指针引用的字值传送至 MW10
```

4.6　基本编程指令及其应用

S7-200 PLC 指令系统功能强大、内容丰富。随着控制系统的要求越来越高，其指令系统也在不断地完善。最初为取代继电器控制系统而开发的指令称为基本指令，为扩展 PLC 的功能发展出来的指令称为功能指令或应用指令（指令盒）。本章主要讲述 S7-200 PLC 的基本指令及其应用。

基本逻辑指令是指构成基本逻辑运算功能指令的集合，以位逻辑操作为主，一般用于开关量逻辑控制。

基本编程指令在梯形图编辑器中是指对触点的简单连接和对标准线圈的输出。在语句表语言编辑器中是指对位存储单元的简单逻辑运算。在初学 PLC 时，可以先以梯形图（LAD）程序设计为主，以语句表（STL）程序分析为辅。至于功能块图（FBD），因在实际应用中较少使用，可以不予了解。

4.6.1　位操作指令

1. 指令格式

```
LD    BIT       LDN  BIT       //用于网络段起始的常开/常闭触点
A     BIT       AN   BIT       //常开/常闭触点串联，逻辑与/与非指令
O     BIT       ON   BIT       //常开/常闭触点并联，逻辑或/或非指令
=     BIT                      //线圈输出，逻辑置位指令
```

2. 基本位操作指令操作数寻址范围

基本位操作指令操作数寻址范围：I、Q、M、SM、T、C、V、S、L 等。

3．指令助记符

指令助记符：LD（Load）、LDN（Load Not）、A（And）、AN（And Not）、O（Or）、ON（Or Not）、=（Out）。

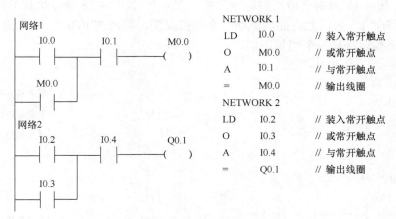

网络1
I0.0
I0.1
M0.0
M0.0
网络2
I0.2
I0.4
Q0.1
I0.3
NETWORK 1
LD I0.0 // 装入常开触点
O M0.0 // 或常开触点
A I0.1 // 与常开触点
= M0.0 // 输出线圈
NETWORK 2
LD I0.2 // 装入常开触点
O I0.3 // 或常开触点
A I0.4 // 与常开触点
= Q0.1 // 输出线圈

图 4-16　基本位操作指令

工作原理分析：

```
网络段 1   M0.0 = (I0.0 + M0.0) × I0.1
网络段 2   Q0.1 = (I0.2 + I0.3) × I0.4
```

4.6.2　取非和空操作指令

取非和空操作指令在 STL 中的格式如下。

```
NOT          取非（取反能流输入的状态），无操作数
NOP  N       空操作指令      次数 N = 0～255，空操作指令不影响用户程序的执行
```

【例 4-1】 取非指令和空操作指令应用举例

如图 4-17 所示，在梯形图中，NOT 触点会改变能流输入的状态，I0.0 为“0”时能流到达 NOT 触点时将停止。I0.0 为“1”时没有能流到达 NOT 触点时，该触点会提供能流，执行 20 次空操作指令的功能。

I0.0
/
NOT
20
NOP

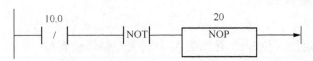

图 4-17　取非指令和空操作指令应用的梯形图程序

语句表程序如下。

```
LDN    I0.0        //装入常闭触点
NOT                //求反
NOP    20          //条件满足时空操作 20 次
```

4.6.3　边沿触发指令（脉冲生成）

边沿触发指令（或称正负跳变指令）检测到逻辑运算结果（或脉冲）的每一次正（或负）跳变后，产生一个宽度为扫描周期的（微分）脉冲。

1. 指令格式

指令格式：EU（Edge Up）正跳变，无操作元件；

ED（Edge Down）负跳变，无操作元件。

【例 4-2】 图 4-18 是跳变指令的程序片断。图 4-19 是图 4-18 指令执行的时序，图中当 I0.0 由 "0" 变为 "1" 时，允许能流流动一个扫描周期。能流在 I0.0 由 "1" 变为 "0" 时每次接通到断开转换后流动一个扫描周期。

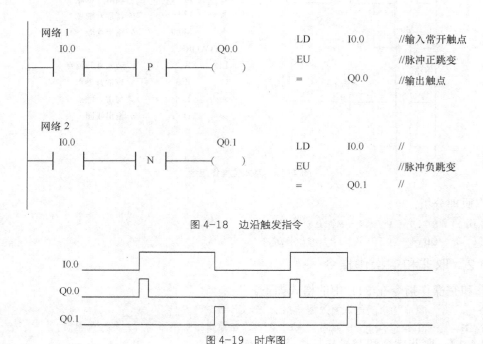

图 4-18 边沿触发指令

图 4-19 时序图

2. 用途

边沿触发是指用边沿触发信号产生一个机器周期的扫描脉冲，通常用作脉冲整形。

4.6.4 置位和复位指令

1. 置位指令

将位存储区的指定位（位 bit）开始的 N 个同类存储器位置位。

用法： S bit, N 例： S Q0.0, 1

2. 复位指令

将位存储区的指定位（位 bit）开始的 N 个同类存储器位复位。当用复位指令时，如果是对定时器 T 位或计数器 C 位进行复位，则定时器位或计数器位被复位，同时，定时器或计数器的当前值被清零。

用法： R bit, N 例： R Q0.2, 3

置位即置 1，复位即置 0。置位和复位指令可以将位存储区的某一位开始的一个或多个（最多可达 255 个）同类存储器位置 1 或置 0。这两条指令在使用时需指明三点：操作性质、开始位和位的数量。各操作数类型及范围如表 4-6 所示。

操作数	范围	类型
位 bit	I，Q，M，SM，T，C,V，S，L	BOOL 型
数量 N	VB，I，QB，SMB，LB，SB，AC，*VD，*AC，*LD，常数	BYTE 型

表 4-6　　　　　　　　　　　　　　　　操作数类型及范围

【例 4-3】 图 4-20 所示为置位和复位指令应用程序片断及对应的时序图。

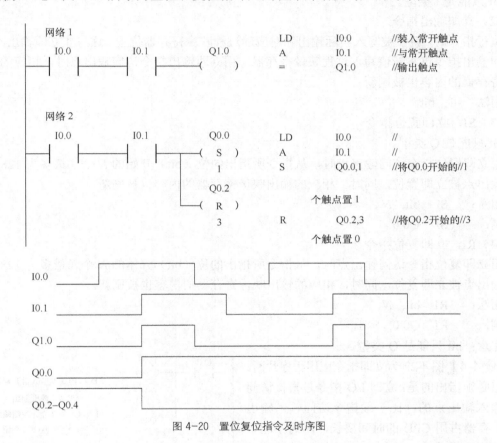

图 4-20　置位复位指令及时序图

3. RS 触发器和 SR 触发器

RS 触发器和 SR 触发器在梯形图中的指令盒形式如图 4-21 所示。

置位优先触发器（SR）：当置位端（S1）和复位端（R）均为"1"时，输出位 bit 为"1"。

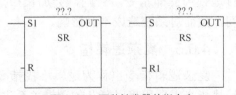

图 4-21　两种触发器的指令盒

复位优先触发器（RS）：当置位端（S）和复位端（R1）均为"1"时，输出位 bit 为"0"。

对 RS 触发器和 SR 触发器，当置位端为"1"、复位端为"0"时，输出位 bit 为"1"；当置位端为"0"、复位端为"1"时，输出位 bit 为"0"；当置位端、复位端均为"0"时，输出位保持原状态不变。

但在实际的程序设计中，RS 或 SR 触发器通常由置位、复位指令实现。

*4．立即指令

（1）立即触点指令

在每个标准触点指令的后面加"I"。指令执行时，立即读取物理输入点的值，但是不刷新对应映像寄存器的值。

这类指令包括：LDI、LDNI、AI、ANI、OI 和 ONI。

用法：LDI　bit

bit 只能是 I 类型。

（2）立即输出指令

执行指令时，新值被写入实际输出和对应的过程映像寄存器位置。这与非立即输出不同，非立即输出指令仅将新值写入过程映像寄存器。用立即输出指令访问输出点时，相应的输出映像寄存器的内容也被刷新。

用法：=I　bit

（3）SI，立即置位指令

bit 只能是 Q 类型。

用立即置位指令访问输出点时，从指令所指出的位（bit）开始的 N 个（最多为 128 个）物理输出点被立即置位，同时，相应的输出映像寄存器的内容也被刷新。

用法：　SI　bit, N

例：　　SI　Q0.0,　　2

（4）RI，立即复位指令

用立即复位指令访问输出点时，从指令所指出的位（bit）开始的 N 个（最多为 128 个）物理输出点被立即复位，同时，相应的输出映像寄存器的内容也被刷新。

用法：　RI　bit, N

例：　　RI　Q0.0,　　1

注意：bit 只能是 Q 类型。

【例 4-4】图 4-22 为立即指令应用程序片断。

但必须指出的是：立即 I/O 指令是直接访问物理输入输出点的，比一般指令访问输入输出映象寄存器占用 CPU 的时间要长，因而不能盲目地使用立即指令，否则，会加长扫描周期时间，反而对系统造成不利影响。

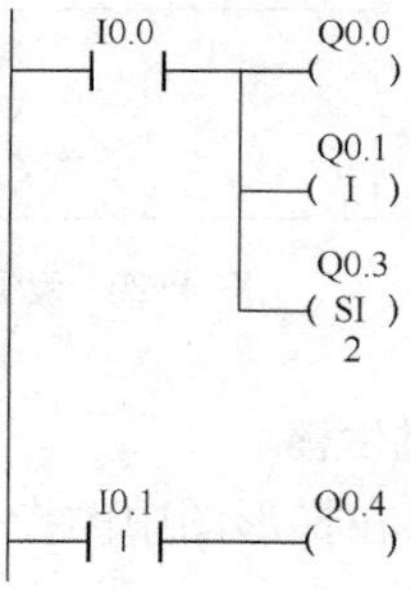

```
LD    I0.0  // 装入常开触点
=     Q0.0 // 线圈输出
=I    Q0.1 // 立即线圈输出
SI    Q0.2,2 // 从Q0.2开始
            // 2个输出被立即置1
LDI   I0.0  // 立即输入触点
=     Q0.3 // 线圈输出
```

图 4-22　立即指令应用程序

4.6.5　复杂逻辑指令

复杂逻辑指令也称为逻辑堆栈指令，逻辑堆栈指令主要用来对复杂的逻辑关系进行编程。

当用 LAD 和 FBD 编辑器编写较为复杂的程序时，编程软件的程序编译器会自动生成 STL 逻辑堆栈指令，不需要程序设计人员使用逻辑堆栈指令。

当使用 STL（语句表）编辑器编程时，必须使用语句表编程，当要表示较为复杂的逻辑运算关系时，必须使用逻辑堆栈指令。

S7-200 PLC 使用一个 9 层的逻辑堆栈来处理所有逻辑操作，该逻辑堆栈是一组能够存储和取出数据的暂存单元，栈顶用于存储逻辑运算的结果，下面的 8 层用来存储中间运算结果，堆栈中的数据一般按"先进后出"的原则访问。每一次进行入栈操作，新值放入栈顶，栈底值丢失。每一次进行出栈操作，栈顶值弹出，栈底值补入不确定值。

例如执行 LD 指令时，将指令指定的位地址中的二进制数装载入栈顶。执行 A（与）指令时，指令指定的位地址中的二进制数和栈顶中的二进制数进行"与"运算，运算结果存入栈顶。栈顶之外其他各层的值不变。执行 O（或）指令时，指令指定的位地址中的二进制数和栈顶中的二进制数进行"或"运算，运算结果存入栈顶。

1. 块"或"操作指令

在 LAD 程序中，块"或"操作是将梯形图中相邻的两个以 LD 起始的电路块并联起来。在 STL 程序中，块"或"操作指令格式：OLD（无操作元件），对堆栈第一层和第二层中的值进行逻辑或运算。结果装载到栈顶。执行 OLD 后，栈深度减 1。

2. 块"与"操作指令

在 LAD 程序中，块"与"操作是将梯形图中相邻的两个以 LD 起始的电路块串联起来。在 STL 程序中块"与"操作指令格式：ALD（无操作元件），对堆栈第一层和第二层中的值进行逻辑与运算。结果装载到栈顶。执行 ALD 后，栈深度减 1。

块或、块与指令的逻辑堆栈操作如图 4-23 所示，S7-200 用逻辑堆栈来决定控制逻辑。图中"iv0"到"iv8"表示逻辑堆栈的初始值，"S0"表示逻辑堆栈中存储的计算值。X 表示数值是不确定的（可以是 0，也可以是 1）

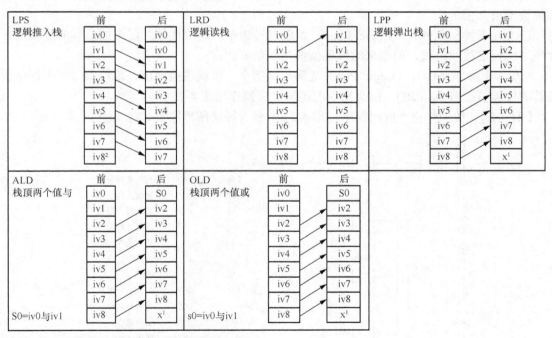

1 数值是不确定的（可以是 0，也可以是 1）。
2 在逻辑入栈或者装入堆栈指令执行后，iv8 的值丢失。

图 4-23　逻辑堆栈指令的操作

【**例 4-5**】　块"或"、块"与"指令的应用举例，图 4-24 所示为梯形图程序和指令表程序。

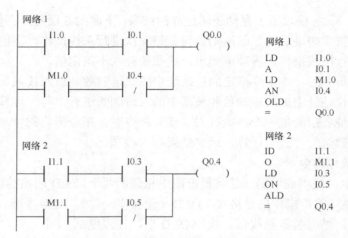

图 4-24 块 "或"、块 "与" 指令的编辑应用

3. 栈操作指令

在梯形图编辑器中，LD 装载指令是从梯形图最左侧母线画起的，可以用工具菜单画出一条分支母线。在语句表编辑器中如果要生成类似分支输出的控制逻辑时，则需要利用语句表的栈操作指令来描述。

栈操作语句表指令格式如下。

LPS（无操作元件）：（Logic Push）逻辑入栈指令，复制堆栈顶值并将该值推入堆栈，栈底值被推出并丢失。

LRD（无操作元件）：（Logic Read）逻辑读栈指令，将堆栈第二层中的值复制到栈顶，此时不执行进栈或出栈，但原来的栈顶值被复制值替代。

LPP（无操作元件）：（Logic Pop）逻辑出栈指令，将栈顶值弹出，堆栈第二层中的值成为新的栈顶值。LPS、LRD、LPP 指令的逻辑堆栈操作如图 4-23 所示。

【例 4-6】 栈操作指令应用程序，图 4-25 所示为梯形图程序及 STL 程序。

LD	I0.0	//装入常开触点
LPS		//逻辑入栈
LD	I0.1	//装入常开触点
O	I0.2	//或常开触点
ALD		//块与操作
=	M0.0	//输出
LRD		//读栈
LD	I0.3	//装入常开触点
O	I0.4	//或常开触点
ALD		//块与操作
=	M0.1	//输出
LPP		//弹栈
A	I0.5	//与常开触点
=	Q0.0	//输出

图 4-25 栈操作指令的应用

4.6.6　定时器指令

定时实际是对 PLC 内部的时钟脉冲进行计数。PLC 系统提供 3 种定时指令：TON、TONR 和 TOF。精度等级：S7-200 定时器的精度（时间增量/时间单位/分辨率）有 3 个等级：1ms、10ms 和 100ms。图 4-26 所示为三种定时器的梯形图指令盒形式，依次为接通延时定时器、有记忆接通延时定时器和断开延时定时器。

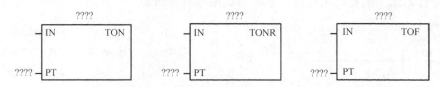

图 4-26　三种定时器的梯形图指令盒形式

定时器编号表示两种变量：当前值和定时器位。当前值为 16 位有符号整数，存储由计时器计算的时间量。定时器位则是按照当前值和设定值的比较结果置位或复位。

可以通过使用定时器地址（T +定时器号码）存取这些变量，定时器位或当前值的存取取决于使用的指令（位操作数指令存取计时器位，字操作数指令存取当前值）。如图 4-27 所示，在字操作传送指令中的 T3 应为定时器的当前值，在位指令操作中的 T3 为定时器位。

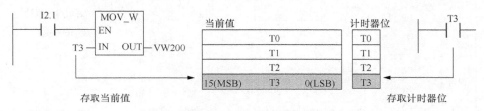

图 4-27　定时器的当前值及位状态编程调用

1．接通延时定时器

TON，接通延时定时器指令。用于单一间隔的定时。上电周期或首次扫描，定时器位 OFF，当前值为 0。使能输入接通时，定时器位为 OFF，当前值从 0 开始计数时间，当前值达到预设值时，定时器位 ON，当前值连续计数到 32767。使能输入断开，定时器自动复位，即定时器位 OFF，当前值为 0。

指令格式：　TON　　Txxx，PT

2．有记忆接通延时定时器

TONR，有记忆接通延时定时器指令。用于对许多间隔的累计定时。上电周期或首次扫描，定时器位 OFF，当前值保持。使能输入接通时，定时器位为 OFF，当前值从 0 开始计数时间。使能输入断开，定时器位和当前值保持最后状态。使能输入再次接通时，当前值从上次的保持值继续计数，当累计当前值达到预设值时，定时器位 ON，当前值连续计数到 32767。

TONR 定时器只能用复位指令进行复位操作。

指令格式：TONR Txxx，PT

3．断开延时定时器

TOF，断开延时定时器指令。用于断开后的单一间隔定时。上电周期或首次扫描，定时器位 OFF，当前值为 0。使能输入接通时，定时器位为 ON，当前值为 0。当使能输入由接通到断开时，定时器开始计数，当前值达到预设值时，定时器位 OFF，当前值等于预设值，停止计数。

TOF 复位后，如果使能输入再有从 ON 到 OFF 的负跳变，则可实现再次启动。

指令格式：TOF　Txxx，PT

【例 4-7】　图 4-28 所示是介绍 3 种定时器工作特性的程序片断，其中 T35 为通电延时定时器，T2 为有记忆通电延时定时器，T36 为断电延时定时器。

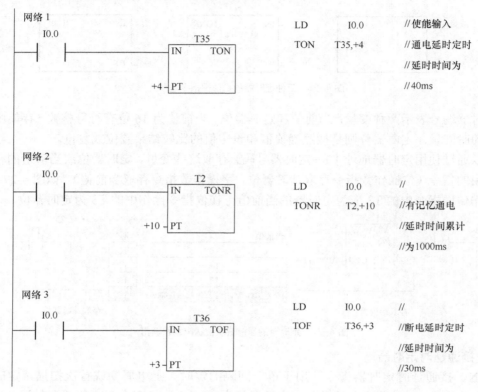

图 4-28　定时器指令的应用

本梯形图程序中输入输出执行时序关系如图 4-29 所示。

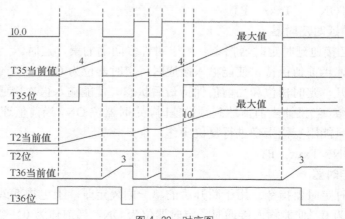

图 4-29　时序图

4．定时器指令应用时的注意事项

（1）不能把一个定时器号同时用作 TOF 和 TON。

（2）在第一个扫描周期，所有的定时器位被清零。

（3）对于断开延时定时器（TOF），需在输入端有一个负跳变（由 ON 到 OFF）的输入信号启动计时。

4.6.7 计数器指令

1．概述

计数器是对外部的或由程序产生的计数脉冲进行计数，是累计其计数输入端的计数脉冲电平由低到高的次数。而定时器是对 PLC 内部的时钟脉冲进行计数，计数器也是应用非常广泛的编程元件（有 256 个），经常用来对产品进行计数。

与定时器一样，计数器编号也表示两个变量：当前值和计数器位，计数器累计计数的当前值，存放在计数器的 16bit 当前值寄存器中。计数范围为−32768～32767。

当计数器的当前值等于或大于设定值时，计数器位置为"1"。

计数器指令有 3 种：增计数 CTU、增减计数 CTUD 和减计数 CTD。

指令操作数有 4 方面：编号、预设值、脉冲输入和复位输入。

2．增计数器

CTU，增计数器指令，梯形图的指令盒形式如图 4-30 所示。首次扫描，计数器位为 OFF，当前值为 0。脉冲输入的每个上升沿，计数器计数 1 次，当前值增加 1 个单位，当前值达到预设值 PV 时，计数器位为 ON，当前值继续计数到 32767 停止计数。复位输入有效或执行复位指令，计数器自动复位，即计数器位为 OFF，当前值为 0。

指令格式：CTU   Cxxx，PV

例：   CTU   C20，3

【例4-8】 图 4-31 所示为增计数器的程序片断和时序图。

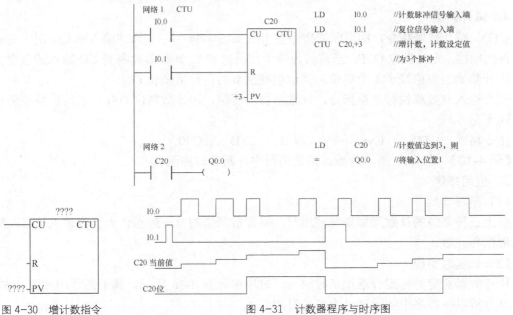

图 4-30 增计数指令   图 4-31 计数器程序与时序图

3．增减计数器

CTUD，增减计数器指令。梯形图的指令盒形式如图 4-32 所示。有两个脉冲输入端：CU 输入端用于递增计数、CD 输入端用于递减计数。

指令格式：CTUD　　Cxxx，PV。

例如：　CTUD　　C30，5

【例 4-9】　图 4-33 所示为增减计数器的程序片断和时序图。

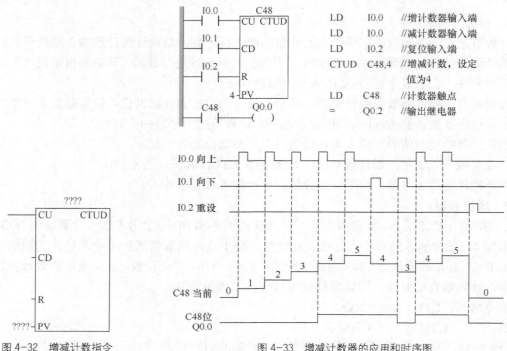

	LD	I0.0	//增计数器输入端
LD	I0.0	//减计数器输入端
LD	I0.2	//复位输入端
CTUD	C48,4	//增减计数，设定值为4
LD	C48	//计数器触点
=	Q0.2	//输出继电器

图 4-32　增减计数指令　　　　　图 4-33　增减计数器的应用和时序图

4．减计数器

CTD，减计数器指令，梯形图的指令盒形式如图 4-34 所示。脉冲输入端 CD 用于递减计数。首次扫描，定时器位 OFF，当前值为等于预设值 PV。计数器检测到 CD 输入的每个上升沿时，计数器当前值减小 1 个单位，当前值减到 0 时，计数器位 ON。

复位输入有效或执行复位指令，计数器自动复位，即计数器位 OFF，当前值复位为预设值，而不是 0。

指令格式：CTD　　Cxxx，PV。例如：　CTD　　C40，4

【例 4-10】　图 4-35 所示为减计数器的程序片断和时序图。

5．应用举例

（1）循环计数

以上三种类型的计数器如果在使用时，将计数器位的常开触点作为复位输入信号，则可以实现循环计数。

（2）长延时实现

用计数器和定时器配合增加延时时间，时序图如图 4-36 所示。梯形图程序如图 4-37 所示。试分析以下程序中实际延时为多长时间。

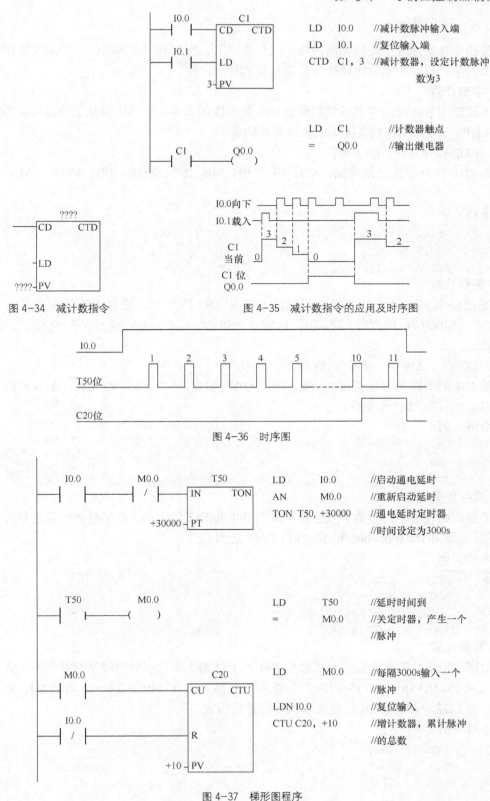

图 4-34 减计数指令   图 4-35 减计数指令的应用及时序图

图 4-36 时序图

图 4-37 梯形图程序

4.6.8 比较指令

比较指令在实际应用是很灵活的指令，分为字节、字、双字、实数、字符串比较指令，其中字节、字、双字、实数比较指令是最常用的指令。

1. 字节比较

字节比较用于比较两个字节型整数值 IN1 和 IN2 的大小，字节比较是无符号的。比较式可以由 LDB、AB 或 OB 后直接加比较运算符构成。

如：LDB=、AB<>、OB>=等。

整数 IN1 和 IN2 的寻址范围：VB、IB、QB、MB、SB、SMB、LB、*VD、*AC、*LD 和常数。

指令格式例

```
LDB=    VB10,   VB12
AB<>    MB0,    MB1
OB<=    AC1,    116
```

2. 整数比较

整数比较用于比较两个 1 字长整数值 IN1 和 IN2 的大小，整数比较是有符号的（整数范围为 16#8000 和 16#7FFF 之间）。比较式可以由 LDW、AW 或 OW 后直接加比较运算符构成。

如：LDW=、AW<>、OW>= 等。

整数 IN1 和 IN2 的寻址范围：VW、IW、QW、MW、SW、SMW、LW、AIW、T、C、AC、*VD、*AC、*LD 和常数。

指令格式例

```
LDW=    VW10,   VW12
AW<>    MW0,    MW4
OW<=    AC2,    1160
```

3. 双字整数比较

双字整数比较用于比较两个双字长整数值 IN1 和 IN2 的大小，双字整数比较是有符号的（双字整数范围为 16#80000000 和 16#7FFFFFFF 之间）。

指令格式例

```
LDD=    VD10,   VD14
AD<>    MD0,    MD8
OD<=    AC0,    1160000
LDD>=   HC0,    *AC0
```

4. 实数比较

实数比较用于比较两个双字长实数值 IN1 和 IN2 的大小，实数比较是有符号的，负实数范围为-3.402823E+38~-1.175495E-38，正实数范围为+1.175495E-38~+3.402823E+38。比较式可以由 LDR、AR 或 OR 后直接加比较运算符构成。

指令格式例

```
LDR=    VD10,   VD18
AR<>    MD0,    MD12
OR<=    AC1,    1160.478
AR>     *AC1,   VD100
```

5．应用举例

控制要求如下。

一自动仓库存放某种货物，最多 6000 箱，需对所存的货物进出计数。货物多于 1000 箱，灯 L1 亮；货物多于 5000 箱，灯 L2 亮。其中，L1 和 L2 分别受 Q0.0 和 Q0.1 控制，数值 1000 和 5000 分别存储在 VW20 和 VW30 字存储单元中。

程序执行时序如图 4-38 所示，控制程序如图 4-39 所示。

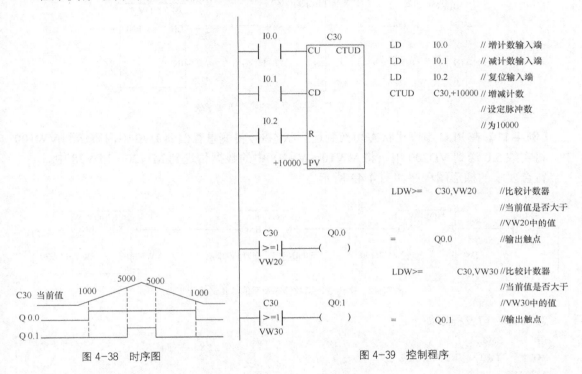

图 4-38　时序图　　　　　　　　　　　　图 4-39　控制程序

4.6.9　数据传送指令

1．单个数据传送

单个数据传送包括字节、字、双字或实数传送指令。梯形图中的指令盒形式如图 4-40 所示。

图 4-40　节、字、双字、实数传送的指令盒

指令格式分别如下。

字节传送：MOVB IN，OUT。

字传送：MOVW IN，OUT。

双字传送：MOVD IN，OUT。

实数传送：MOVR IN，OUT。

2. 数据块传送

指令类型：字节、字或双字的 N 个数据成组传送。梯形图中的指令盒形式如图 4-41 所示。

功能：使能输入（EN）有效时，把从输入（IN）指定的字节、字、双字开始的 N 个字节、字、双字数据传送到以输出（OUT）所指定字节开始的 N 个字节、字或双字中。

图 4-41 字节、字或双字的块传送指令盒

【例 4-11】在 PLC 由停止状态切换到运行状态时，将变量存储器 IW0 中内容送到 VW100 中，将实数 5.0 送到 VD200 中，将 VW10～VW18 中的数据传送到 MW20～MW28 中。

符合要求的梯形图程序如图 4-42 所示。

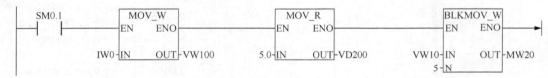

图 4-42 字传送、实数传送及字的块传送应用

对应的语句表程序如下。

```
LD    SM0.1
MOVW  IW0, VW100
AENO
MOVR  5.0, VD200
AENO
BMW   VW10, MW20, 5
```

3. 字节交换指令（SWAP IN）

使能输入（EN）有效时，将输入字（IN）的高、低字节交换的结果输出到（IN）存储器单元。该指令的指令盒形式如图 4-43 所示。

4. 字填充指令（FILL IN，OUT，N）

使能输入（EN）有效时，字型输入数据（IN）填充从输出（OUT）指定单元开始的 N 个字存储单元。N（BYTE）的数据范围 0～255。该指令的指令盒形式见图 4-43。

【例 4-12】 将从 VW100 开始的 256 字节（128 个字）存储单元清零。

```
NETWORK 1
LD    I0.0        //使能输入
FILL  +0, VW100, 128 //128 个字填充 0
```

本条指令执行结果：从 VW100 开始的 256 字节（VW100～VW354）的存储单元清零。梯形图程序如图 4-44 所示。

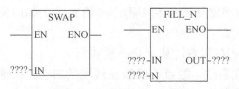

图 4-43 字节交换/字填充的指令盒

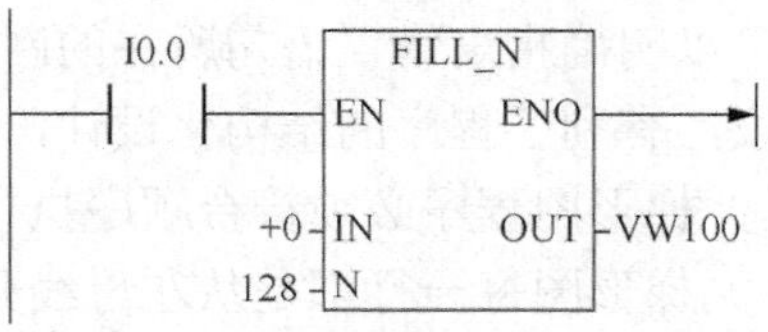

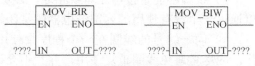

图 4-44 字填充指令应用

*5. 字节传送立即读写指令

字节传送立即读写指令在梯形图中的指令盒形式如图 4-45 所示，字节传送立即读指令读取实际输入 IN（作为字节），并将结果写入 OUT，但并不更新对应的过程输入映像寄存器。字节传送立即写指令从位置 IN 读取数值并写入（以字节为单位）实际 OUT 所指定的输出，对应的"输出映像寄存器"内容会更新。对应的语句表分别为"BIR IN,OUT"和"BIW IN,OUT"。

图 4-45 字节传送立即读写的指令盒

4.7 梯形图程序的执行原理及编程规则

4.7.1 梯形图程序的执行原理

梯形图语言是一种图形化语言，在梯形图程序分析中，可以认为有一个假想的能流从左向右流过，触点代表电流（能量流）的控制开关，常开触点在闭合时启用能流，常闭触点表示该元件不起作用时传递能流。

在 LAD 程序中，逻辑的基本元素用触点、线圈和方框表示。构成完整电路（或逻辑）的一套互联元素称为程序段。

输入或其他的寄存器位元件（或信号）以称为触点的符号表示。常开触点在闭合时启用能流。触点也可常闭，在这种情况下，位元件的状态为"0"时出现能流。

输出以称为线圈的符号表示。线圈代表由电流充电的中继或输出，线圈具有能流时，输出被打开。

方框代表在 PLC 中执行的操作的符号。方框可简化操作编程，例如定时器、计数器和诸如算术运算指令等都由方框表示。

若将左侧母线视为能流源，当能流流经某个元件时，如果该元件是导通的，则能流继续流到下一个元件。如果该元件是断开的，则能流停止流动。

对于有些方框（指令盒）来说，其 EN 和 ENO 端可以认为能流的输入和输出端。方框（指令盒）代表能流流到达此框时执行指令盒的功能。

"→"称为可选的能流指示器，该符号可以结束能流，能流也可以在该符号后继续流到下一个元件。在 STEP 7-Micro/WIN 编程软件的梯形图窗口中，任何一个空的程序段网络都是以该符号开始的。

值得注意的是，引入能流的概念仅仅是为了便于理解梯形图程序的执行过程，在实际上并不存在这种能量的流动过程。

4.7.2 梯形图程序编程规则

① 梯形图程序由若干个网络段组成的。梯形图网络段的结构不增加程序长度，软件编译

结果可以明确指出错误语句所在的网络段，清晰的网络结构有利于程序的调试，正确地使用网络段，有利于程序的结构化设计，使程序简明易懂。

② 梯形图程序必须符合顺序执行的原则，即从左到右，从上到下地执行。

③ 梯形图每一行都是从左母线开始，线圈接在右边。触点不能放在线圈的右边，在继电器控制的原理图中，热继电器的接点可以加在线圈的右边，而 PLC 的梯形图是不允许的。

④ 外部输入/输出继电器、内部继电器、定时器、计数器等器件的触点可多次重复使用。

⑤ 线圈不能直接与左母线相连，必须从触点开始，以线圈或指令盒结束。如果需要，可以通过一个没有使用的内部继电器的常闭触点或者特殊内部继电器的常开触点来连接。

⑥ 同一编号的线圈在一个程序中使用两次称为双线圈输出。双线圈输出容易引起误操作，应尽量避免线圈重复使用，并且不允许多个线圈串联使用。

⑦ 梯形图程序触点的并联网络多连在左侧母线，设计串联逻辑关系时，应将单个触点放在右边。

⑧ 两个或两个以上的线圈可以并联输出。

⑨ 每一个开关输入对应一个确定的输入点，每一个负载对应一个确定的输出点。外部按钮（包括起动和停车）一般用常开触点。

⑩ 输出继电器的使用方法：输出端不带负载时，控制线圈应使用内部继电器 M 或其他，不要使用输出继电器 Q 的线圈。

4.8　S7-200 系列 PLC 仿真软件及其应用

S7-200 仿真软件不需要安装，可用于简单程序的仿真调试，能模拟 PLC 的基本指令功能，但不能模拟 S7-200 的全部指令和全部功能。下面介绍该仿真软件的使用方法。

1．将要仿真调试的程序项目导出生成 ASCII 文本文件

在 STEP7-Micro/WIN V4.0 或 STEP 7- Micro/WIN SMART 2.0 编程软件中打开编译成功的程序，执行菜单命令"文件"→"导出"。生成扩展名为"awl"的 ASCII 文本文件。

2．打开仿真软件

双击 S7_200 汉化仿真 V3.0 文件夹，再双击其中的 S7_200 应用程序，单击屏幕中间出现的画面，输入密码 6596，进入仿真软件。

3．硬件设置

执行菜单命令"配置"→"CPU 型号"，将 CPU 的型号改为 CPU 22X。双击紧靠已配置的模块右侧的空白方框，添加 I/O 扩展模块。

4．下载程序

单击仿真软件工具栏的下载按钮，下载"*.awl"文件。如果用户程序中有仿真软件不支持的指令或功能，单击"运行"按钮后，会有错误提示，仿真 PLC 不能进入运行状态，不能仿真运行程序。

5．模拟调试程序

用鼠标单击模块下面的小开关，产生输入信号。单击工具栏上的"监视梯形图"按钮，启用梯形图程序状态功能。

6．监控变量

单击工具栏上的"状态表"按钮，用出现的视图可以监视 V、M、T、C 等内部变量的值。

用二进制格式监视字节、字和双字，可以在一行中同时监视多个位变量，如图 4-47 所示。

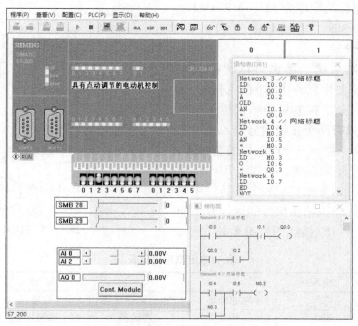

图 4-46　S7-200 仿真软件监控视图

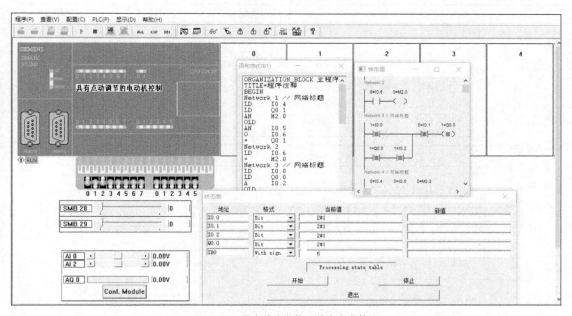

图 4-47　程序状态监控及状态表监控图

4.9　项目实例：用 PLC 实现多台电动机顺序起动、逆序停止控制

1. 项目要求

要求三台电动机 M1、M2、M3 在按下自动起动按钮后顺序起动，起动的顺序为

M1→M2→M3，顺序起动的时间间隔为 1min，起动完毕，三台电动机正常运行。按下停止按钮后逆序停止，停止的顺序为 M3→M2→M1。停止的时间间隔为 30s。

2. 项目控制分析

用继电器控制系统当然也可以解决此问题，但当控制系统要用到许多时间控制时，接线就会变得较为复杂，控制箱的体积也会比较大。用 PLC 控制只有两个按钮信号输入，用三个输出信号来驱动、控制三台电动机的接触器，许多功能可以由程序来实现。可以选用一个最基本的 PLC（CPU221）来实现控制任务。主电路如图 4-48 所示，输入输出信号的地址分配如表 4-7 所示，PLC 的 I/O 接线图如图 4-49 所示。

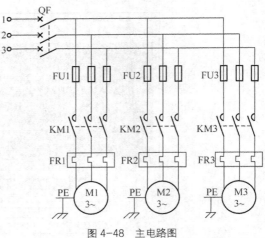

图 4-48　主电路图

表 4-7　　　　　　　　　　　　输入/输出信号对照表

输入			输出		
输入元件名称	符号	内部地址	输出元件名称	符号	内部地址
启动按钮	SB1	I0.0	接触器	KM1	Q0.0
停止按钮	SB2	I0.1	接触器	KM2	Q0.1
			接触器	KM3	Q0.2

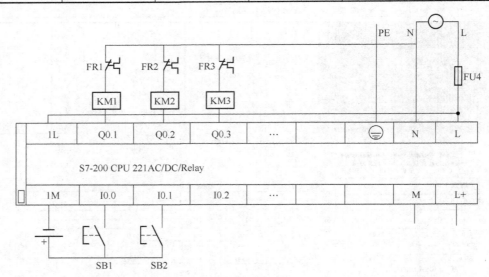

图 4-49　PLC 接线图

3. 程序设计方法

控制程序的设计可以有多种方法，这里介绍使用基本指令设计的两种程序。

（1）基于定时器指令的程序设计

图 4-50 中使用 T37、T38 两个定时器来控制三台电动机的顺序起动，使用 T39、T40 两个定时器来控制三台电动机的逆序停止。

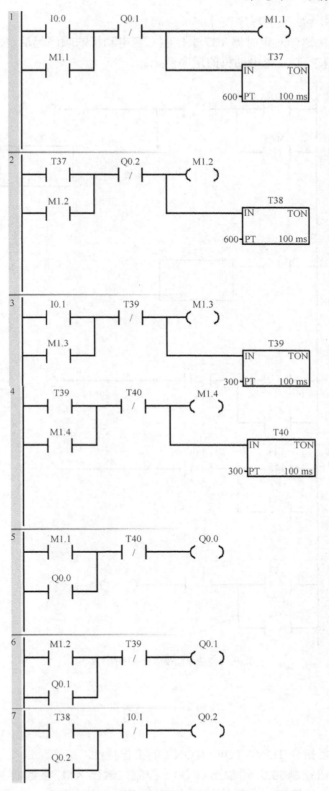

图 4-50　应用定时器指令编写的程序图

（2）基于比较指令实现的程序设计

图 4-51 中使用接通延时定时器 T37 来控制三台电动机的顺序起动、使用了断开延时定时器 T38 两个定时器来控制三台电动机的逆序停止。

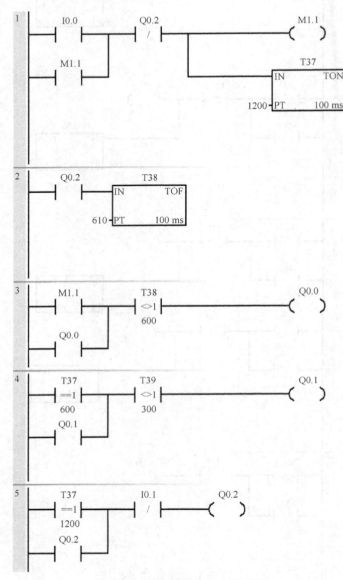

图 4-51　应用比较指令编写的程序图

习　　题

4-1　简述定时器指令 TON、TOF、TONR 的工作特性

4-2　用一个按钮控制 I0.0，用输出点 Q0.1 控制接触器 KM，接触器 KM 再控制电动机，要求按一下按钮，电动机启动。再按按钮，可以实现电动机停止。请编写程序来实现控制

要求。

4-3　用一个按钮控制 I0.0，用输出点 Q0.1 控制接触器 KM，接触器 KM 再控制电动机，要求按一下按钮，电动机启动，延时 6s 的时间后，电动机停止。请编写程序来实现控制要求。

4-4　按下按钮 I0.0 后 Q0.0 变为 ON 并自保持（如图 4-52 所示），T40 定时 8s 后，用 C0 对 I0.1 输入的脉冲计数，计满 4 个脉冲后，Q0.0 变为 OFF，同时 C0 和 T40 被复位，在 PLC 刚开始执行用户程序时，C0 也被复位，设计出梯形图。

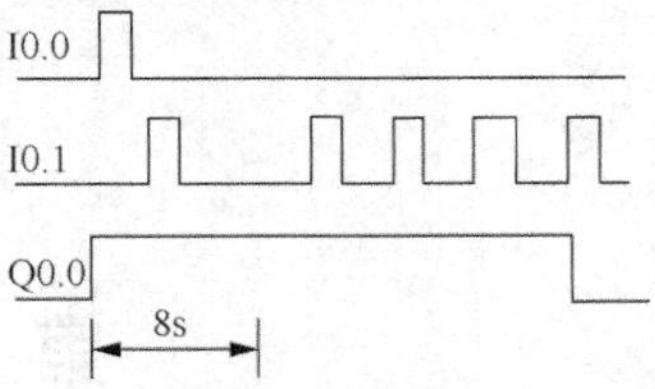

图 4-52　题 4 的图

4-5　填空题

（1）接通延时定时器（TON）的输入（IN）电路＿＿＿＿时被复位，复位后其常开触点＿＿＿＿，常闭触点＿＿＿＿，当前值等于＿＿＿＿。

（2）接通延时定时器（TON）的输入（IN）电路＿＿＿＿时开始定时，当前值大于等于设定值时其定时器位变为＿＿＿＿，其常开触点＿＿＿＿，常闭触点＿＿＿＿。

（3）若加计数器的计数输入电路（CU）＿＿＿＿＿＿＿＿、复位输入电路（R）＿＿＿＿＿＿，计数器的当前值加 1。当前值大于等于设定值（PV）时，其常开触点＿＿＿＿，常闭触点＿＿＿＿。

复位输入电路＿＿＿＿＿＿时，计数器被复位，复位后其常开触点＿＿＿＿，常闭触点＿＿＿＿，当前值为＿＿＿＿。

4-6　试正确选择一个 PLC，再用 PLC 设计一个能够实现对电动机 M 的点动控制与长动控制的控制系统画出 PLC 的 I/O 接线图和梯形图程序，并回答以下相关问题。

（1）控制系统要用到哪些电器元件？控制功能是通过什么方式实现的？

（2）S7_200PLC 的 CPU 模块有哪些型号？如何表示 PLC 的全型号及物理意义？

（3）S7_200PLC 接线有何规定？

第 **5** 章 **S7-200 PLC 的编程方法**

5.1 梯形图的基本电路

5.1.1 应用可编程控制器实现对三相异步电动机的点动及连续运转控制

1. 可编程控制器的硬件连接

实现电动机的点动及连续运行所需的器件有起动按钮 SB1、停止按钮 SB2、交流接触器 KM、热继电器 FR 及刀开关 Q 等,主电路如图 5-1 所示。PLC 的外部接线图如图 5-2 所示。

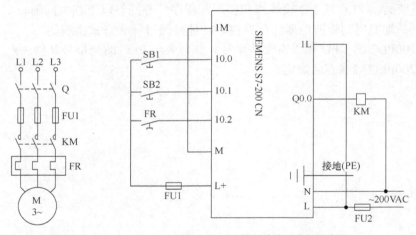

图 5-1　主电路图　　　　　　图 5-2　PLC 控制的输入输出接线图

由图 5-2 可知,起动按钮 SB1 接于 I0.0,停止按钮 SB2 接于 I0.1,热继电器 FR 常开触点接于 I0.2,交流接触器 KM 的线圈接于 Q0.0,这就是端子分配,其实质是为程序安排控制系统中的机内元件。

2. 梯形图程序的设计

可编程控制器的基本逻辑控制功能是基于继电-接触器控制系统而设计的,控制功能的实现是由应用程序来完成的,而用户程序是由使用者根据可编程控制器生产厂家所提供的编程语言并结合所要实现的控制任务而设计的。梯形图便是诸多编程语言中较常用的一种类型,它是以图形符号及图形符号在图中的相互关系表示控制关系的编程语言。

根据输入输出接线图可设计出异步电动机点动运行的梯形图程序,如图 5-3(a)所示。

工作过程分析如下：当按下 SB1 时，输入继电器 I0.0 得电，其常开触点闭合，因为异步电动机未过热，热继电器常开触点不闭合，输入继电器 I0.2 不接通，其常闭触点保持闭合，则此时输出继电器 Q0.0 接通，进而接触器 KM 得电，其主触点接通电动机的电源，则电动机起动运行。当松开按钮 SB1 时，I0.0 失电，其触点断开，Q0.0 失电，接触点 KM 断电，电动机停止转动，即本梯形图可实现点动控制功能。大家可能发现，在 PLC 接线图中使用的热继电器的触点为常开触点，如果要使用常闭触点，梯形图应如何设计？

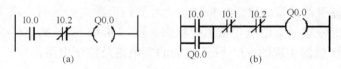

图 5-3 电动机控制梯形图

可编程控制器的优点之一是在不改变硬件接线的情况下，通过变更软件设计，可完成不同的控制的任务。图 5-3（b）所示为电动机连续运行的梯形图，其工作过程分析如下。

当按钮 SB1 被按下时 I0.0 接通，Q0.0 置 1，这时电动机连续运行。需要停车时，按下停车按钮 SB2，串联于 Q0.0 线圈回路中的 I0.1 的常闭触点断开，Q0.0 置 0，电机失电停车。

梯形图 5-3（b）称为启—保—停电路。这个名称主要来源于图中的自保持触点 Q0.0。并联在 I0.0 常开触点上的 Q0.0 常开触点的作用是当按钮 SB1 松开，输入继电器 I0.0 断开时，线圈 Q0.0 仍然能保持接通状态。工程中把这个触点叫作"自保持触点"。启—保—停电路是梯形图中最典型的单元，它包含了梯形图程序的全部要素。

（1）事件，每一个梯形图支路都针对一个事件。事件用输出线圈（或功能框）表示，本例中为 Q0.0。

（2）事件发生的条件，梯形图支路中除了线圈外还有触点的组合，使线圈置 1 的条件即是事件发生的条件，本例中为起动按钮 I0.0 置 1。

（3）事件得以延续的条件，触点组合中使线圈置 1 得以持久的条件。本例中为与 I0.0 并联的 Q0.0 的自保持触点。

（4）使事件终止的条件，触点组合中使线圈置 0 中断的条件。本例中为 I0.1 的常闭触点断开。

3．语句表

点动控制即图 5-3（a）中所使用到的基本指令有：从母线取用常开触点指令 LD；常闭触点的串联指令 AN；输出继电器的线圈驱动指令=。而每条指令占用一个程序步，语句表如下。

```
LD    I0.0
AN    I0.2
=     Q0.0
```

连续运行控制即图 5-3（b）所使用到的基本指令有：从母线取用常开触点指令 "LD"；常开触点的并联指令 "O"；常闭触点的串联指令 "AN"；输出继电器的线圈驱动指令 "="。语句表如下。

```
LD    I0.0
O     Q0.0
AN    AN2
```

```
AN     I0.2
=      Q0.0
```

5.1.2　应用可编程控制器实现异步电动机的 Y/△ 启动控制

1．继电器-接触器实现的 Y/△ 降压控制电路

由电机及拖动基础可知，三相交流异步电动机起动时电流较大，一般是额定电流的 5～7 倍。对于功率较大的电动机，应采用降压起动方式，Y/△ 降压起动是常用的方法之一。

起动时，定子绕组首先接成星形，待转速上升到接近额定转速时，再将定子绕组的接线换成三角形，电动机便进入全电压正常运行状态。图 5-4（a）为 Y/△ 转换绕组连接图，图 5-4（b）为继电器-接触器实现的 Y/△ 降压起动的主电路及控制电路。

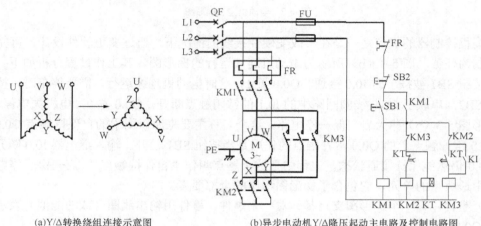

(a)Y/△转换绕组连接示意图　　　　(b)异步电动机 Y/△降压起动主电路及控制电路图

图 5-4　异步电动机 Y/△ 降压起动绕组连接及控制电路图

它是根据起动过程中的时间变化，利用时间继电器来控制 Y/△ 的换接的。由图可知，工作时，首先合上刀开关 Q，当接触器 KM1 及 KM2 接通时，电动机 Y 形起动。当接触器 KM1 及 KM3 接通时，电动机△形运行。

线路中 KM2 和 KM3 的常闭触点构成电气互锁，保证电动机绕组只能接成一种形式，即 Y 形或△形，以防止同时连接成 Y 形及△形而造成电源短路。

2．可编程控制器的硬件配置

本模块所需的硬件及输入/输出端口分配如图 5-5 所示。由图可见，本模块除可编程控制器（要增加输入输出点数）、SB1、SB2、FR 之外还增添了两个接触器 KM2、KM3，其中，SB1 为起动按钮，SB2 为停止按钮，FR 为热继电器的常开触点，KM1 为主电源接触器，KM3 为△形运行接触器，KM2 为 Y 形起动接触器。

3．软件设计

本模块的软件设计除应用前述的部分基本指令及软元件之外，还新增软元件定时器 T40。可

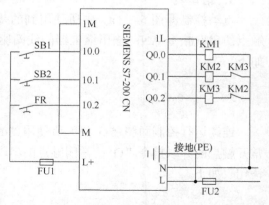

图 5-5　异步电动机 Y/△ 降压起动的 PLC 控制电路图

编程控制的梯形图程序如图 5-6 所示。

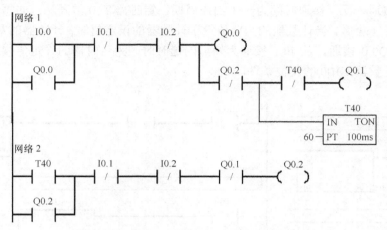

图 5-6　异步电动机 Y/△ 降压启动的 PLC 控制梯形图程序

工作过程分析如下：按下启动按钮 SB1 时，输入继电器 I0.0 的常开触点闭合，如果没有故障，输出继电器 Q0.0 接通，并通过 Q0.0 的常闭触点自锁，接触器 KM1 得电吸合，接着 Q0.1 接通，接触器 KM2 得电吸合，电动机在 Y 形接线方式下起动；同时定时器 T40 开始计时，延时 8s 后 T40 动作，使 Q0.1 断开，Q0.1 断开后，KM2 失电，使输出继电器 Q0.2 接通，接触器 KM3 得电，电动机在△形接线方式下运行。

若要使电动机停止，按下 SB2 按钮或过载保护（FR）动作，不论电动机是在起动还是运行情况下都可使输出继电器断开，电动机停止运行。

在梯形图中，将 Q0.1 和 Q0.2 的常闭触点分别与对方的线圈串联，可以保证它们不会同时为 ON，因此 KM2 和 KM3 的线圈不会同时通电，这种安全措施是通过程序控制来实现的，这叫"程序互锁"。

但是程序互锁只能保证 PLC 输出模块中与 Q0.1 和 Q0.2 相对应的硬件继电器的常开触点不会同时接通，由于控制电动机主回路的接触器在切换过程中电感的延时作用，可能会出现一个接触器的主触点还未断弧，另一个主触点已经合上的现象，从而造成瞬间短路事故。这时可以在 PLC 的外部输出回路中，将 KM2 和 KM3 的辅助常闭触点串联在对方接触器线圈的回路中（如图 5-5 所示）。这种安全措施叫作"硬件互锁"。

5.1.3　定时器、计数器的应用程序

1. 定时器的延时扩展

定时器的计时时间都有一个最大值，如 100ms 的定时器最大定时时间为 32767.7s。如工程中所需的延时时间大于这个数值时，一个最简单的方法是采用定时器接力方式，即先启动一个定时器计时，定时时间到时，用第一只定时器的常开触点启动第二只定时器，再使用第二只定时器启动第三只，如此等等。记住使用最后一个定时器的触点去控制最终的控制对象就可以了。图 5-7 中的梯形图就是一个这样的例子。

利用多定时器的计时时间相加可以获得长延时。此外还可以利用定时器配合计数器获得长延时，如图 5-8 所示。图中常开触点 I0.1 是这个电路的工作条件，当 I0.1 保持接通时电路

工作。在定时器 T60 的线圈回路中接有定时器 T60 的常闭触点，它使得定时器 T60 的常开触点每隔 30s 接通一次，接通时间为一个扫描周期。定时器 T60 常开触点的每一次接通都使计数器 C100 计 1 个数。当计数器的当前值等于计数器的设定值时，计数器的常开触点闭合，使输出继电器 Q0.0 接通，从 I0.1 接通为始点的延时时间为定时器的设定值乘上计数器的设定值。I0.2 为计数器 C100 的复位条件。

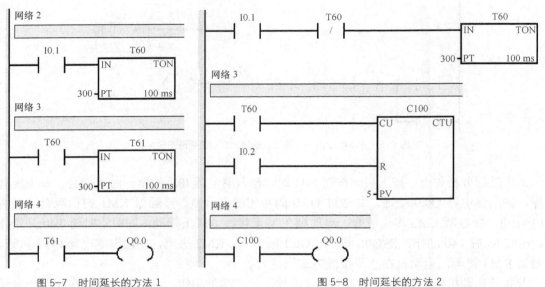

图 5-7　时间延长的方法 1　　　　　　图 5-8　时间延长的方法 2

2. 闪烁电路

采用基本的逻辑编程实现信号灯的控制。灯亮采用编程软件定时器实现，灯闪采用由定时器组成的脉冲发生器实现。现在我们来分析一下由 T60 及 T61 组成脉冲发生器的梯形图。

由图 5-9 可知，当 I0.1 闭合时，T60 得电，延时 0.5s 后，T60 常开触点闭合，定时器 T61 得电，延时 0.5s 后，其常闭触点 T61 断开，T60 线圈失电，T60 常开触点断开，而定时器 T60 再次得电，0.5s 后，T60 的常开触点再次闭合……如此周而复始，即可得到 T60 触发的工作波形，如图 5-9 所示。

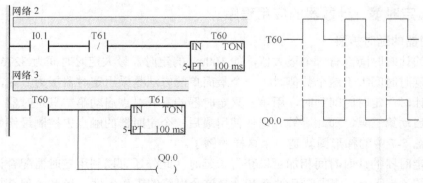

图 5-9　闪烁控制及 Q0.0 的输出波形

5.1.4　常闭触点输入信号的处理

如果要将图 5-2 中 FR 的常开触点换成常闭触点，没有过载时 FR 的常闭触点闭合，I0.2 为 1 状态，其常开触点闭合，常闭触点断开。为了保证没有过载时电动机的正常运行，很显然应在 Q0.0 的线圈回路中串联 I0.2 的常开触点。过载时 FR 的常闭触点断开，I0.2 为 0 状态，其常开触点断开，使 Q0.0 的"线圈"断电，起到了保护作用。

实际上，有了 PLC 之后，输入的开关量信号均可由外部常开触点提供（推荐使用）。但有些特殊情况，某些信号只能用常闭触点输入，此时，PLC 程序设计的处理方法是：可以按输入全部为常开触点来设计，然后将梯形图中相应的输入位的触点改为相反的触点，即常开触点改为常闭触点，常闭触点改为常开触点。

5.2　梯形图的经验设计法

经验设计法类似于通常设计继电器电路图的方法，在一些典型电路程序设计的基础上，根据被控对象对控制系统的具体要求，不断地修改和完善梯形图。

经验设计法的特点：无规律可循、有较大的随意性和试探性、结果不是唯一的，与设计者的经验有很大的关系。一般用于较简单的梯形图（如手动程序）的设计。

下面介绍自动往返控制的梯形图设计。

图 5-10 中的小车开始时停在左边，左限位开关 SQ1 的常开触点闭合。要求按下列顺序控制小车：

（1）按下右行起动按钮 SB1，小车右行；

（2）走到右限位开关 SQ2 处停止运动，延时 5s 后开始左行；

（3）回到左限位开关 SQ1 处时停止运行。

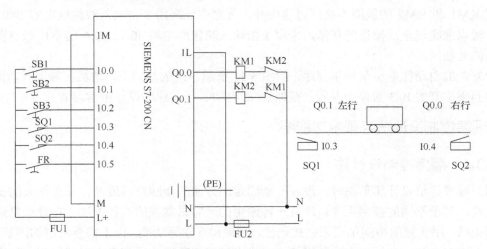

图 5-10　PLC 的输入输出接线图及小车运动示意图

在异步电动机正反转控制电路的基础上设计满足上述要求的梯形图如图 5-10 所示。在控制右行的 Q0.0 的线圈回路中串联了 I0.4 的常闭触点，小车走到右限位开关 SQ2 处时，I0.4 的常闭触点断开，使 Q0.0 的线圈断电，小车停止右行。同时 I0.4 的常开触点闭合，T100 的线圈通电，开始定时。8s 后定时时间到，T100 的常开触点闭合，使 Q0.1 的线圈通电并自保持，小车开始左行。离开限位开关 SQ2 后，I0.4 的常开触点断开，T100 的常开触点因为其线圈断电而断开。小车运行到左边的起始点时，左限位开关 SQ1 的常开触点闭合，I0.3 的常开触点断开，使 Q0.1 的线圈断电，小车停止运动。

设计的梯形图程序如图 5-11 所示。在梯形图中，保留了左行启动按钮和停止按钮分别对应的输入寄存器的触点，使系统具有手动操作的功能。

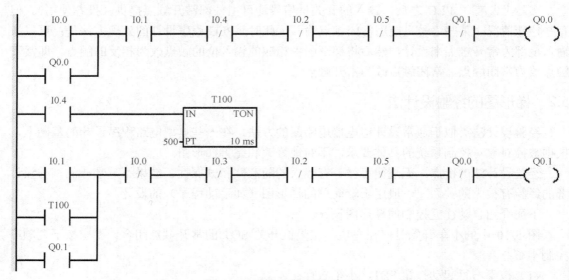

图 5-11　小车控制的梯形图程序

程序中有多处软件互锁的功能，除了用 Q0.1 和 Q0.2 的常闭触点分别与对方的线圈串联来保证 KM1 和 KM2 的线圈不会同时通电外，程序中还采用了由输入映像继电器 I0.0、I0.1 的常闭触点来实现正反操作的互锁，采用了由输入映像继电器 I0.3、I0.4 的常闭触点实现左右限位的互锁。

较复杂的自动往返小车控制程序，在图 5-11 所示系统的基础上，增加左端延时功能，即小车碰到限位开关 I0.3 后停止左行，延时 3s 后自动右行。程序设计由学习者思考。

5.3　顺序控制设计法与顺序功能图

5.3.1　顺序控制设计法

用经验设计法设计梯形图时，没有一套固定的方法和步骤可以遵循，具有很大的试探性和随意性，对于不同的控制系统，没有一种通用的、容易掌握的设计方法。在设计复杂系统的梯形图时，用大量的中间单元来完成记忆、联锁和互锁等功能，由于需要考虑的因素很多，往往又交织在一起，分析起来非常困难，一般不可能把所有问题都考虑得很周到，程序设计出来后，需要模拟调试或在现场调试，发现问题后再针对问题对程序进行修改。即使是非常有经验的工程师，也很难做到设计出的程序能一次成功。修改某一局部电路时，很可能会引发出别的问题，对系统的其他部分产生意想不到的影响，因此梯形图的修改也很麻烦，往往花了很长的时间还得不到一个满意的结果。用经验法设计出的梯形图很难阅读，给系统的维修和改进带来了很大的困难。

所谓顺序控制，就是按照生产工艺预先规定的顺序，在各个输入信号的作用下，根据内部状态和时间的顺序，在生产过程中各个执行机构自动、有秩序地进行操作。使用顺序控制设计法时首先根据系统的工艺过程，画出顺序功能图（Sequential function chart），然后根据顺序功能图画出梯形图。

顺序控制设计法是一种先进的设计方法，很容易被初学者接受，对于有经验的工程师，也会提高设计的效率，节约大量的设计时间。程序的调试、修改和阅读也很方便。只要正确地画出了描述系统工作过程的顺序功能图，一般都可以做到调试程序时一次成功。

顺序控制设计法最基本的思想是将系统的一个工作周期划分为由若干个程序相连的阶段，这些阶段称为步（Step），然后用编程元件（例如存储器位 M）来代表各步，步是根据输出量的 ON/OFF 状态的变化来划分的，在任何一步之内，各输出量的状态不变，但是相邻两步输出量总的状态是不同的，步的这种划分方法使代表各步的编程元件的状态与各输出量的状态之间有着极为简单的逻辑关系。

使系统由当前步进入下一步的信号称为转换条件，转换条件可以是外部的输入信号，例如按钮、指令开关、限位开关的接通/断开等；也可以是 PLC 内部产生的信号，例如定时器、计数器的触点提供的信号。转换条件还可能是若干个信号的与、或、非逻辑组合。

顺序控制设计法用转换条件控制代表各步的编程元件，让它们的状态按一定的顺序变化，然后用代表各步的编程元件去控制 PLC 的各输出位。

顺序功能图并不涉及所描述的控制功能的具体技术，它是一种通用、直观的技术语言，可以供进一步设计和不同专业的人员之间进行技术交流之用。对于熟悉设备和生产流程现场情况的电气工程师来说，顺序功能图是很容易画出的。

在 IEC 的 PLC 标准（IEC 61131）中，顺序功能图是 PLC 位居首位的编程语言。顺序功能图主要由步、有向连线、转换、转换条件和动作（或命令）组成。

5.3.2 步与动作

1. 步

图 5-12 所示是液压动力滑台的进给运动示意图和输入输出信号的时序图，为了节省篇幅，将几个脉冲输入信号的波形画在一个波形图中。设动力滑台在初始位置时停在左边，限位开关 I0.3 为 1 状态，Q0.0～Q0.2 是控制动力滑台运动的 3 个电磁阀。按下起动按钮后，动力滑台的一个工作周期由快进、工进、暂停和快退组成，返回初始位置后停止运动。根据 Q0.0～Q0.2 的 ON/OFF 状态的变化，一个工作周期可以分为快进、工进、暂停和快退这 4 步，另外还应设置等待起动的初始步，图中分别用 M0.0～M0.4 来代表这 5 步。图 5-12 的右边是描述该系统的顺序功能图，图中用矩形方框表示步，方框中可以用数字表示各步的编号，也可以用代表各步的存储器位的地址作为步的编号，例如 M0.0 等，这样在根据顺序功能图设计梯形图时较为方便。

2. 初始步

初始状态一般是系统等待启动命时的相对静止的状态。系统在开始进行自动控制之前，首先应进入规定的初始状态。与系统的初始状态相对应的步称为初始步，初始步用双线方框来表示，每一个顺序功能图至少应该有一个初始步。

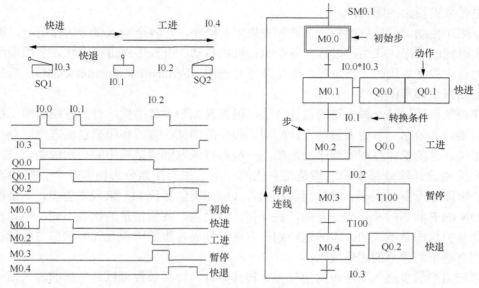

图 5-12 液压动力滑台的顺序功能图

3. 与步对应的动作或命令

可以将一个控制系统划分为被控制系统和施控系统，例如在数控车床系统中，数控装置是施控系统，而车床是被控系统。对于被控系统，在某一步中要完成某些"动作"（action）；对于施控系统，在某一步中则要向被控系统发出某些"命令"（command）。为了叙述方便，下面将命令或动作统称为动作，并用矩形框中的文字或符号来表示动作，该矩形框与相应步的方框用水平短线相连。

如果某一步有几个动作，可以用图 5-13 中的两种画法来表示，但是并不隐含这些动作之间的任何顺序。

图 5-13 动作的表示方法

当系统正处于某一步所在的阶段时，该步处于活动状态，称该步为"活动步"，步处于活动状态时，相应的动作被执行；处于不活动状态时，相应的非存储型动作将停止执行。

说明命令的语句应清楚地表明该命令是存储型的还是非存储型的。非存储型动作"打开 1 号阀"，是指该步为活动步时打开 1 号阀，为不活动步时关闭 1 号阀。非存储型动作与它所在的步是"同生共死"的，例如图 5-12 中的 M0.4 与 Q0.2 的波形完全相同，它们同时由 0 状态变为 1 状态，又同时由 1 状态变为 0 状态。

某步的存储型命令"打开 1 号阀并保持"，是指该步为活动步时 1 号阀被打开，该步变为不活动步时继续打开，直到在某一步 1 号阀被复位。在表示动作的方框中，可以用 S 和 R 来分别表示对存储型动作的置位（例如打开阀并保持）和复位（例如关闭阀门）。

在图 5-12 的暂停步中，PLC 所有的输出量均为 0 状态。接通延时定时器 T100 用来给暂停步定时，在暂停步，T100 的线圈应一直通电，转换到下一步后，T100 的线圈断电。从这个意义上来说，T100 的线圈相当于暂停步的一个非存储型的动作，因此可以将这种为某一步定时的接通延时定时器放在与该步相连的动作框内，它表示定时器的线圈在该步内"通电"。

5.3.3   有向连线与转换

1．有向连线

在顺序功能图中，随着时间的推移和转换条件的实现，将会发生步的活动状态的进展，这种进展按有向连线规定的路线和方向进行。在画顺序功能图时，将代表各步的方框按它们成为活动步的先后次序顺序排列，并且用有向连线将它们连接起来。步的活动状态习惯的进展方向是从上到下或从左至右，在这两个方向有向连线上的箭头可以省略。如果不是上述的方向，应在有向连线上用箭头注明进展方向。在可以省略箭头的有向连线上，为了更易于理解，也可以加箭头。

如果在画图时有向连线必须中断，例如在复杂的图中，或用几个图来表示一个顺序功能图时，应在有向连线中断之处标明下一步的标号和所在的页数。

2．转换

转换用有向连线上与有向连线垂直的短画线来表示，转换将相邻两步分隔开。步的活动状态的进展是由转换的实现来完成的，并与控制过程的发展相对应。

3．转换条件

转换条件是与转换相关的逻辑命题，转换条件可以用文字语言来描述，例如"触点 A 与触点 B 同时闭合"，可以用表示转换的短线旁边的布尔代数表达式来表示，例如 $I0.1+\overline{I2.0}$，一般用布尔代数表达式来表示转换条件。

图 5-14 中用高电平表示步 M10.0 为活动步，反之则用低电平来表示。转换条件 I0.1 表示 I0.1 为 1 状态时转换实现，转换条件 $\overline{I2.0}$ 表示 I2.0 为 0 状态时转换实现。转换条件 I0.1+$\overline{I2.0}$ 表示 I0.1 的常开触点闭合或 I2.0 的常闭触点闭合时的转

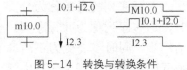

图 5-14   转换与转换条件

换实现，在梯形图中则用两个触点的并联来表示这样的"或"逻辑关系。

符号 ↑I2.3 和 ↓I2.3 分别表示当 I2.3 从 0 状态变为 1 状态和从 1 状态变为 0 状态时的转换实现。实际上转换条件 ↑I2.3 和 I2.3 是等效的，因为一旦 I2.3 由 0 状态变为 1 状态（即在 I2.3 的上升沿），转换条件 I2.3 也会马上起作用。

在图 5-12 中，转换条件 T100 相当于接通延时定时器 T100 的常开触点，即在 T100 的定时时间到时转换条件满足。

5.3.4   顺序功能图的基本结构

1．单序列

单序列由一系列相继激活的步组成，每一步的后面仅有一个转换，每一个转换的后面只有一个步（见图 5-15（a）），单序列的特点是没有分支与合并。

2．选择序列

选择序列的开始称为分支（见图 5-15（b）），转换符号只能标在水平连线之下。如果步 5

是活动步，并且转换条件 a=1，则发生由步 5→步 8 的进展。如果步 5 是活动步，并且 b=1，则发生由步 5→步 10 的进展。

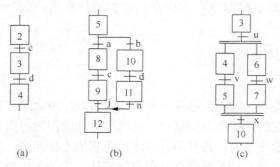

图 5-15　单序列、选择序列与并行序列

在步 5 之后选择序列的分支处，每次只允许选择一个序列，如果将选择条件 b 改为 a*$\bar{b}$，则当 a 和 b 同时为 ON 时，将优先选择 a 对应的序列。

选择序列的结束称为合并（见图 5-15（b）），几个选择序列合并到一个公共序列时，用需要重新组合的序列相同数量的转换符号和水平连线来表示，转换符号只允许标在水平连线之上。

如果步 9 是活动步，并且转换条件 j=1，则发生由步 9→步 12 的进展。如果步 10 是活动步，并且转换条件 n=1，则发生由步 10→步 12 的进展。

允许选择序列的某一条分支上没有步，但是必须有一个转换。这种结构称为"跳步"。跳步是选择序列的一种特殊情况。

3．并行序列

并行序列的开始称为分支（如图 5-15（c）所示），当转换的实现导致几个序列同时激活时，这些序列称为并行序列。当步 3 是活动的，并且转换条件 u=1，4 和 6 这两步同时变为活动步，同时步 3 变为不活动步。为了强调转换的同步实现，水平连线用双线表示。步 4、6被同时激活后，每个序列中活动步的进展将是独立的。在表示同步的水平双线之上，只允许有一个转换符号。并行序列用来表示系统的几个同时工作的独立部分的工作情况。

并行序列的结束称为合并（见图 5-15（c）），在表示同步的水平双线之下，只允许有一个转换符号。当直接连在双线上的所有前级步（步 5、步 7）都处于活动状态，并且转换条件 x=1 时，才会发生步 5、步 7 到步 10 的进展，即步 5、步 7 同时变为不活动步，而步 10 变为活动步。

4．复杂的顺序功能图举例

如图 5-16 所示，某专用钻床用来加工圆盘状零件上均匀分布的 6 个孔，上面是侧视图，下面是工件的俯视图。在进入自动运行之前，两个钻头应在最上面，上限位开关 I0.3 和 I0.5 为 ON，系统处于初始步，复位计数器 C0，当前值清 0。在图 5-17 中用存储器位 M 来代表各步，顺序功能图中包含了选择序列和并行序列。操作人员放好工件后，按下起动按钮 I0.0，转换条件满足，由初始步转换到步 M0.1，Q0.0 变为 ON，工件被夹紧。夹紧后压力继电器 I0.1 为 ON，由步 M0.1 转换到步 M0.2 和 M0.5，Q0.1 和 Q0.3 使两只钻头同时开始向下钻孔。大钻头钻到由限位开关 I0.2 设定的深度时，进入步 M0.3，Q0.2 使大钻头上升，升到由限位开关 I0.3 设定的起始位置时停止上升，进入等待步 M0.4。小钻头钻到由限位开关 I0.4 设定的深度时，进入步 M0.6，Q0.4 使小钻头上升，计数器 C0 的当前值加 1。升到由限位开关 I0.5 设定的起始位置时停止上升，进入等待步 M0.7，若未达到设定值 3，C0 的常闭触点闭合，转换条件满足，将转换到步 M1.0。Q0.5 使工件旋转 120°，旋转到位时 I0.6 为 ON，利用该位置信号的上升沿作为转换条件，转换到步 M0.2 和 M0.5，开始钻第二对孔。3 对孔都钻完后，计数器的当前值变为 3，其常开触点闭合，转换条件 C0 满足，进入步 M1.1，Q0.6 使工件松开。松开到位时，限位开关 I0.7 为 ON，系统返回初始步 M0.0。

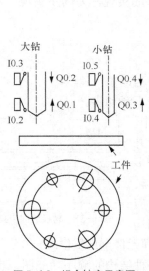

图 5-16　组合钻床示意图

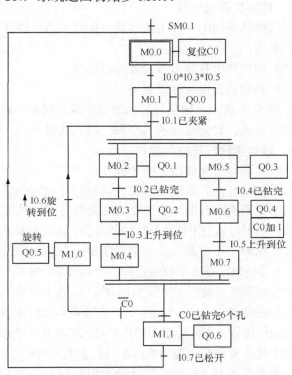

图 5-17　组合钻床的顺序功能图

　　因为要求两个钻头向下钻孔和钻头提升的过程同时进行，采用并行序列来描述上述的过程。由 M0.2～M0.4 和 M0.5～M0.7 组成的两个单序列分别用来描述大钻头和小钻头的工件过程。在步 M0.1 之后，有一个并行序列的分支。当 M0.1 为活动步，且转换条件 I0.1 得到满足（I0.1 为 1 状态），并行序列中两个单序列中的第 1 步（步 M0.2 和 M0.5）同时变为活动步。此后两个单序列内部各步的活动状态的转换是相互独立的，例如大孔和小孔钻完时的转换一般不是同步的。

　　两个单序列中的最后 1 步（步 M0.4 和 M0.7）应同时变为不活动步。但是两个钻头一般不会同时上升到位，不可能同时结束运动，所以设置了等待步 M0.4 和 M0.7，它们用来同时结束两个并行序列。当两个钻头均上升到位，限位开关 I0.3 和 I0.5 分别为 1 状态，大、小钻头两个子系统分别进入两个等待步，并行序列将会立即结束。

　　在步 M0.4 和 M0.7 之后，有一个选择序列的分支。没有钻完 3 对孔时 C0 的常闭触点闭合，转换条件 $\overline{C0}$ 满足，如果两个钻头都上升到位，将从步 M0.4 和 M0.7 转换到步 M1.0。如果已钻完 3 对孔，C0 的常开触点闭合，转换条件 C0 满足，将从步 M0.4 和 M0.7 转换到步 M1.1。

在步 M0.1 之后，有一个选择序列的合并。当步 M0.1 为活动步，而且转换条件 I0.1 得到满足（I0.1 为 ON），将转换到步 M0.2 和 M0.5。当步 M1.0 为活动步，而且转换条件 I0.6 得到满足，也会转换到步 M0.2 和 M0.5。

5.3.5　顺序功能图中转换实现的基本规则

1．转换实现的条件

在顺序功能图中，步的活动状态的进展是由转换的实现来完成的。转换实现必须同时满足两个条件：

（1）该转换所有的前级步都是活动步；

（2）相应的转换条件得到满足。

如图 5-18 所示，如果转换的前级步或后续步不止一个，转换的实现称为同步实现。为了强调同步实现，有向连线的水平部分用双线表示。

2．转换实现应完成的操作

转换实现时应完成以下两个操作：

（1）使所有由有向连线与相应转换符号相连的后续步都变为活动步；

（2）使所有由有向连线与相应转换符号相连的前级步都变为不活动步。

以上规则可以用于任意结构中的转换，其区别如下：在单序列中，一个转换仅有一个前级步和一个后续步；在选择序列的分支与合并处，一个转换也只有一个前级步和一个后续步，但是一个步可能有多个前级步或多个后续步（如图 5-15 所示）；在并行序列的分支处，转换有几个后续步（如图 5-18 所示），在转换实现时应同时将它们对应的编程元件位置。在并行序列的合并处，转换有几个前级步，它们均为活动步时才有可能实现转换，在转换实现时应将它们对应的编程元件全部复位。

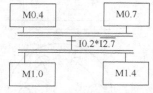

图 5-18　转换的同步实现

转换实现的基本规则是设计梯形图程序的基础，它适用于各种结构的顺序功能图，也是下面要介绍的各种设计顺序控制梯形图方法的基础。

在梯形图中，用编程元件（例如存储器位 M）来代表步，当某步为活动步时，该步对应的编程元件为 1 状态。当该步之后的转换条件满足时，转换条件对应的触点或电路接通，因此可以将该触点或电路与代表所有前级步的编程元件的常开触点串联，作为转换实现的两个条件同时满足所对应的电路。例如，图 5-18 中转换条件的布尔代数表达式 $I0.2*\overline{I2.7}$，它的两个前级步用 M0.4 和 M0.7 来代表，所以应将 I2.7 的常闭触点和 I0.2、M0.4、M0.7 的常开触点串联，作为转换实现的两个条件同时满足对应的电路。在梯形图中，该电路接通时，应使所有代表前级步的编程元件（M0.4 和 M0.7）复位，同时使所有代表后续步的编程元件（M1.0 和 M1.4）置位（变为 1 状态并保持）。

5.3.6　绘制顺序功能图的注意事项

下面是针对绘制顺序功能图时常见的错误提出的注意事项。

（1）两个步绝对不能直接相连，必须用一个转换将它们隔开。

（2）两个转换也不能直接相连，必须用一个步将它们隔开。

（3）顺序功能图中的初始步一般应对应系统等待启动的初始状态，这一步可能没有什么输出，处于 ON 状态，因此在画顺序功能图时很容易遗漏这一步。初始步是必不可少的，一方面因为该步与它的相邻步相比，从整体上说输出变量的状态各不相同；另一方面如果没有该步，无法表示初始状态，系统也无法返回停止状态。

（4）自动控制系统应能多次重复执行同一工艺过程，因此在顺序功能图中一般应有由步和有向连线组成的闭环，即在完成一次工艺过程的全部操作之后，应从最后一步返回初始步，系统停留在初始状态（单周期操作，如图 5-12 所示），在连续循环工作方式时，将从最后一步返回下一工作周期开始运行的第一步（如图 5-17 所示）。

（5）如果选择有断电保持功能的存储器位（M）来代表顺序图中的各位，在交流电源断电瞬时的状态开始继续运行。如果用没有断电保持功能的存储器位代表各步，进入 RUN 工作方式时，它们处于 OFF 状态，SM0.1 必须将初始步预置为活动步，否则因顺序功能图中没有活动步，系统将无法工作。如果系统有自动、手动两种工作方式，顺序功能图是用来描述自动工作过程的，这时还应在系统由手动工作方式进入自动工作方式时，用一个适当的信号（一般用 SM0.1）将初始步置为活动步。

5.3.7　顺序控制设计法的本质

经验设计法实际上是试图用输入信号 I 直接控制输出信号 Q（见图 5-19（a）），如果无法直接控制，或为了实现记忆、联锁、互锁等功能，只好被动地增加一些辅助元素和辅助触点。由于不同系统的输出量 Q 与输入量 I 之间的关系各不相同，以及它们对联锁、互锁的要求千变万化，不可能找出一种简单的设计方法。

顺序控制设计法则是用输入量 I 控制代表各步的编程元件（例如存储器位 M），再用它们控制输出量 Q（见图 5-19（b））。因为步是根据输出量 Q 的状态划分的，所以 M 与 Q 之间具有很简单的"与"的逻辑关系，输出控制的程序设计极为简单。代表步的 M 存储器位的控制程序设计也很有规律，设计方法很容易掌握。因此顺序控

图 5-19　信号关系图

制设计法具有简单、规范、通用的优点。由于代表步的 M 存储器位是依次顺序变为"1"状态的，这实际上就已经基本上解决了经验设计法中的记忆、联锁等问题。

5.3.8　设计顺序控制程序的基本方法

由图 5-19 可知，根据顺序功能图设计的程序应包括存储器位 M 的控制程序和输出位 Q 的控制程序两部分。输出位 Q 的程序可以根据代表步的编程元件 M 和 PLC 的输出位 Q 的对应关系来设计。因为它们之间的逻辑关系是极为简单的相等或相"或"的逻辑关系，所以输出位 Q 的程序设计是很容易实现的。

转换实现的基本规则是设计顺序控制程序的基础。某一步为活动步时，对应的存储器位 M 为 1 状态，之后的转换条件满足时，该转换的后续步应变为活动步，前级步应变为不活动步。可以用一个串联逻辑来表示转换实现的这两个条件，该逻辑结果为"1"时，应将该转换所有的后续步对应的存储器位 M 置为 1 状态，将所有前级步对应的 M 复位为 0 状态。

根据顺序功能图设计梯形图程序时，可以用存储器位 M 来代表步。为了便于将顺序功能

图转换为梯形图，用代表各步的存储器位的地址作为步的代号，并用编程元件地址的逻辑代数表达式来标注转换条件，用编程元件的地址来标注各步的动作。

5.4 使用起、保、停程序结构的顺序控制梯形图编程方法

在可编程控制器的实际应用中，有两种通用的编程方法，即使用起、保、停逻辑的编程方法和使用置位复位指令（以转换为中心）的编程方法，本章介绍的两种通用的编程方法很容易掌握，利用它们可以迅速、得心应手地设计出任意复杂的数字量控制系统的梯形图，它们的适用范围广，可以用于所有生产厂家的各种型号的PLC。这两种方法都是根据顺序功能图来设计顺序控制梯形图的编程方法。

由前面的分析可知，转换实现的两个条件对应的与逻辑结果为"1"的时间只有一个扫描周期，因此应使用有记忆功能的逻辑或指令来控制代表步的存储器位。起、保、停逻辑和置位、复位指令都有记忆功能，本节首先介绍使用起、保、停逻辑的编程方法。

5.4.1 单序列的编程方法

起、保、停控制程序只使用与触点和线圈有关的指令，任何一种PLC的指令系统都有这一类指令，因此这是一种通用的编程方法，可以用于任意型号的PLC。

1. 存储器位 M 的编程方法

图 5-20 给出了图 5-12 中的液压动力滑台的进给运动示意图、顺序功能图和梯形图。在初始状态时动力滑台停在左边，限位开关 I0.3 为 1 状态。按下起动按钮 I0.0，动力滑台在各步中分别实现快进、工进、暂停和快退，最后返回初始位置和初始步后停止运动。

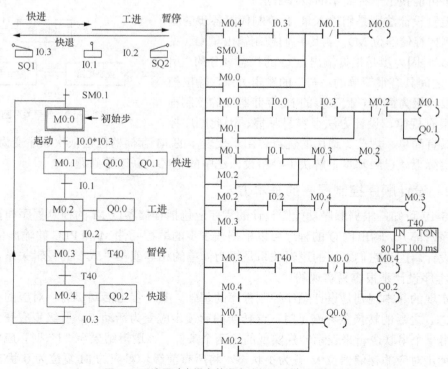

图 5-20 液压动力滑台的顺序功能图及梯形图程序

如果使用的 M 区设置为没有断电保持功能，在 PLC 由停止至运行时 CPU 调用 SM0.1 将初始步对应的 M0.0 置为 1 状态，在 PLC 由停止至运行时其余各步对应的存储器位被 CPU 自动复位为 0 状态。

设计起、保、停程序控制的关键是确定它的起动条件和停止条件。根据转换实现的基本规则，转换实现的条件是它的前级步为活动步，并且相应的转换条件满足。以控制 M0.2 的起、保、停控制程序为例，步 M0.2 的前级步为活动步时，M0.1 的常开触点闭合，它前面的转换条件满足时，I0.1 的常开触点闭合。两个条件同时满足时，M0.1 和 I0.1 的常开触点组成的与逻辑结果为"1"。因此在起、保、停控制程序中，应将代表前级步的 M0.1 的常开触点和代表条件的 I0.1 的常开触点串联，作为控制 M0.2 的起动电路。

在快进步，M0.1 一直为 1 状态，其常开触点闭合。滑台碰到中限位开关时，I0.1 的常开触点闭合，由 M0.1 和 I0.1 的常开触点串联而成的 M0.2 的起动电路接通，使 M0.2 的线圈通电。在下一个扫描周期，M0.2 的常闭触点断开，使 M0.1 的线圈断电，其常开触点断开，使 M0.2 的起动电路断开。由以上的分析可知，起、保、停电路的起动电路只能接通一个扫描周期，因此必须用有记忆功能的电路来控制代表步的存储器位。

当 M0.2 和 I0.2 的常开触点均闭合时，步 M0.3 变为活动步，这时步 M0.2 应变为不活动步，因此可以将 M0.3=1 作为使存储器位 M0.2 变为 0 状态的条件，即将 M0.3 的常闭触点与 M0.2 的线圈串联。上述的逻辑关系可以用逻辑代数式表示为

$$M0.2=(M0.1 \cdot I0.1+M0.2) \cdot \overline{M0.3}$$

在这个例子中，可以用 I0.2 的常闭触点代替 M0.3 的常闭触点。但是当转换条件由多个信号"与、或、非"逻辑运算组合而成时，需要将它的逻辑表达式求反，经过逻辑代数运算后再将对应的触点串并联电路作为起、保、停电路的停止电路，不如使用后续步对应的常闭触点这样简单方便。

根据上述的编程方法和顺序功能图，很容易画出梯形图。以步 M0.1 为例，由顺序功能图可知，M0.0 是它的前级步，二者之间的转换条件为 I0.0*I0.3，所以应将 M0.0、I0.0 和 I0.3 的常开触点串联，作为 M0.1 的起动条件。起动逻辑并联了 M0.1 的常开触点作为保持条件。后续步 M0.2 的常闭触点与 M0.1 的线圈串联作为停止条件，M0.2 为 1 时 M0.1 的线圈"断电"，步 M0.1 变为不活动步。

2. 输出位 Q 的编程方法

下面介绍设计梯形图输出电路部分的方法。因为步是根据输出变量的状态变化来划分它们之间的关系，极为简单，可以分为两种情况来处理。

某一输出量仅在某一步中为 ON，例如图 5-20 中的 Q0.1 就属于这种情况，可以将它的线圈与对应步的存储器位 M0.1 的线圈并联。从顺序功能图还可以看出可以将定时器 T40 的线圈与 M0.3 的线圈并联，将 Q0.2 的线圈和 M0.4 的线圈并联。有人也许觉得既然如此，不如用这些输出位来代表该步，例如用 Q0.1 代替 M0.1，这样好像可以节省一些编程元件，但是用存储器位来代替步具有概念清楚、编程规范、梯形图程序易于阅读和差错少的优点。

如果某一输出在几步中都为 1 状态，应将代表各有关步的存储器位的常开触点并联后，驱动该输出的线圈。图 5-20 中 Q0.0 在 M0.1 和 M0.2 这两步中均应工作，所以用 M0.1 和 M0.2 的常开触点组成的并联逻辑来驱动 Q0.0 的线圈。

5.4.2 选择序列的编程方法

1. 选择序列分支的编程方法

图 5-21 中步 M0.0 之后有一个选择序列的分支，设 M0.0 为活动步，当它的后续步 M0.1 或 M0.2 变为活动步时，它都应变为不活动步（M0.0 变为 0 状态），所以应将 M0.1 和 M0.2 的常闭触点与 M0.0 的线圈串联。

一般来说，如果某一步的后面有一个由 N 条分支组成的选择序列，该步可能转换到不同的 N 步去，则应将这 N 个后续步对应存储器位的常闭触点与该步的线圈串联，作为结束该步的条件。

2. 选择序列合并的编程方法

在图 5-21 中，步 M0.2 之前有一个选择序列的合并，当步 M0.1 为活动步（M0.1 为 1），并且转换条件 I0.1 满足，或步 M0.0 为活动步并且转换条件 I0.2 满足，步 M0.2 都应变为活动步，即代表该步的存储器位 M0.2 的起动条件应为：M0.1·I0.1+M0.0·I0.2，对应的起动条件由两条并联分支组成，各条分支分别由 M0.1、I0.1 或 M0.0、I0.2 的常开触点串联而成。

一般来说，对于选择序列的合并，如果某一步之前有 N 个转换，即有 N 条分支进入该步，则代表该步的存储器位的起动电路由 N 条支路并联而成，各支路由某一前级对应的存储器位的常开触点与相应转换条件对应的触点或电路串联而成。

5.4.3 并行序列的编程方法

1. 并行序列分支的编程方法

图 5-21 中的步 M0.2 之后有一个并行序列的分支，当步 M0.2 是活动步并且转换条件 I0.3 满足时，步 M0.3 与步 M0.5 应同时变为活动步，这是用 M0.2 和 I0.3 的常开触点组成的串联分支分别作为 M0.3 和 M0.5 的起动条件来实现的；与此同时，步 M0.2 应变为不活动步。步 M0.3 和 M0.5 是同时变为活动步的，只需将 M0.3 或 M0.5 的常闭触点与 M0.2 的线圈串联即可。

2. 并行序列合并的编程方法

步 M0.0 之前有一个并行序列的合并，该转换实现的条件是所有的前级步（即步 M0.4 和 M0.6）都是活动步及转换条件 I0.6 满足。由此可知，应将 M0.4、M0.6 和 I0.6 的常开触点串联，作为控制 M0.0 的起、保、停电路的起动电路。M0.4 和 M0.6 的线圈都串联了 M0.0 的常开触点，使步 M0.4 和步 M0.6 在转换实现时同时变为不活动步。

与图 5-21 对应的梯形图程序如图 5-22 所示。任何复杂的顺序功能图都是由单序列、选择序列和并行序列组成的，掌握了单序列的编程方法和选择序列及并行序列的分支、合并的编程方法，就不难迅速地设计出任意复杂的顺序功能图描述的数字量控制系统的梯形图程序。

5.4.4 仅有两步的闭环处理

如果在顺序功能图中有仅由两步组成的小闭环（见图 5-23（a）），用起、保、停程序结构设计的梯形图程序不能正常工作。例如 M0.2 和 I0.0 均为 1 时，M0.3 的启动条件满足，但是这时与 M0.3 的线圈串联的 M0.2 的常闭触点却是断开的，所以 M0.3 的线圈不能"通电"。出现上述问题的根本原因在于步 M0.2 既是步 M0.3 的前级步，又是它的后续步。将图 5-23（b）中的 M0.2 的常闭触点改为转换条件 I0.2 的常闭触点，就可以解决这个问题。

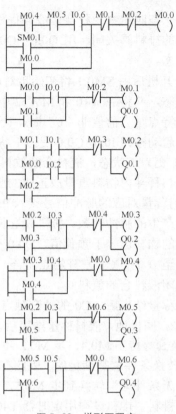

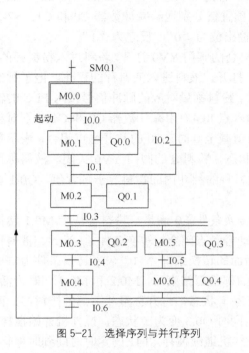

图 5-21 选择序列与并行序列

图 5-22 梯形图程序

另外，如在转换条件 I0.2 之后添加一个小时间步，然后再用该时间位信号作为转换条件也可以解决这个问题。

5.4.5 应用举例

在图 5-24 中转换的物料混合装置用来将粉末状的固体物料（粉料）和液体物料（液料）按一定的比例混合在一起，经过一定时间的搅拌后便得到成品。粉料和液料都用电子称来计量。

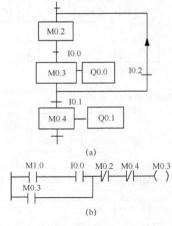

图 5-23 仅有两步的闭环的处理

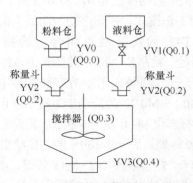

图 5-24 物料混合控制系统示意图

初始状态时粉料秤秤斗、液料秤秤斗和搅拌器都是空的，搅拌机的电动机停转，两个称量斗底部的排料阀关闭，用 Q0.0～Q0.4 分别与 M1、YV1、YV2、M2、YV3 对应，初始时均为 0 状态。

PLC 开机后用 SM0.1 将初始步对应的 M0.0 置为 1 状态，将其余各步对应的存储器位复位为 0 状态，并将 MW10 和 MW12 中的计数预置值分别送给减计数器 C0 和 C1。S7-200 减计数器的特点是当前值非"0"时，计数器的输出位为"0"，反之为"1"。

按下起动按钮 I0.0，Q0.0 变为 1 状态，粉料仓的阀门 YV0 打开，粉料进入粉料秤的秤斗；同时 Q0.1 变为 1 状态，液料仓的放料阀 YV1 打开，液料进入液料秤的秤斗。电子秤的光电码盘输出与秤斗内物料重量成正比的脉冲信号，粉料称量对应的脉冲信号接入 PLC 的输入点 I0.3、液料称量对应的脉冲信号接入 PLC 的输入点 I0.4。用减计数器 C0 和 C1 分别对粉料秤和液料秤产生的脉冲计数。粉料称量脉冲计数值减至 0 时，C0 的常开触点闭合，表示粉料秤的秤斗内的物料已等于预置值，Q0.0 变为 0 状态，粉料仓的阀门 YV0 关闭。液料称量脉冲计数值减至 0 时，C1 常开触点闭合，表示液料秤的秤斗内的物料等于预置值，Q0.1 变为 0 状态，关闭液料仓的放料阀。

粉料称量结束后，C0 的动合触点闭合，转换条件 C0 满足，粉料秤从步 M0.1 转换到等待步 M0.2，同样地，液料称量结束后，C1 的动合触点闭合，转换条件 C1 满足，液料秤从步 M0.3 转换到等待步 M0.4，步 M0.2 和 M0.4 后面的转换条件"=1"表示转换条件为二进制常数 1，即转换条件总是满足的。因此在两个秤的称量都结束后，M0.2 和 M0.4 同时为活动步，系统将"无条件地"转换到步 M0.5，Q0.2 变为 1 状态，打开称量斗下部的排料门，两个称量斗开始排料，排料过程用定时器 T40 定时。同时 Q0.3 变为 1 状态，搅拌机开始搅拌。T40 的定时时间到时排料结束，转换到步 M0.6，搅拌机继续搅拌。T41 的定时时间到时停止搅拌，转换到步 M0.7，将预置值送给计数器 C0、C1，为下一次称量做好准备，同时，Q0.4 变为 1 状态，搅拌器底部的排料门打开，经过 T42 的定时时间后，关闭排料门，一个工作循环结束。

本系统要求在按下起动按钮 I0.0 后，能连续不停地工作下去。按下停止按钮 I0.1 后，并不立即停止运行，要等到当前工艺周期的全部工作完成、成品排放结束后，再从步 M0.7 返回到初始步 M0.0。图 5-25 所示是物料混合控制系统的顺序功能图。

图 5-26 中的第一个起、保、停程序结构用来实现上述要求，按下起动按钮 I0.0，M1.0 变为 1 状态，系统处于连续工作模式。在顺序功能图最下面一步执行完后，T42 的常开触点闭合，转换条件 T42*M1.0 满足，将从步 M0.7 转换到步 M0.1 和 M0.3，开始下一个周期的工作。在工作循环中的任意一步（步 M0.1～M0.7）为活动步时按下停止按钮 I0.1，"连续"标志位 M1.0 变为 0 状态，但是它不会马上起作用，要等到最后一步 M0.7 的工作结束，T42 的常开触点闭合，转换条件 T42*$\overline{M1.0}$ 满足，才会从步 M0.7 转换到初始步 M0.0，系统停止运行。

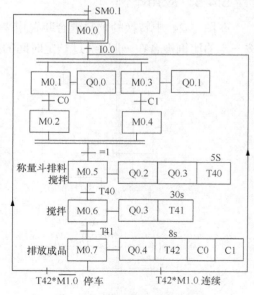

图 5-25　物料混合控制系统的功能顺序图

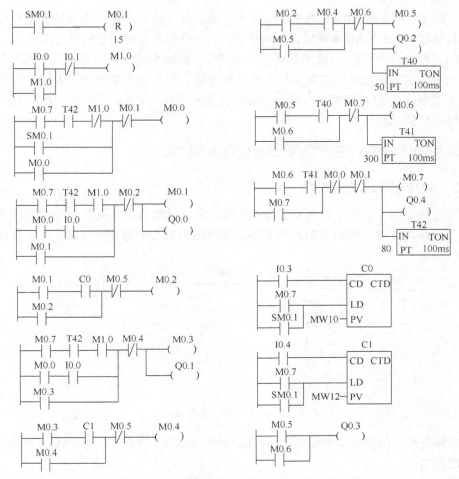

图 5-26　物料混合控制系统的梯形图程序

　　步 M0.7 之后有一个选择序列的分支，当它的后续步 M0.0、M0.1 和 M0.3 变为活动步时，它都应变为不活动步。但是 M0.1 和 M0.3 是同时变为 1 状态的，所以只需要将 M0.0 和 M0.1 的常闭触点或 M0.0 和 M0.3 的常闭触点与 M0.7 的线圈串联。

　　步 M0.1 和步 M0.3 之前有一个选择序列的合并，当步 M0.0 为活动步并且转换条件 I0.0 满足，或步 M0.7 为活动步并且转换条件满足，步 M0.1 和步 M0.3 都应变为活动步，即代表这两步的存储器位 M0.1 和步 M0.3 的起动条件应为 M0.0*I0.0+M0.7*T42*M1，如图 5-26 所示。

　　图 5-25 中步 M0.0 之后有一个并行序列的分支，当 M0.0 是活动步，并且转换条件 I0.0 满足，或者 M0.7 是活动步，并且转换条件 T42*M1.0 满足，步 M0.1 与步 M0.3 都应同时变为活动步。M0.1 和 M0.3 的起动电路完全相同，保证了这两步同时变为活动步。

　　步 M0.1 与步 M0.3 是同时变为活动步的，它们的常闭触点同时断开，因此 M0.0 的线圈只需要串联 M0.1 或 M0.3 的常闭触点即可。当然也可以同时串联 M0.1 与 M0.3 的常闭触点，但是要多用一条指令。

　　步 M0.5 之前有一个并行序列的合并，由步 M0.2 和步 M0.4 转换到 M0.5 的条件是所有的前级步（即步 M0.2 和 M0.4）都是活动步和转换条件（=1）满足。因为转换条件总是满足的，所以只需将 M0.2 和 M0.4 的常开触点串联，作为 M0.5 的起动逻辑就可以了。

实际的物料混合系统输入/输出量可能要多得多，控制系统也复杂得多。本例中为了突出重点，使读者尽快地掌握顺序控制梯形图的编程方法，对实际的系统做了大量的简化。

本例中使用的是 PLC 的普通计数器，其计数频率较低，在实际系统中一般用高速计数器来对编码器发出的脉冲计数。

5.5 以转换为中心的顺序控制梯形图程序编程方法

5.5.1 单序列的编程方法

使用置位复位指令的顺序控制梯形图程序编程方法又称为以转换为中心的编程方法。图 5-27 给出了顺序功能图与梯形图的对应关系。实现图中的转换需要同时满足两个条件。

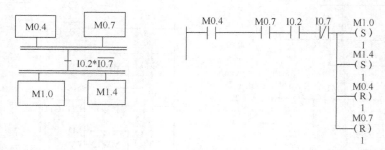

图 5-27 以转换为中心的编程方法

（1）该转换所有的前级步都是活动步，即 M0.4 和 M0.7 均为 1 状态，M0.4 和 M0.7 的常开触点同时闭合。

（2）转换条件 I0.2*$\overline{I0.7}$ 满足，即 I0.2 的常开触点和 I0.7 的常闭触点组成的与逻辑为 "1"。

在梯形图中，可用 M0.4、M0.7 和 I0.2 的常开触点与 I0.7 的常闭触点组成的与逻辑来表示上述两个条件同时满足。这种与逻辑结构实际上就是使用起、保、停程序结构中的起动条件。根据上一节的分析，该逻辑结果为 "1" 的时间只有一个扫描周期。因此需要用有记忆功能的指令来保持它引起的变化，本节用置位、复位指令来实现这个记忆功能。

该条件为 "1" 时，应执行以下两个操作。

（1）应将该转换所有的后续步变为活动步，即将代表后续步的存储器位变为 1 状态，并使它保持 1 状态。这一要求刚好可以用有保护功能的置位指令（S 指令）来完成。

（2）应将该转换所有的前级步变为不活动步，即将代表前级步的存储器位变为 0 状态，并使它们保持 0 状态。这一要求刚好可以用复位指令（R 指令）来完成。

这种编程方法与转换实现的基本规则之间有着严格的对应关系，在任何情况下，代表步的存储器位的控制程序都可以用这个统一的规则来设计，每一个转换对应一个如图 5-27 所示的控制置位和复位的程序块结构，有多少个转换就有多少个这样的程序块结构。这种编程方法特别有规律，在设计复杂的顺序功能图的梯形图时既容易掌握，又不容易出错。用它编制复杂的顺序功能图的梯形图时，更能显示出它的优越性。

相对而言,使用起、保、停程序结构的编程方法的规则较为复杂,选择序列的分支与合并、并行序列的分支与合并都有单独的规则需要记忆。

某工作台旋转运动的示意图如图 5-28 所示。工作台在初始状态时停在限位开关 I0.1 处,I0.1 为 1 状态。按下起动按钮 I0.0,工作台正转,旋转到限位开关 I0.2 处改为反转,返回限位开关 I0.1 处时又改为正转,旋转到限位开关 I0.3 处又改为反转,回到起始点时停止运动。图 5-28 同时给出了系统的顺序功能图和用以转换为中心的编程方法设计的梯形图程序。

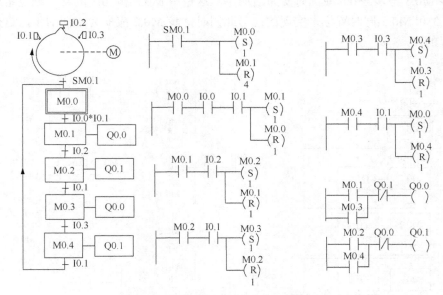

图 5-28 工作台旋转运动的顺序功能图和梯形图

以转换条件 I0.2 对应的程序为例,该转换的前级步为 M0.1,后续步为 M0.2,所以用 M0.1 和 I0.2 的常开触点组成的串联电路来控制对后续步 M0.2 的置位和对前级步 M0.1 的复位。每一个转换对应一个这样的"标准"程序段落,有多少个转换就有多少个这样的程序结构。设计时应注意不要遗漏掉某一个转换对应的程序段落。

使用这种编程方法时,不能将输出位 Q 的线圈与置位指令和复位指令并联,这是因为前级步和转换条件对应的与逻辑为"1"的时间只有一个扫描周期,转换条件满足后前级步马上被复位,下一个扫描周期该与逻辑为"0",而输出位的线圈至少应该在某一步对应的全部时间内被接通。所以应根据顺序功能图,用代表步的存储器位的常开触点或它们的并联逻辑结构来驱动输出位的线圈。

5.5.2 选择序列的编程方法

使用起、保、停程序结构的编程方法时,在选择序列的分支与合并处,某一步有多个后续步或多个前级步,所以需要使用不同的设计规则。

而以转换为中心来进行程序设计时,选择序列的分支与合并的编程方法实际上与单序列的编程方法完全相同。

如图 5-29 所示的顺序功能图中,除 I0.3 与 I0.6 对应的转换以外,其余的转换均与并行序列的分支、合并无关，I0.0～I0.2 对应的转换与选择序列的分支、合并有关，它们都只有一个前级步和一个后续步。与并行序列无关的转换对应的梯形图是非常标准的，每一个控制置位、复位的程序结构都由前级步对应的存储器位和转换条件对应的触点组成的串联结构、对 1 个后续步的置位指令和对 1 个前级步的复位指令组成。

5.5.3 并行序列的编程方法

图 5-29 中步 M0.2 之后有一个并行序列的分支，当 M0.2 是活动步，并且转换条件 I0.3 满足时，步 M0.3 与步 M0.5 应同时变为活动步，这是用 M0.2 和 I0.3 的常开触点组成的串联结构使 M0.3 和 M0.5 同时置位来实现的；与此同时，步 M0.2 应变为不活动步，这是用复位指令来实现的。

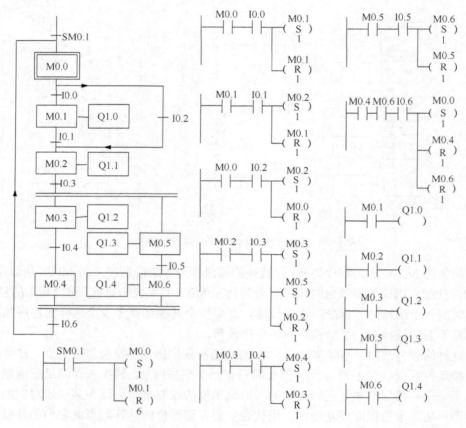

图 5-29 选择序列与并行序列及其编程

I0.6 对应的转换之前有一个并行序列的合并，该转换实现的条件是所有的前级步（即步 M0.4 和 M0.6）都是活动步和转换条件 I0.6 满足。由此可知，应将 M0.4、M0.6 和 I0.6 的常开触点串联，作为使后续步 M0.0 置位和使前级步 M0.4、M0.6 复位的条件。

5.5.4 应用举例

以专用钻床的控制系统为例，图 5-17 给出了专用钻床控制系统的顺序功能图，图 5-30

所示是用以转换为中心的方法编制的梯形图程序。

图 5-30 中分别由 M0.2～M0.4 和 M0.5～M0.7 组成的两个单序列是并行工作的，设计梯形图时 应保证这两个序列同时开始工作和同时结束，即两个序列的第一步 M0.2 和 M0.5 应同时变为活动步，两个序列的最后一步 M0.4 和 M0.7 应同时变为不活动步。

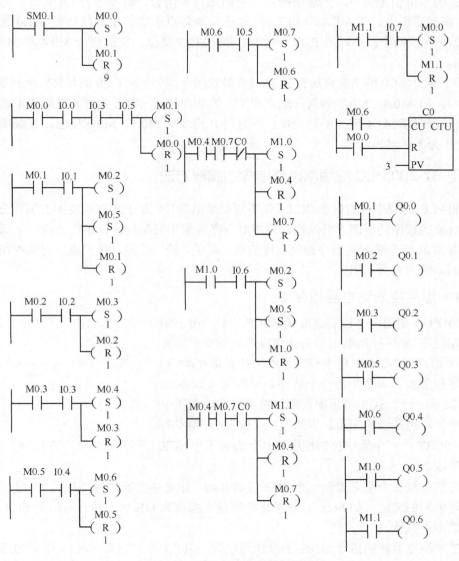

图 5-30　组合钻床控制系统的梯形图

并行序列的分支处理是很简单的，在图 5-30 中，当步 M0.1 是活动步，并且转换条件 I0.1 为 ON 时，步 M0.2 和 M0.5 同时变为活动步，两个序列开始同时工作。在梯形图中，用 M0.1 和 I0.1 的常开触点组成的串联结构来控制对 M0.2 和 M0.5 的同时置位，和对前级步 M0.1 的复位。

另一种情况是当步 M1.0 为活动步，并且转换条件 I0.6 为 ON 时，步 M0.2 和 M0.5 也应同时变为活动步，两个序列开始同时工作。在梯形图中，用 M1.0 和 I0.6 的常开触点组成的串联结构来控制对 M0.2 和 M0.5 的同时置位，以及对前级步 M1.0 的复位。

图 5-30 中并行序列合并处的转换有两个前级步 M0.4 和 M0.7，根据转换实现的基本规则，当它们均为活动步并且转换条件满足，将实现并行序列的合并。未钻完 3 对孔时，加计数器 C0 的当前值不为 3，其常闭触点（动断触点）闭合，转换条件 $\overline{C0}$ 满足，将转换到步 M1.0。在梯形图中，用 M0.4、M0.7 和 C0 的动断触点组成的串联结构使 M1.0 置位，后续步 M1.0 变为活动步；同时用 R 指令将 M0.4 和 M0.7 复位，使前级步 M0.4 和 M0.7 变为不活动步。

钻完 3 个孔时，C0 的当前值加到 3，其动合触点闭合，转换条件 C0 满足将转换到步 M1.1。在梯形图中，用 M0.4、M0.7 的常开触点和 C0 的动合触点（常开触点）组成的串联结构使 M1.1 置位，后续步 M1.1 变为不活动步。同时用 R 指令将 M0.4、M0.7 复位，前级步 M0.4、M0.7 变为步为不活动步。

5.6 使用 S7-200 PLC 的顺序控制指令的编程方法

S7-200 PLC 的顺序控制指令 SCR（顺序控制继电器）是基于顺序功能图的编程方式。它依据被控对象的顺序功能图进行编程，将控制程序根据工艺流程进行逻辑分段，从而实现顺序控制。用 SCR 指令编制的顺序控制程序清晰、明了，统一性强，尤其适合初学者和不熟悉继电器控制系统的人员运用。

5.6.1 顺序控制继电器指令

S7-200 PLC 中的顺序控制继电器（SCR）专门用于编制顺序控制程序。顺序控制继电器指令的梯形图指令盒形式如图 5-31 所示。在 S7-200 PLC 中规定只能用状态寄存器(S)来表示顺序控制步，每个步由一个状态寄存器位（如 Sn.x 或 Sm.y）表示。一个 SCR 梯形图程序段对应顺序功能图中的一个顺序步，包括步的开始、步的结束（SCRE）和步的转移指令（SCRT）。一个顺序控制程序被划分为若干个 SCR 梯形图程序段。

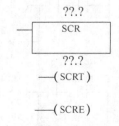

图 5-31 SCR 指令的梯形图指令盒形式

最上方的方框指令用来表示一个 SCR 段的开始。指令中的操作数"？？.?"是用于指明顺序控制继电器的地址（如 Sn.x），该顺序控制继电器位为 ON 时，执行对应的 SCR 段中的程序，反之则不执行。

顺序控制继电器转换指令 SCRT 的线圈通电时，用"？？.?"（如 Sm.y）指定的后续步状态寄存器位置位为 ON，同时当前活动步对应的状态寄存器位被操作系统复位为 OFF，当前步变为不活动步。

顺序控制继电器结束（SCRE）指令用来表示 SCR 段的结束，该指令没有操作数。

5.6.2 单序列的顺序功能图 SCR 指令编程方法

以上一节的工作台旋转运动控制为例，图 5-32 所示为工作台旋转运动的顺序功能图对应的梯形图程序，可以看出单序列的 SCR 指令编程设计比较简单。

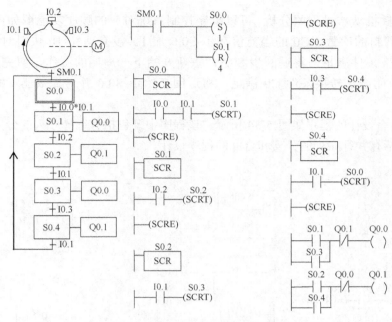

图 5-32 工作台旋转运动的顺序功能图和梯形图

5.6.3 有选择和并行序列的顺序功能图的 SCR 指令编程方法

以剪板机的 PLC 控制系统为例，剪板机的工作示意图如图 5-33 所示，开始时压钳和剪刀在上限位置，限位开关 I0.0 和 I0.1 为 ON。按下起动按钮 I0.5，首先板料输送机构将板料右行送至限位开关 I0.3 处停止，然后压钳下行，压紧板料后，压力继电器 I0.4 为 ON，压钳保持压紧，剪刀开始下行。剪断板料后，I0.2 变为 ON，压钳和剪刀同时上行，它们碰到限位开关 I0.0 和 I0.1 后，分别停止上行，都停止后，又开始下一周期的工作，剪完 10 块料后停止工作，返回初始步。

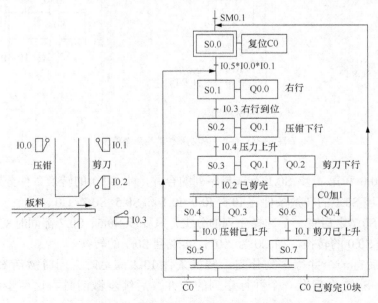

图 5-33 剪板机的工作示意图及顺序功能图

根据对剪板机动作过程的分析，可以编制控制系统对应的顺序功能图如图 5-33 所示，用 C0 来控制剪料的次数，C0 的当前值在步 S0.6 加 1。没有剪完 10 块料时，C0 的常闭触点闭合，转换条件满足，将返回步 S0.1，重新开始下一周期的工作。剪完 10 块料后，C0 的常开触点闭合，转换条件 C0 满足，将返回初始步 S0.0 并对计数器 C0 的当前值清零复位。

用 SCR 指令设计的程序如图 5-34 所示，该程序中既包括有选择序列的分支和合并的程序设计，也包括有并行序列的分支和合并的程序设计。

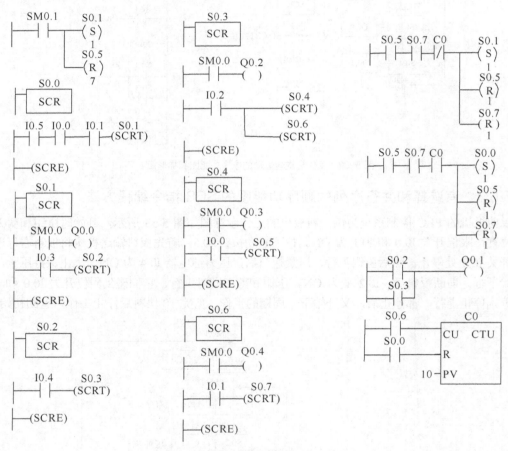

图 5-34　剪板机控制系统的梯形图程序

在初始步 S0.0 和第 1 步 S0.1 有选择序列的合并，步 S0.0 的转换条件分别为 SM0.1 和 S0.5×S0.7×C0，步 S0.1 的转换条件有 I0.5×I0.0×I0.1 和 S0.5×S0.7×$\overline{C0}$。

在步 S0.5、S0.7 之后有一个选择序列的分支，只要步 S0.5、S0.7 都同时变成活动步，C0 为 "1"，实现到 S0.0 的转换，如 C0 为 "0"，实现到 S0.1 的转换。

在 S0.3 之后有一个并行序列分支，转换条件 I0.2 满足时应同时激活 S0.4 和 S0.6，在等待步 S0.5、S0.7 之后有一个并行序列的合并。后续步激活时，这两步都应变为不活动步。

5.7　具有多种工作方式的系统的编程方法

1．程序的基本结构

为了满足生产的需要，很多自动化设备的控制方式要求设置多种工作方式，如手动方式和自动方式，后者包括连续、单周期、单步、自动返回初始状态几种工作方式。手动程序比较简单，一般用经验法设计，复杂的自动程序一般根据系统的顺序功能图，用顺序控制法设计。

绝大多数自动控制系统除了自动工作模式外，还需要设置手动工作模式。在下列两种情况下需要工作在手动模式。

（1）启动自动控制程序之前，系统必须处于要求的初始状态。如果系统的状态不满足启动自动程序的要求，需进入手动工作模式，用手动操作使系统进入规定的初始状态，然后再回到自动工作模式。一般在调试阶段使用手动工作模式。

（2）顺序自动控制对硬件的要求很高，如果有硬件故障，例如某个限位开关有故障，不可能正确地完成整个自动控制过程。在这种情况下，为了使设备不至于停机，可以进入手动工作模式，对设备进行手动控制。

有自动、手动工作方式的控制系统的两种典型的程序结构如图 5-35 所示，公用程序用于处理自动模式和手动模式都需要执行的任务，以及处理两种模式的相互转换。

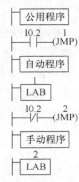

图 5-35　程序的基本结构

2．执行自动程序的初始状态

开始执行自动程序之前，要求系统处于规定的初始状态，如果开机时系统没有处于初始状态，则要进入手动工作方式，用手动操作使系统进入规定的初始状态后，再切换到自动工作方式。

系统满足规定的初始状态后，应将顺序功能图的初始步对应的存储器位置 1，使初始步变为活动步，为启动自动运行做好准备。同时还应将其余步对应的存储器位置为 0 状态。在 S7-200 PLC 中，常用特殊寄存器位 SM0.1 将初始步对应的存储器位置 1，也常用 SM0.1 将其余存储器位的状态置 0。

3．输出继电器多次输出的问题

在图 5-35 所示的自动程序和手动程序中，都需要控制 PLC 的输出 Q，因此同一个输出位的线圈可能会出现两次或多次，称为双线圈现象。

在跳步条件相反的两个程序段（例如图 5-35 中的自动程序和手动程序）中，允许出现双线圈，即同一元件的线圈可以在自动程序和手动程序中分别出现一次。实际上 CPU 在每一次循环中，只执行自动程序或只执行手动程序，不可能同时执行这两个程序。对于分别位于这两个程序中的两个相同的线圈，每次循环只处理其中一个，因此在本质上并没有违反不允许出现双线圈的规定。

5.8 项目实例：具有多种工作方式的系统的编程设计

以常用的机械手的控制系统设计分析为例。

1. 机械手控制系统的控制要求

如图 5-36 所示，某机械手用来将工件从 A 点送到 B 点，一共有 6 个动作，即上升/下降、左行/右行、夹紧/松开。如果原点条件满足，则机械手可连续循环地执行"原位下降→夹紧→延时后上升→右行→右边下降→松开→延时后上升→左行到原位"的动作。机械手的动作都由气缸驱动，气缸又由相应的电磁阀控制，其中上升/下降和左行/右行分别由双线圈的两位电磁阀控制，例如，当右行电磁阀得电时，机械手右移；当右行电磁阀失电时，机械手右移停止。机械手的夹紧/松开由一个单线圈的两位电磁阀控制。当线圈得电时（对应的 PLC 输出点 Q0.1 为 "1"），机械手夹紧，当该线圈失电时（对应的 PLC 输出点 Q0.1 为 "0"），机械手松开工件。

2. 控制系统分析

机械手的控制系统要求设置多种工作方式，如回原点、手动方式和自动方式，后者包括连续、单周期、单步三种工作方式，控制面板如图 5-37 所示，右上部的工作方式选择开关的 5 个位置分别对应于 5 种工作方式，操作面板左上部的方式选择开关为手动调整开关。输入输出如表 5-1 所示。

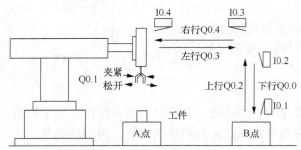

图 5-36　机械手示意图

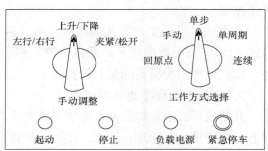

图 5-37　操作面板图

表 5-1　　　　　　　　　　　　符号及地址

符号	地址	符号	地址	符号	地址
启动按钮 SB1	I0.0	松紧调整	I0.7	转换允许	M0.6
下限位	I0.1	手动方式	I1.0	连续标志	M0.7
上限位	I0.2	单步方式	I1.1	下降阀	Q0.0
右限位	I0.3	单周期方式	I1.2	夹紧阀	Q0.1
左限位	I0.4	连续方式	I1.3	上升阀	Q0.2
上下调整	I0.5	停止按钮 SB2	I1.4	左行阀	Q0.3
左右调整	I0.6	回原点	I1.5	右行阀	Q0.4

图 5-38 所示是 PLC 的外部接线图。为了保证在紧急情况下（包括 PLC 发生故障时）能可靠地切断 PLC 的负载电源，设置了交流接触器 KM（见图 5-38）。在 PLC 开始运行时按下"负载电源"按钮，使 KM 线圈得电并自锁，KM 的主触点接通，给外部负载提供交流电源，

出现紧急情况时用"紧急停车"按钮断开负载电源。

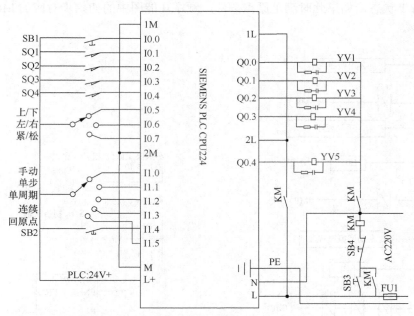

图 5-38 PLC 的外部接线图

机械手在最上面和最左边且松开时称为系统处于原点状态（或称为初始状态）。在公用程序中，左限位开关 I0.4、上限位开关 I0.2 的常开触点和表示机械手松开的 Q0.1 的常闭触点的串联电路接通时，"原点条件"存储器位 M0.5 变为 ON。

如果选择的是单周期工作方式，按下起动按钮 I0.0 后，从初始步 M0.0 开始，机械手按顺序功能图（见图 5-42）的规定完成一个周期的工作后，返回并停留在初始步。如果选择连续工作方式，在初始状态按下起动按钮，并不马上停止工作，完成最后一个周期的工作后，系统才返回并停留在初始步。在单步工作方式，从初始步开始，按一下起动按钮，系统转换到下一步，完成该步的任务后，自动停止工作并停在该步，再按一下起动按钮，又往前走一步。单步工作方式常用于系统的调试。

进入单周期、连续和单步工作方式之前，系统应处于原点状态。在原点状态，顺序功能图中的初始步 M0.0 为 ON，为进入单周期、连续和单步工作方式做好了准备。

3．使用起、保、停逻辑编写的程序

（1）程序的总体结构

控制系统的主程序结构如图 5-39 所示，用跳转指令 JMP 来实现各种工作方式的切换（当然也可以使用子程序调用的方式）。由图 5-38 所示外部接线可知，工作方式选择开关是单刀 5 掷开关，同时只能选择一种工作方式。例如选择开关位于手动方式时，I1.0 为"1"，执行手动控制程序。在手动方式时由切换开关来实现上下、左右、松紧的手动调整和控制。

（2）公用程序

机械手处于最上面和最左边的位置、夹紧装置松开时，系统处于规定的初始条件，称为"原点条件"，此时左限位开关 I0.4、上限位开关 I0.2 的常开触点和表示夹紧装置松开的 Q0.1 的常闭触点组成的串联电路接通，存储器位 M0.5 为 1 状态。

图 5-40 中的公用程序用于自动程序和手动程序相互切换的处理。当系统处于手动工作方式时，I1.0 为 1 状态，如果此时满足原点条件，顺序功能图中的初始步对应的 M0.0 被置位，反之则被复位。

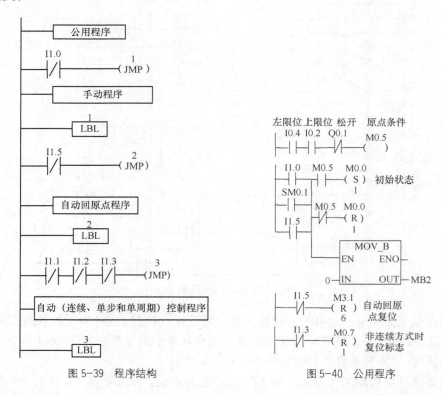

图 5-39　程序结构　　　　　　　　　　图 5-40　公用程序

在 CPU 刚进入 RUN 模式的第一个扫描周期执行图 5-40 中的程序时，如果原点条件满足，M0.5 为 1 状态，顺序功能图中的初始步对应的 M0.0 由初始化脉冲信号 SM0.1 置位，为进入单步、单周期和连续工作方式做好准备。

当系统处于手动工作方式时，I1.0 的常开触点闭合，用 MOVE 指令将顺序功能图中除初始步以外的各步对应的存储器位（M2.0～M2.7）复位，否则当系统从自动工作方式切换到手动工作方式，然后又返回自动工作方式时，可能会出现同时有两个活动步的异常情况，引起错误的动作。在非连续方式，将表示连续工作状态的标志 M0.7 复位。

（3）手动程序

图 5-41 所示是手动程序，手动操作时用 I0.5～I0.7 对应的 3 个开关控制机械手的升、降、左行、右行和夹紧、松开。为了保证系统的安全运行，在手动程序中设置了一些必要的联锁，例如上升与下降之间、左行与右行之间的互锁用来防止功能相反的两个输出同时为 ON。上限位开关 I0.2 的常开触点与控制左、右行的 Q0.4 和 Q0.3 的线圈串联，机械手升到最高位置才能左右移动，以防止机械手在较低的位置运行时与别的物体碰撞。

（4）单周期、连续和单步程序

图 5-42 所示是处理单周期、连续和单步工作方式的顺序功能图和梯形图程序。M0.0 和 M2.0～M2.7 用典型的起、保、停逻辑来编程。

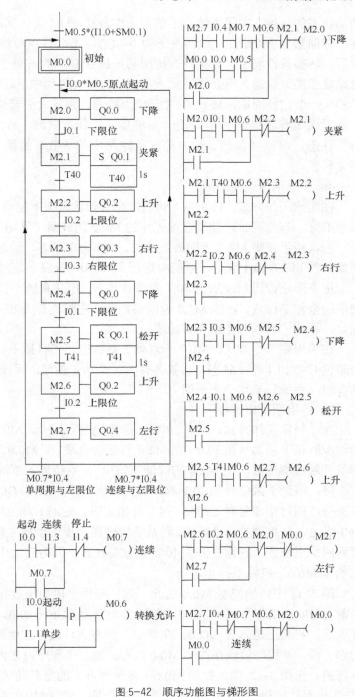

图 5-41　手动程序　　　　　　　图 5-42　顺序功能图与梯形图

单周期、连续和单步这 3 种工作方式主要是用"连续"标志 M0.7 和"转换允许"标志 M0.6 来区分的。

① 单步与非单步的区分

M0.6 的常开触点接在每一个控制代表步的存储器位的起动电路中，它们断开时禁止步的活动状态的转换。如果系统处于单步工作方式，I1.1 为 1 状态，它的常闭触点断开，"转换允许"存储器位 M0.6 在一般情况下为 0 状态，不允许步与步之间的转换。当某一步的工作结束后，转换条件满足，如果没有按起动按钮 I0.0，M0.6 处于 0 状态，起、保、停电路的起动电路处于断开状态，不会转换到下一步。一直要等到按下起动按钮 I0.0，M0.6 在 I0.0 的上升沿 ON 一个扫描周期，M0.6 的常开触点接通，系统才会转换到下一步。

系统工作在连续、单周期（非单步）工作方式时，I1.1 的常闭触点接通，使 M0.6 为"1"状态，串联在各起、保、停起动电路中的 M0.6 的常开触点接通，允许步与步之间的正常转换。

② 单周期与连续的区分

在连续工作方式，I1.3 为 1 状态。在初始状态按下起动按钮 I0.0，M2.0 变为 1 状态，机械手下降。与此同时，控制连续工作的 M0.7 的线圈"通电"并自保持。

当机械手在步 M2.7 返回最左边时，I0.4 为 1 状态，因为"连续"标志位 M0.7 为 1 状态，转换条件 M0.7×I0.4 满足，系统将返回步 M2.0，反复、连续地工作下去。

按下停止按钮 I1.4 后，M0.7 变为 0 状态，但是系统不会立即停止工作，在完成当前工作周期的全部操作后，在步 M2.7 返回最左边，左限位开关 I0.4 为 1 状态，转换条件 $\overline{M0.7}$ ×I0.4 满足，系统才返回并停留在初始步。

在单周期工作方式，M0.7 一直处于 0 状态。当机械手在最后一步 M2.7 返回最左边时，左限位开关 I0.4 为 1 状态，转换条件 $\overline{M0.7}$ ×I0.4 满足，系统返回并停留在初始步。按一次起动按钮，系统只工作一个周期。

③ 单周期工作过程

在单周期工作方式，I1.1（单步）的常闭触点闭合，M0.6 的线圈"通电"，允许转换。在初始步时按下起动按钮 I0.0，在 M2.0 的起动电路中，M0.0、I0.0、M0.5（原点条件）和 M0.6 的常开触点均接通，使 M2.0 的线圈"通电"，系统进入下降步，Q0.0 的线圈"通电"，机械手下降；碰到下限位开关 I0.1 时，转换到夹紧步 M2.1，Q0.1 被置位，夹紧电磁阀线圈通电并保持。同时接通延时定时器 T40 开始定时，定时时间到时，工件被夹紧，1s 后转换条件 T40 满足，转换到步 M2.2。以后系统将这样一步一步地工作下去，直到步 M2.7，机械手左行返回原点位置，左限位开关 I0.4 变为 1 状态，因为连续工作标志 M0.7 为 0 状态，将返回初始步 M0.0，机械手停止运动。

图 5-42 中转换控制 M0.0 的起、保、停程序段如果放在控制 M2.0 的起、保、停程序段之前，在单步工作方式步 M2.7 为活动步时按起动按钮 I0.0，返回步 M0.0 后，M2.0 的起动条件满足，将马上进入步 M2.0。在单步工作方式，这样连续跳两步是不允许的。将控制 M2.0 的起、保、停程序段放在控制 M0.0 的起、保、停程序段之前和 M0.6 的线圈之后可以解决这一问题。在图 5-42 中，控制 M0.6（转换允许）的是起动按钮 I0.0 的上升沿检测信号，在步 M2.7 按起动按钮，M0.6 仅 ON 一个扫描周期，它使 M0.0 的线圈通电后，下一扫描周期处理控制 M2.0 的起、保、停程序段时，M0.6 已变为 0 状态，所以不会使 M2.0 变为 1 状态，要等到下一次按起动按钮时，M2.0 才会变为 1 状态。

④ 输出点的程序设计

输出位的程序（见图 5-43）是自动程序的一部分，输出程序中 I0.1～I0.4 的常闭触点是为单步工作方式设置的。以下降为例，当小车碰到限位开关 I0.1 后，与下降步对应的存储器位 M2.0 或 M2.4 不会马上变为 OFF，如果 Q0.0 的线圈不与 I0.1 的常闭触点串联，机械手不能停在下限位开关 I0.1 处，还会继续下降，对于某些设备，可能造成事故。

（5）自动回原点程序设计

图 5-44 所示是自动回原点的顺序功能图，图 5-45 所示是自动回原点对应的程序。在原点工作方式时，回原点开关接通，I1.5 为 ON，在该方式下按下启动按钮 SB1，机械手可能处于任意状态，夹紧装置有可能处于夹紧或松开的状态，总的来说，有 3 种可能的情况。

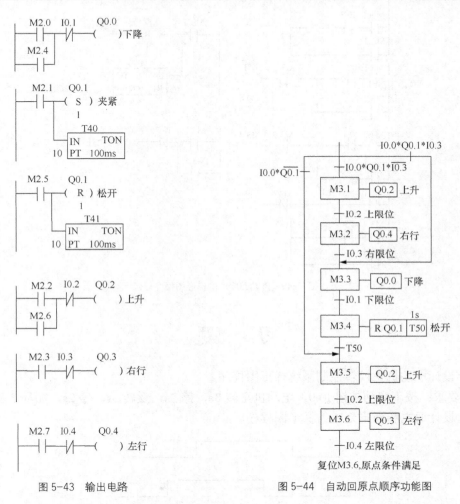

图 5-43　输出电路　　　　　　　　　　图 5-44　自动回原点顺序功能图

① 机械手处于夹紧状态且在最右边，Q0.1 和 I0.3 均为 1，右边的选择条件满足，转到 M3.3 步执行下降→松开→上升→左行的动作。

② 机械手处于夹紧状态且不在最右边，Q0.1 为 1，I0.3 为 0，中间的选择条件满足，执行 M3.1～M3.6 步所对应的动作。

③ 机械手处于松开状态但不在原位，如果不在上限位，Q0，1 为 0，执行上升和左行的动作，如果已在上限位，则直接执行左行的动作。

4．使用置位复位指令的编程方法

与使用起、保、停电路的编程方法相比，顺序功能图、公用程序、手动程序和自动程序中的输出电路完全相同。请读者应用置位复位指令的编程方法自己编写程序。

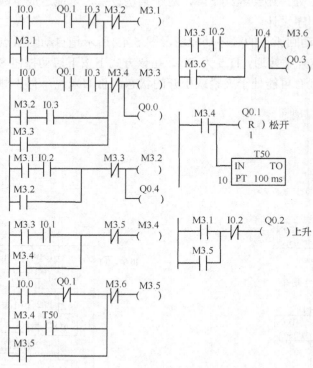

图 5-45　自动回原点的梯形图程序

习　题

5-1　设计电动机正反转控制系统梯形图程序。

控制要求：按下启动按钮 I0.0，电动机正转 3s，停 2s，反转 3s，停 2s，循环 3 次。

5-2　设计通电和断电延时的梯形图程序。

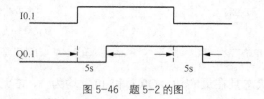

图 5-46　题 5-2 的图

5-3　设计振荡电路的梯形图程序。

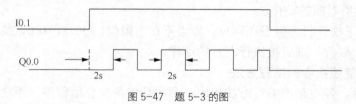

图 5-47　题 5-3 的图

5-4 设计电机正反转控制的梯形图及 PLC 外部接线图。

要求：正反转启动信号 I0.1、I0.2，停止信号 I0.3，输出信号 Q0.2、Q0.3。具有电气互锁和机械互锁功能。

5-5 有一个由 3 台皮带运输机组成的传输系统，分别用电动机 M1、M2、M3 带动，控制要求如下。

按下起动按钮，先起动最末一台皮带机 M3，经 5s 后再起动中间的皮带机 M2。再过 5s 后起动最前面的皮带机 M1，正常运行时，M3、M2、M1 均工作。按下停止按钮时，先停止最前一台皮带机 M1，过 5s 后再停止中间的皮带机 M2，再过 5s 后停止最末一台皮带机 M3。

写出 I/O 分配表，画出梯形图程序，画出 PLC 控制系统的接线图。

5-6 某系统有两种工作方式，手动和自动。现场的输入设备有：6 个行程开关（SQ1～SQ6）和 2 个按钮（SB1～SB2）仅供自动程序使用，6 个按钮（SB3～SB8）仅供手动程序使用，4 个行程开关（SQ7～SQ10）为手动、自动两程序共用。现有 S7-200CPU224 型 PLC，其输入点 14 个（I0.0～I1.5），是否可以使用？若可以，画出相应的外部输入硬件接线图。

5-7 设计喷泉电路。

要求：喷泉有 A、B、C 三组喷头。启动开关 SA 闭合后，A 组先喷，5s 后 A、B、C 同时喷，再 5s 后 A、C 同时喷，再 5s 后 A、B 同时喷，再 2s 后 A、B、C 同时喷，再 5s 后全部停，再 3s 重复上述过程。说明：A、B、C 三组喷头由 Q0.0、Q0.1、Q0.2 控制，启动开关 SA 接于 I0.0。

5-8 设计一工作台自动往复运动的梯形图程序。

要求：正反转启动信号 I0.0、I0.1，停车信号 I0.2，左右限位开关 I0.3、I0.4，输出信号 Q0.0、Q0.1。具有电气互锁和机械互锁功能。

5-9 设计钻床主轴多次进给运动的 PLC 控制程序。

要求：该机床进给由液压驱动。电磁阀 YV1 得电主轴前进，失电后退。同时，还用电磁阀 YV2 控制前进及后退速度，得电快速，失电慢速。其工作过程如图 5-48 所示。

5-10 设计物料传送系统控制的梯形图程序。

要求：如图 5-49 所示，为两组带机组成的原料运输自动化系统，该自动化系统启动顺序为：盛料斗 D 中无料，先启动带机 C，5s 后，再启动带机 B，经过 7s 后再打开电磁阀 YV，该自动化系统停机的顺序恰好与启动顺序相反。试完成梯形图设计。

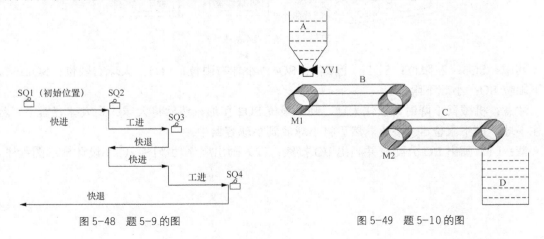

图 5-48 题 5-9 的图   图 5-49 题 5-10 的图

5-11　设计十字路口交通灯控制系统的梯形图程序。

要求：按下启动按钮 SB1，按照下列要求实现控制：东西方向红灯亮，同时，南北方向绿灯亮 7s，随后南北方向绿灯闪烁 3 秒，之后南北方向黄灯亮 2s；紧接着南北方向红灯亮，东西方向绿灯亮 7s，随后东西方向绿灯闪烁 3s，之后东西方向黄灯亮 2s，实现一个循环。如此循环，实现交通灯的控制。按下停止按钮 SB2，交通灯立即停止工作。

5-12　思考问答：（1）简单的 PLC 控制系统可以凭设计经验，利用基本的编程设计来实现。但如果有较复杂的控制要求时，是否有一套有规可循的设计方法？（2）这些有规可循的设计方法，哪些是所有 PLC 所能利用的？哪些方法又是各自 PLC 所特有的？

5-13　简述步进控制指令的使用方法及特点，并设计如图 5-50 所示波形要求的梯形图程序。

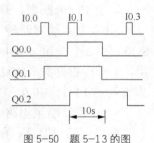

图 5-50　题 5-13 的图

*5-14　使用传送机，将大、小球分类后分别传送，控制系统的工艺动作要求如下。

传送机机械臂的左移、右移运动由 KM3、KM4 控制一台电动机的正反转运动实现，上、下运动由 KM1、KM2 控制另一台电动机的正反转运动实现，左上为原点，传送机处于原位时，上限位开关和左限位开关接通，抓球电磁铁（由 YV1 控制）处于失电状态，当按启动按钮 SB1 后，其动作顺序为：下降→当碰到下限开关 SQ2 后停止下行→电磁铁得电吸球（如果吸住的是小球，则大小球检测开关 SQ 为 ON；如果吸住的是大球，则 SQ 为 OFF）→延时 1s 后→上升→右行（根据大小球的不同，分别在 SQ4、SQ5 处停止右行）→下降→电磁铁失电释放→延时 1s→上升→左行，如果不按停止按钮 SB2，则机械臂一直会不断循环地工作。按下停止按钮 SB2 时，一个工作顺序完成后，输送机最终停止在原始位置。

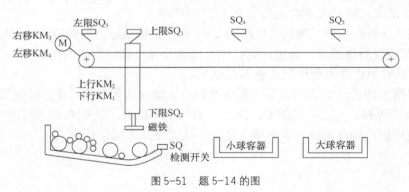

图 5-51　题 5-14 的图

其中，SQ3：左限位；SQ1：上限位；SQ4：小球右限位；SQ5：大球右限位；SQ2：大球下限位 SQ：小球下限位。

注意：机械臂下降时，吸住大球，则下限位 SQ2 接通，然后将大球放到大球容器中。若吸住小球，则下限位 SQ 接通，然后将小球放到小球容器中。

请：（1）画出 I/O 分配表并画出 I/O 接线；（2）画出顺序功能图；（3）设计梯形图程序。

第6章　S7-200 PLC 功能指令及其应用

6.1　功能指令概述

功能指令是为扩展 PLC 的功能发展出来的，功能指令分为运算指令、数据处理指令、程序控制指令等与数据的基本操作有关的指令，此外还有与 PLC 的高级应用有关的指令。相对来说与高级应用有关的指令用得较少。初学功能指令时，读者没有必要花大量的时间去熟悉功能指令使用中的细节，应重点了解指令的基本功能和有关的基本概念。可以通过读程序、设计程序和调试程序来学习功能指令。

功能指令在梯形图程序中是以指令盒的形式出现的。有使能输入与使能输出，使能输入端 EN 有能流流入方框指令时，指令才能被执行。EN 输入端有能流且指令执行时无错误，则使能输出 ENO 将能流传递给下一个方框指令或线圈。语句表用 AENO 指令来产生与方框指令 ENO 相同的效果。

6.2　运算指令

S7-200 PLC 的运算指令包括算术运算和逻辑运算两大类指令。算术运算指令有加法、减法、乘法、除法、数学函数、增 1 减 1 指令。逻辑运算指令有逻辑与、或、非、异或。数据类型为字节、字、双字。

6.2.1　算术运算指令

按照运算规则的不同，算术运算指令可分为加、减、乘、除这 4 类，按照每一类算术运算指令作用的操作数类型的不同，又可分为整数、双整数和实数运算指令，如表 6-1 所示。

表 6-1　　　　　　　　　　算术运算指令

指令名称	指令助记符	指令格式	指令名称	指令助记符	指令格式
整数加法指令	ADD_I	+I　IN, OUT	双整数除法指令	DIV_DI	/D　IN, OUT
整数减法指令	SUB_I	-I　IN, OUT	实数加法指令	ADD_R	+R　IN, OUT
整数乘法指令	MUL_I	*I　IN, OUT	实数减法指令	SUB_R	-R　IN, OUT
整数除法指令	DIV_I	/I　IN, OUT	实数乘法指令	MUL_R	*R　IN, OUT
双整数加法指令	ADD_DI	+D　IN, OUT	实数除法指令	DIV_R	/R　IN, OUT
双整数减法指令	SUB_DI	-D　IN, OUT	整数乘法产生双整数指令	MUL	MUL IN, OUT
双整数乘法指令	MUL_DI	*D　IN, OUT	带余数的整数除法指令	DIV	DIV IN, OUT

注：表中的指令助记符指的是指令在梯形图中的助记符，本章所有指令表格中的指令助记符都是如此。

1. 加法指令

（1）整数加法

+I，整数加法指令。梯形图的指令盒形式如图 6-1 所示，使能输入有效时，将两个单字长（16 位）的符号整数 IN1 和 IN2 相加，产生一个 16 位整数结果 OUT。

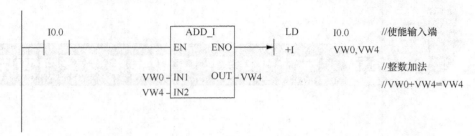

图 6-1　加法指令程序图

（2）双整数加法

+D，双整数加法指令。使能输入有效时，将两个双字长（32 位）的符号双整数 IN1 和 IN2 相加，产生一个 32 位双整数结果 OUT。

在 LAD 和 FBD 中，以指令盒形式编程，执行结果：IN1+IN2=OUT。在 STL 中，执行结果：IN1+OUT=OUT。

OUT 的寻址范围：VD、ID、QD、MD、SD、SMD、LD、AC、*VD、*AC、*LD。

指令格式：+D　　　　IN1，OUT

例：　　　　+D　　　　VD0，VD4

（3）实数加法指令

+R，实数加法指令。使能输入有效时，将两个双字长（32 位）的实数 IN1 和 IN2 相加，产生一个 32 位实数结果 OUT。

在 LAD 和 FBD 中，以指令盒形式编程，执行结果：IN1+IN2=OUT。

OUT 的寻址范围：VD、ID、QD、MD、SD、SMD、LD、AC、*VD、*AC、*LD。

本指令影响的特殊存储器位：SM1.0（零）、SM1.1（溢出）、SM1.2（负）。

2. 减法

减法指令的梯形图指令盒如图 6-2 所示。

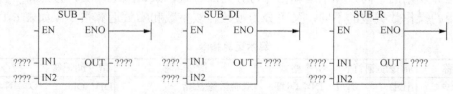

图 6-2　减法指令的梯形图指令盒形式

减法指令是对有符号数进行相减操作。包括：整数减法、双整数减法和实数减法。这三种减法指令与所对应的加法指令除运算法则不同之外，其他方面基本相同。

在 LAD 和 FBD 中，以指令盒形式编程，执行结果：IN1-IN2=OUT。

在 STL 中，执行结果：OUT-IN2=OUT。

指令格式：–I IN2,　　　OUT（整数减法）

　　　　　–D IN2,　　OUT　　（双整数减法）

　　　　　–R IN2,　　OUT　　（实数减法）

例：　　　　　–I AC0,　　VW4

3. 乘法

（1）整数乘法

*I，整数乘法指令。使能输入有效时，将两个单字长（16 位）的符号整数 IN1 和 IN2 相乘，产生一个 16 位整数结果 OUT。

指令格式：*I　　IN1，OUT

例：　　　*I　VW0，AC0

整数乘法的梯形图指令盒的形式如图 6-3 所示。

（2）完全整数乘法

MUL，完全整数乘法指令。使能输入有效时，将两个单字长（16 位）的符号整数 IN1 和 IN2 相乘，产生一个 32 位双整数结果 OUT。

在 LAD 和 FBD 中，以指令盒形式编程，执行结果：IN1×IN2=OUT。

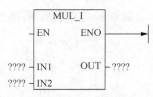

图 6-3　整数乘法的指令盒形式

OUT 的寻址范围：VD、ID、QD、MD、SD、SMD、LD、AC、*VD、*AC、*LD。

本指令影响的特殊存储器位：SM1.0（零）、SM1.1（溢出）、SM1.2（负）、SM1.3（被 0 除）。

指令格式：　MUL　IN1，OUT

例：MUL　　AC0，VD10

完全整数乘法的梯形图指令盒的形式如图 6-4 所示。

（3）双整数乘法

*D，双整数乘法指令。使能输入有效时，将两个双字长（32 位）的符号整数 IN1 和 IN2 相乘，产生一个 32 位双整数结果 OUT。

在 STL 中，执行结果：IN1×OUT=OUT。

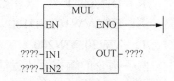

图 6-4　完全整数乘法的指令盒形式

IN1 和 IN2 的寻址范围：VD、ID、QD、MD、SD、SMD、LD、HC、AC、*VD、*AC、*LD 和常数。

OUT 的寻址范围：VD、ID、QD、MD、SD、SMD、LD、AC、*VD、*AC、*LD。

本指令影响的特殊存储器位：SM1.0（零）、SM1.1（溢出）、SM1.2（负）、SM1.3（被 0 除）。

指令格式：　*D IN1，OUT

例：*D　VD0，AC0

双整数乘法的梯形图指令盒的形式如图 6-5 所示。

（4）实数乘法

*R，实数乘法指令。使能输入有效时，将两个双字长（32 位）的实数 IN1 和 IN2 相乘，产生一个 32 位实数结果 OUT。

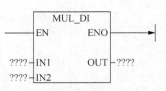

图 6-5　双整数乘法的指令盒形式

在 LAD 和 FBD 中，以指令盒形式编程，执行结果：IN1×IN2=OUT。

在 STL 中，执行结果：IN1×OUT=OUT。

IN1 和 IN2 的寻址范围：VD、ID、QD、MD、SD、SMD、LD、AC、*VD、*AC、*LD 和常数。

OUT 的寻址范围：VD、ID、QD、MD、SD、SMD、LD、AC、*VD、*AC、*LD。

本指令影响的特殊存储器位：SM1.0（零）、SM1.1（溢出）、SM1.2（负）、SM1.3（被 0 除）。

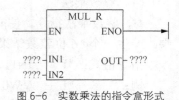

图 6-6　实数乘法的指令盒形式

指令格式：　　*R　IN1，OUT

例：*R　VD0，AC0

实数乘法的梯形图指令盒的形式如图 6-6 所示。

4. 除法

除法指令的梯形图指令盒形式如图 6-7 所示。

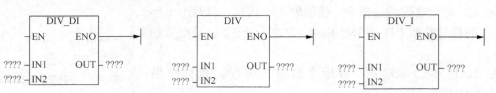

图 6-7　除法的梯形图指令盒形式

在 LAD 和 FBD 中，以指令盒形式编程，执行结果：IN1/IN2=OUT。

在 STL 中，执行结果：OUT/IN2=OUT。

指令格式：/I　　　IN2，OUT　　　（整数除法）

DIV IN2, OUT　　（整数完全除法）

/D　IN2, OUT　　（双整数除法）

/R　IN2, OUT　　（实数除法）

例：DIV VW10, VD100

/I　　VW20, VW200

两条指令的编程及执行情况比较如图 6-8 所示。

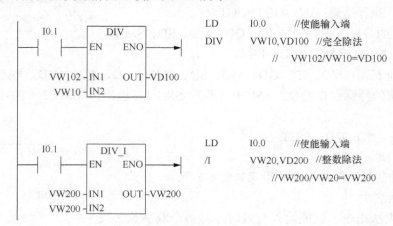

图 6-8　整数除法和整数完全除法指令的应用对比

6.2.2　数学函数指令

1. 平方根/自然对数/指数指令

平方根指令是把一个双字长（32 位）的实数 IN 开平方，得到 32 位的实数结果。通过（OUT）指定的存储器单元输出。

自然对数指令是将一个双字长（32 位）的实数 IN 取自然对数，得到 32 位的实数结果。

指数指令是将一个双字长（32 位）的实数 IN 取以 e 为底的指数，得到 32 位的实数结果 OUT。IN、OUT 操作数的数据类型为 REAL。

平方根指令的指令格式：SQRT IN, OUT　　　　　　//求平方根指令　SQRT（IN）=OUT

自然对数指令的指令格式：LN IN, OUT

指数指令的指令格式：　　　　EXP IN, OUT

平方根/自然对数/指数指令的梯形图指令盒形式如图 6-9 所示。

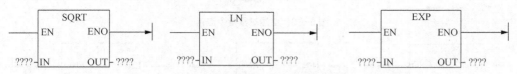

图 6-9　平方根、自然对数、指数指令的梯形图指令盒形式

【例 6-1】　求以 10 为底、150 的常用对数，150 存于 VD100，结果放到 AC1（应用对数的换底公式求解）。

当求解以 10 为底的常用对数时，用实数除法指令将自然对数除以 2.302585 即可。（LN10 ≈2.302585）

```
LD   I0.1             //使能输入
LN   VD100, AC1       //自然对数
                      //Ln（VD100）=AC1
LN   10.0, VD200      //自然对数
                      //Ln（10）=VD200
/R   VD200, AC1       //实数除法指令
                      //AC1/VD200=VD200
```

程序如图 6-10 所示。

2. 正弦、余弦、正切

SIN、COS、TAN，即正弦、余弦、正切指令。将一个双字长（32 位）的实数弧度值 IN 分别取正弦、余弦、正切，各得到 32 位的实数结果。

如果已知输入值为角度，要先将角度值转化为弧度值，方法：使用（*R）MUL_R 指令用角度值乘以 $\pi/180°$ 即可。IN、OUT 操作数的数据类型为 REAL。

指令格式如下。

```
SIN IN, OUT    //SIN（IN）=OUT
COS IN, OUT    // COS（IN）=OUT
TAN IN, OUT    // TAN（IN）=OUT
```

正弦、余弦、正切指令的梯形图指令盒的形式如图 6-11 所示。

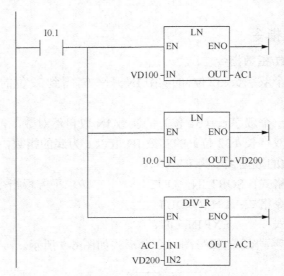

图 6-10　自然对数指令应用

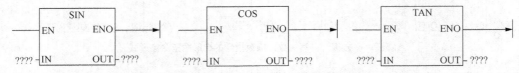

图 6-11　正弦、余弦、正切指令的梯形图指令盒形式

【例 6-2】 求 65°的正切值。

```
LDN   I0.0          //使能输入
MOVR 3.14159, AC0   //π装入 AC0
/R   180.0, AC0     //得π/180 弧度
*R    65.0, AC0     //将角度转化为弧度
TAN   AC0, AC1      //求正切指令结
                    果存放到 AC1
```

设计的梯形图程序如图 6-12 所示。

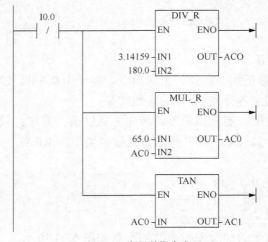

图 6-12　三角函数指令应用

6.2.3　增 1/减 1 指令

增 1/减 1 指令（或增 1/减 1 计数器）在输入字节（IN）上加 1 或减 1，并将结果置入 OUT 指定的变量中。用于自增、自减操作，常用于实现累加计数和循环控制等的程序设计。分为字节、字、双字增 1 和字节、字、双字减 1。增 1/减 1 指令的梯形图中的指令盒形式如图 6-13 所示。

图 6-13　增 1 / 减 1 指令的梯形图指令盒形式

【例 6-3】控制要求：食品加工厂对饮料生产线上的盒装饮料进行计数，每 24 盒为一箱，要求能记录生产的箱数。

程序及说明如图 6-14 所示。

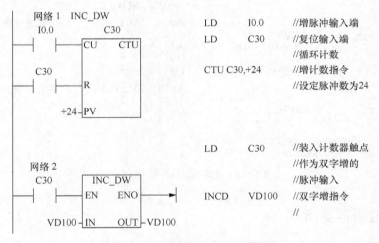

LD　　I0.0	//增脉冲输入端
LD　　C30	//复位输入端
	//循环计数
CTU C30,+24	//增计数指令
	//设定脉冲数为24
LD　　C30	//装入计数器触点
	//作为双字增的
	//脉冲输入
INCD　VD100	//双字增指令
	//

图 6-14　双字增 1 指令应用举例

6.2.4　逻辑运算

逻辑运算是对无符号数进行的逻辑处理，主要包括逻辑与、逻辑或、逻辑异或和取反等运算指令。部分逻辑运算梯形图的指令盒形式如图 6-15 所示。

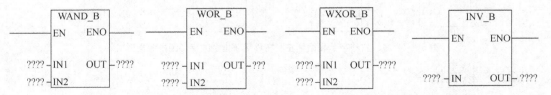

图 6-15　部分逻辑与、逻辑或、逻辑异或和取反指令的梯形图指令盒形式

与（或、异或）指令功能：使能输入有效时，把两个字节（字、双字）长的输入逻辑数按位相与（或、异或），得到的一个字节（字、双字）逻辑运算结果，送到 OUT 指定的存储

器单元输出。

取反指令功能：使能输入有效时，将一个字节（字、双字）长的逻辑数按位取反，得到的一个字节（字、双字）逻辑运算结果，送到 OUT 指定的存储器单元输出。

【例 6-4】 字或/双字异或/字求反/字节与操作编程举例。

编程应用如图 6-16 所示。

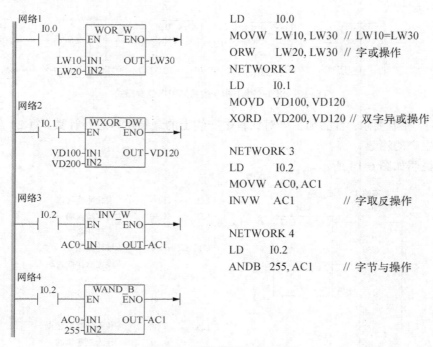

图 6-16 逻辑运算指令应用举例

6.3 移位/移位寄存器指令

移位指令分为左、右移位、循环左、右移位及移位寄存器位指令三大类。左、右移位和循环左、右移位指令按移位数据的长度又分为字节型、字型、双字型三种。图 6-17 所示为左、右移字节和循环左、右移字节指令的梯形图指令盒形式。

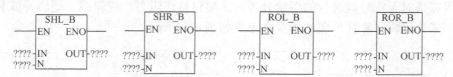

图 6-17 左、右移字节和循环左、右移字节指令的梯形图指令盒形式

6.3.1 移位指令

1. 左、右移位指令

左、右移位指令（SHL、SHR）的功能：使能输入有效时，将输入的字节、字或双字（IN）左、右移 N 位后（右、左端补 0），将结果输出到 OUT 所指定的存储单元中，最后一次移出位保存在 SM1.1。最大移位位数 N（次数）≤数据类型（B、W、D）对应的位数。

图 6-18 给出了一个字节左移位指令的应用例子。

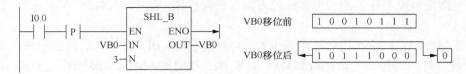

图 6-18　左移字节指令应用举例

2．循环左、右移位指令

循环左、右移位指令（ROL、ROR）的功能：使能输入有效时，字节、字或双字（IN）数据循环左移 N 位后，将结果输出到 OUT 所指定的存储单元中，并将最后一次移出位送 SM1.1。最大移位位数 N（次数）≤数据类型（B、W、D）对应的位数。

图 6-19 给出了一个循环右移字指令的应用例子。

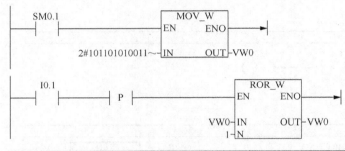

移位次数	地址	单元内容	说明
0	VW0	1011010100110011	移位前
1	VW0	1101101010011001	右端1移入SM1.1和LW0左端
2	VW0	1110110101001100	右端1移入SM1.1和LW0左端
3	VW0	0111011010100110	右端0移入SM1.1和LW0左端

图 6-19　循环右移字指令的应用举例

6.3.2　移位寄存器位指令

移位寄存器位指令将位值移入移位寄存器。该指令可轻松实现对产品流或数据的顺序化和控制。使用该指令可在每次扫描时将整个寄存器移动一位。

图 6-20 所示为移位寄存器位指令的应用例子，该指令执行时，若 I0.0 为 ON，把 I0.1 的数值移入 VB0 寄存器（由 V0.0 至 V0.7 所组成）中。

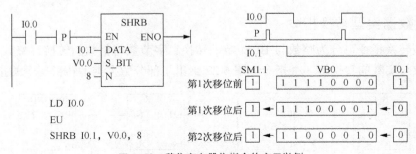

图 6-20　移位寄存器位指令的应用举例

移位寄存器位指令将 DATA 的位值移入移位寄存器。S_BIT 指定移位寄存器最低有效位的位置。N 指定移位寄存器的长度和移位方向（正向移位=N，反向移位=-N），N 的数值范围为 1～64。

N 为正值时，左移位（由低位到高位），DATA 值从 S_BIT 位移入，移出位进入 SM1.1。

N 为负值时，右移位（由高位到低位），S_BIT 移出到 SM1.1，高端补充 DATA 移入位的值。

移位寄存器位指令最大的特点是长度在指令中指定，没有字节型、字型、双字型之分。可指定的最大长度为 64 位，可正也可负。

【例 6-5】 用一个按钮控制 11 盏灯，每按一次按钮亮一盏，直至灯全亮，然后每按一次按钮灭一盏灯，直到灯全灭，循环往复。

由 Q0.0～Q1.2 这 11 个位组成移位寄存器，由 Q0.0～Q1.2 来控制 11 盏灯，设计满足控制要求的参考程序如图 6-21 所示。

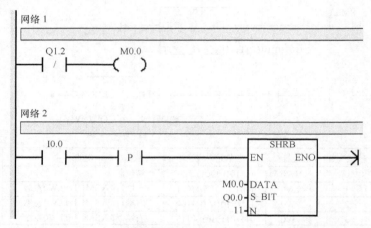

图 6-21 用移位寄存器位指令设计的 11 盏灯的控制程序

6.4 数据转换指令

数据转换指令可分为：数据类型的转换，编码与译码，段译码，ASCⅡ码与十六进制数的转换，整数、双整数、实数转换为 ASCⅡ码，整数、双整数、实数转换为字符串，子字符串转换为整数、双整数、实数这 7 类指令。经常使用的指令为数据类型的转换、编码与译码、段译码指令。

6.4.1 数据类型转换指令

数据类型转换指令可分为整数与 BCD 数的转换、字节数与整数的转换、整数与双整数的转换、双整数与实数的转换这 4 类指令，图 6-22 给出了部分数据类型转换指令的指令盒形式。

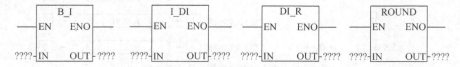

图 6-22 部分数据类型转换指令的指令盒形式

　　数据类型转换类指令将 IN 指定的一种类型的数据转换为另一种类型的数据，并将结果存放到 OUT 指定的地址单元中，这类指令执行完毕后，IN 指定的地址单元中原先的数据仍保持不变。

　　只有字节与整数转换指令所转换的数据为无符号数，其他数据类型间的转换指令所转换的数据均为有符号数。

　　如果转换后的数据超出了 OUT 指定的地址单元所允许的范围，那么溢出标志位 SM1.1 被置 1。

　　整数转换为双整数后，整数的符号位被扩展到转换后的双整数的高 16 位。

6.4.2　编码与译码指令

　　编码指令 ENCO 将 IN 指定的字数据的最低有效位（即其值为 1 的位）的位号（0～15）写入 OUT 指定的字节单元的低 4 位中。

　　译码指令 DECO 根据 IN 指定的字节单元中低 4 位二进制数编码所代表的位号（0～15），将 OUT 指定的字单元的对应位置位为 1。

　　图 6-23 给出了编码与译码指令的应用举例，假定存放在 VW0 中的错误信息的代码为 2#0100 0000 0000 0000，即字 VW0 的第 14 位为 1，那么编码指令"ENCO VW0，VB2"将 VW0 中的错误信息的代码编码为 2#1110，并将 2#1110 存放到 VB2 中的低 4 位中。该指令执行完毕后，IN 指定的地址单元中的错误信息的代码仍保持不变。

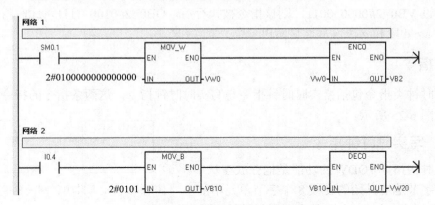

图 6-23　编码与译码指令的应用举例

　　假定存放在 VB10 中的错误信息的编码为 2#0101，那么译码指令"DECO VB10，VW20"将 VB10 中的"2#0101"译码成"2#0000 0000 0010 0000"，并将结果存放到 VW20 中。

6.4.3　段译码指令

　　段译码指令 SEG 在语句表中的指令格式为：SEG IN，OUT。该指令在梯形图中的指令盒形式如图 6-24 所示。

　　段译码指令 SEG 根据 IN 指定的字节单元中低 4 位二进制数编码（2#0000～2#1111）所对应的十六进制数（16#00～16#0F），产生相应的 7 段码，并将结果存放到 OUT 指定的字节单元中。图 6-24 给出了段译码指令的应用举例。

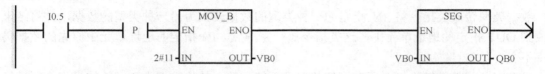

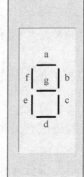

(进)LSD	段显示	(OUT) - gfe dcba		(进)LSD	段显示	(OUT) - gfe dcba
0		0011 1111		8		0111 1111
1		0000 0110		9		0110 0111
2		0101 1011		A		0111 0111
3		0100 1111		B		0111 1100
4		0110 0110		C		0011 1001
5		0110 1101		D		0101 1110
6		0111 1101		E		0011 1001
7		0000 0111		F		0111 0001

图 6-24　段译码指令的编程应用举例及数码管驱动对应关系图

在图 6-24 中，由于 7 段码显示器的 a～f 段对应于输出字节的第 0 位～第 6 位，因此，段译码指令 SEG 将 IN 指定的字节单元中低 4 位二进制数编码译成 7 段码后，就可以通过 7 段码显示器以十六进制数的形式显示出来。

图中假设 VB0=2#0000 0011，则该指令被执行后，QB0=2#0100 1111，此时将点亮 7 段码显示器的 a～d 段和 g 段，从而显示出一个 "3" 字来。

6.5　时钟指令

常用的时钟类指令包括读实时时钟指令与写实时时钟指令，这两条指令的指令盒形式和指令格式如图 6-25 所示。

6.5.1　写实时时钟指令

写实时时钟指令 TODW 的功能是把存放在从 T 指定的起始字节地址开始的连续 8 个字节单元中的日期和时间写入实时时钟，并使实时时钟按这一日期和时间运行，同时实时时钟原先的日期和时间被清除。

图 6-25　读、写实时时钟指令的指令盒形式

图 6-26 给出了一个 TODW 指令程序的例子。在此例中，假设要求在北京时间 2015 年 3 月 19 日 22 时 22 分 0 秒星期四这一时刻，使 I0.5 由 OFF→ON，即可把这个日期和时间写入实时时钟，使实时时钟按这个北京时间运行。

6.5.2　读实时时钟指令 TODR

读实时时钟指令 TODR 的功能是读取实时时钟当前的年、月、日、时、分、秒、星期，并把它们依次存放到从 T 指定的起始字节地址开始的连续 8 个字节单元中。其中，年代只读取后两位数，例如，对 "2015 年" 中的 4 位数，只读取 "15" 这两位数。星期的读数范围为 0～7，其中，0 表示禁用星期，1 表示星期日，2～7 表示星期一～星期六。

图 6-26 给出了一个 TODR 指令程序的例子。在此例中，假设实时时钟当前的日期和时

间是 2015 年 3 月 19 日 22 时 22 分 00 秒星期四，在这一时刻，使 I0.6 由 OFF→ON，执行 TODR 指令，那么这一时刻的日期和时间将被读取，并存放到从 OUT 指定的起始字节地址 VB40 开始的、连续 8 个字节单元 VB40～VB47 中，如图 6-27 所示。

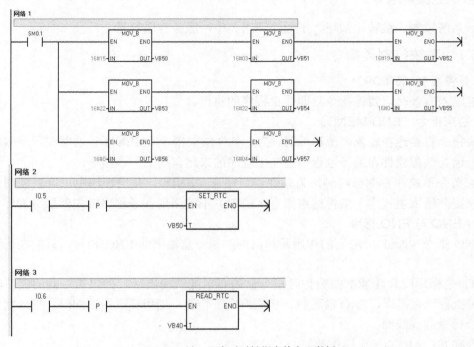

图 6-26　读、写实时时钟指令的应用举例

年	月	日	时	分	秒	0	星期
15	03	19	22	22	00	00	04
VB40	VB41	VB42	VB43	VB44	VB45	VB46	VB47

图 6-27　TODR 指令读取的日期和时间的存放格式

在使用 TODR、TODW 指令时，应注意以下几个问题。

（1）使用 TODR 指令读取的实时时钟的日期和时间是以 BCD 码的形式存放在从 T 指定的起始字节地址开始的连续 8 个字节单元中的。同样，使用 TODW 指令时，也必须以 BCD 码的形式将要写入实时时钟的日期和时间存放到从 T 指定的起始字节地址开始的连续 8 个字节单元中。由于 BCD 码的形式仍然是十六进制数的形式，而编程软件 STEP 7 MicroWIN V4.0 又没有向用户提供 BCD 码的书写方式，因此，用户在编程过程中书写日期和时间时，只能按十六进制数的形式书写，只是在书写的日期和时间中，已经没有了 A～F 这 6 个大写英文字母表示的数字，且在书写日期和时间时，仍应遵循逢十进一的规则。例如，在编程时，应将"2016 年 3 月 19 日 22 时 22 分 0 秒星期四"书写为"16#15031922222000003"。

（2）在 S7-200 PLC 失去外部供电电源后，其 CPU 靠内置超级电容或外插电池卡为实时时钟提供缓冲电源。缓冲电源用完后，再次上电时，实时时钟的时钟值将变为默认值，并停止运行。

（3）CPU221 和 CPU222 没有内置的实时时钟，用户需要外插带电池的实时时钟卡，才能获得实时时钟功能。

6.6 程序控制类指令

包括系统控制、跳转、循环、子程序调用、中断服务程序等指令。

6.6.1 系统控制类指令

1. 暂停指令（STOP）

使能输入有效时，暂停指令立即终止程序的执行。

2. 结束指令（END/MEND）

结束指令直接连在左侧电源母线时，为无条件结束指令（MEND），通常在程序编辑时可以不写，因为编程软件在编译过程中会在主程序的末尾自动加入该指令。

结束指令不连在左侧母线时，为条件结束指令（END）。在主程序中也可以使用条件结束指令来提前结束主程序。条件结束指令（END）不能出现在子程序或中断服务程序中。

3. AENO 与 ENO 指令

AENO 指令（And ENO）的作用是和前面的指令盒输出端 ENO 相与，只能在语句表中使用。

ENO 是梯形图和功能框图编程时指令盒的布尔能流输出端。如果指令盒的能流输入有效，同时执行没有错误，ENO 就置位，将能流向下传递。当用梯形图编程时，指令盒后可以串联一个指令盒或线圈。

指令格式：AENO（无操作数）

*4. 看门狗复位指令（WDR）

使能输入有效时，将看门狗定时器复位。在没有看门狗错误的情况下，可以增加一次扫描允许的时间。若使能输入无效，看门狗定时器定时时间到，程序将中止当前指令的执行，重新启动，返回到第一条指令重新执行。

【例 6-6】 暂停（STOP）、条件结束（END）、看门狗指令应用举例。

梯形图程序如图 6-28 所示。检测到运行时间编程错误、如果存在任何 I/O 错误或输入点 I0.0 接通时，PLC 将停止运行。如果 I0.2 为 ON，则 PLC 程序执行到此结束，后面的程序不会执行。如果 M0.0 为 ON，将看门狗监控定时器复位。

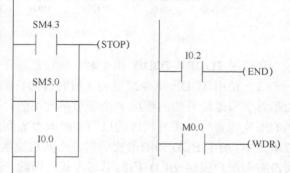

图 6-28 系统控制指令的应用

6.6.2 跳转、循环指令

1. 程序跳转指令（JMP）

| JMP | n | 跳转指令 |
| LBL | n | 跳转标号 |

跳转指令（JMP）和跳转地址标号指令（LBL）配合实现程序的跳转。使能输入有效时，

使程序跳转到指定标号 *n* 处执行（在同一程序内），跳转标号 *n*=0～255。使能输入无效时，程序顺序执行。

2．循环控制指令（FOR）

循环控制指令，用于描述一段程序的重复循环执行。由 FOR 和 NEXT 指令构成程序的循环体。FOR 标记循环开始，NEXT 为循环体结束。

FOR 指令为指令盒格式，主要参数有使能输入 EN，当前值计数器 INDX，循环次数初始值 INIT，循环计数终值 FINAL。

工作原理：使能输入（EN）有效，循环体开始执行，执行到 NEXT 指令时返回，每执行一次循环体，当前计数器（INDX）增 1，达到终值（FINAL）时，循环结束。

图 6-29 给出了一个跳转指令、循环控制指令应用的例子，对应的 STL 指令如下。

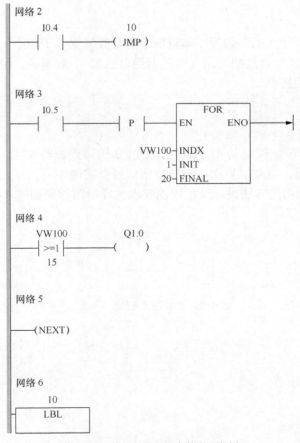

图 6-29　跳转、循环指令的应用举例

```
LD      I0.4
JMP     10              //跳转
LD      I0.5
EU
FOR     VW100, 1, 20    //循环开始
LDW>=   VW100, 15
```

```
=       Q1.0
NEXT            //循环返回
LBL   10       //标号
```

6.6.3　子程序调用指令（SBR）

子程序将程序分成容易管理的小块，使程序结构简单清晰，易于查错和维护。可以多次调用同一个子程序，使用子程序可以减少扫描时间。

1. 建立子程序

可用编程软件编辑菜单中的插入选项，选择子程序，以建立或插入一个新的子程序，同时在指令树窗口可以看到新建的子程序图标，默认的程序名是 SBR_n，编号 n 从 0 开始按递增顺序生成，可以在图标上直接更改子程序的程序名。在指令树窗口双击子程序的图标就可对子程序进行编辑。

2. 子程序调用

将指令树中的子程序"拖"到程序编辑器中需要的位置。子程序可以多次被调用，也可以嵌套（最多 8 层），还可以递归调用（自己调用自己）。一般来讲，子程序在执行到末尾时自动返回，不必加返回指令。

```
CALL   SBR0   //子程序调用
CRET          //条件返回
RET           //无条件返回（自动）
```

【**例 6-7**】　用一个按钮控制 I0.4，用输出点 Q0.0 控制接触器 KM，接触器 KM 再控制电动机，要求按一下按钮，电动机启动，再按按钮，可以实现电动机停止。

解：采用子程序调用的方法设计满足控制要求的梯形图程序如图 6-30 所示。对应的语句表指令如下。

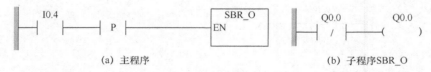

(a) 主程序　　　　　　　　　　　(b) 子程序SBR_O

图 6-30　子程序调用的应用举例

主程序

```
LD     I0.4
EU
CALL   SBR_0:SBR0
```

子程序

```
LDN    Q0.0
=      Q0.0
```

*3. 带参数的子程序调用指令

在例 6-7 中，子程序和调用它的主程序之间不需要进行任何参数的传送，所以在子程序中不需要定义有关变量，子程序调用指令中也不包含任何参数。

如果子程序可能有要传递的参数（变量和数据），这些参数可以在子程序与调用子程序的程序之间传送，这时参数就必须在子程序的局部变量表中定义，定义参数时必须指定参数的符号名称、变量类型和数据类型。一个子程序最多可以传送 16 个参数。在子程序的局部变量表中所定义的变量称为局部变量，局部变量只在它被创建的 POU（程序组织单元）中有效，而与此相对应的是全局变量（全局变量是在整个程序中都可使用的变量）。

局部变量表中的变量有 IN、OUT、IN/OUT 和 TEMP 等 4 种类型。

IN 类型：将指定位置的参数传入子程序。

OUT 类型：将子程序的结果值（数据）传入到指定参数位置。

IN/OUT 类型：将指定位置的参数传到子程序，子程序的结果值被返回到同样的地址。

TEMP 类型：局部存储器只用作子程序内部的暂时存储器，不能用来传递参数。

图 6-31 给出了带参数的子程序及调用的应用举例，该例中利用带参数的子程序来完成较复杂的数学计算功能，而在主程序中只需要输入要计算的角度参数即可得到相应的输出值。

	符号	变量类型	数据类型	注释
	EN	IN	BOOL	
LD0	角度值	IN	REAL	
		IN_OUT		
LD4	输出值	OUT	REAL	
LD8	中间结果	TEMP	REAL	

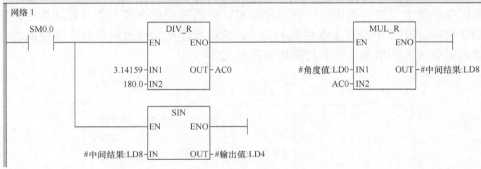

(a) 子程序 SBR_0

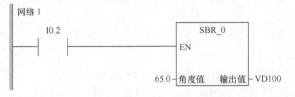

(b) 主程序 SBR_0

图 6-31　带参数的子程序及调用的应用举例

在局部变量表中定义的变量表和带参数的子程序如图 6-31（a）所示。局部变量的地址由编程软件自动分配。子程序中变量名称前面的"#"表示局部变量，也是软件自动添加的。图中定义的 3 个局部变量都是实数类型。

带参数子程序调用指令应用示例如图 6-31（b）所示，EN 的输入为布尔型能流输入。

子程序调用时，输入参数被复制到局部存储器。子程序完成时，从局部存储器复制输出参数到指定的输出参数地址。

6.6.4　中断

中断服务程序也是应用程序中的可选组件。当特定的中断事件发生时，执行相应的中断服务程序。中断服务程序用 INT_*n* 来表示，编号 *n* 从 0 开始按递增顺序生成，可以在图标上直接更改中断程序的程序名。

1．中断源

（1）中断源及种类

中断源，即中断事件发出中断请求的来源。S7-200 可编程序控制器具有最多可达 34 个中断源，每个中断源都分配一个编号用以识别，称为中断事件号。这些中断源大致分为三大类：通信中断、输入输出中断和时基中断。

（2）中断优先级

中断优先级由高到低依次是：通信中断、输入输出中断、时间中断。每种中断中的不同中断事件又有不同的优先权。主机中的所有中断事件及优先级如表 6-2 所示。

2．中断指令与中断设置

中断指令如表 6-3 所示，要使用中断，首先必须启动中断，并且将中断事件和中断服务子程序相关联。S7-200 PLC 程序设计时，可以将多个中断和一个中断服务子程序相关联。

3．中断程序构成

中断程序必须由三部分构成：中断程序标号、中断程序指令和无条件返回指令。在

STEP7-Micro/WIN 中没有无条件返回指令，应用程序在编译过程中会在各中断程序的末尾自动加入无条件返回指令。中断的应用如图 6-32 所示。

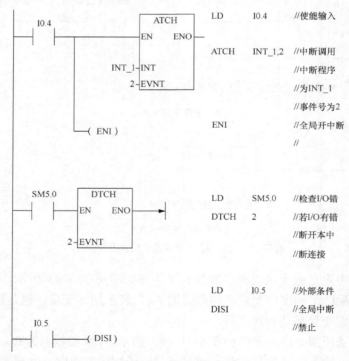

图 6-32　中断控制指令的应用

4．中断调用

即调用中断程序，使系统对特殊的内部或外部事件做出响应。系统响应中断时自动保存逻辑堆栈、累加器和某些特殊标志存储器位，即保护现场。中断处理完成时，又自动恢复这

些单元原来的状态，即恢复现场。但要注意，用户不能在程序中通过子程序调用指令调用中断子程序。

表 6-2   中断事件及优先级

优先级组	组内优先级	中断事件号	中断事件描述	组内的优先级
通信中断 （最高级）	通信口 0	8	接收字符	0
		9	发送完成	0
		23	接收信息完成	0
	通信口 1	24	接收信息完成	1
		25	接收字符	1
		26	发送完成	1
I/O 中断 （次高级）	脉冲串输出	19	PT0 完成中断	0
		20	PT1 完成中断	1
	外部输入	0	I0.0 上升沿中断	2
		2	I0.1 上升沿中断	3
		4	I0.2 上升沿中断	4
I/O 中断 （次高级）	外部输入	6	I0.3 上升沿中断	5
		1	I0.0 下降沿中断	6
		3	I0.1 下降沿中断	7
		5	I0.2 下降沿中断	8
		7	I0.3 下降沿中断	9
	高速计数器	12	HSC0　CV=PV（当前值等于预设值）	10
		27	HSC0　输入方向改变	11
		28	HSC0　外部复位	12
		13	HSC1　CV=PV（当前值等于预设值）	13
		14	HSC1　输入方向改变	14
		15	HSC1　外部复位	15
		16	HSC2　CV=PV（当前值等于预设值）	16
		17	HSC2　输入方向改变	17
		18	HSC2　外部复位	18
		32	HSC3　CV=PV（当前值等于预设值）	19
		29	HSC4　CV=PV（当前值等于预设值）	20
		30	HSC4　输入方向改变	21
		31	HSC4　外部复位	22
		33	HSC5　CV=PV（当前值等于预设值）	23
时间中断 （最低级）	定时	10	定时中断 0 SMB34	0
		11	定时中断 1 SMB35	1
	定时器	21	定时器 T32（当前值等于预设值）	2
		22	定时器 T96（当前值等于预设值）	3

【例 6-8】 控制要求：程序实现的功能是调用 I0.1 输入点的上升沿中断，若发现 I/O 错误，则禁止本中断，用外部条件可以禁止全局中断。

程序实现：符合本控制要求的程序如图 6-32 所示。

表 6-3   S7-200 中断指令

指令	名称	功能
ENI	启动中断	全局性启用所有附加中断事件进程
DISI	禁用中断	全局性禁用所有中断事件进程
RETI	中断返回	可根据先前逻辑事件用于从中断返回
ATCH	附加中断	将中断事件（EVNT）与中断例行程序号码（INT）相联系，并启用中断事件
DTCH	分离中断	取消中断事件（EVNT）与所有中断例行程序之间的联系，并禁用中断事件

6.7 高速计数器指令

前面介绍的一般计数器指令是按照扫描工作方式工作的，计数的频率受扫描周期的限制，而在实际应用中，某些输入信号的频率远比 PLC 的扫描频率高，这时就不能采用一般的计数器指令了，必须采用高速计数器完成输入脉冲的计数任务。

6.7.1 高速计数器

（1）数量及编号

高速计数器在程序中使用时的地址编号用 HCn 来表示（在非程序中有时用 HSCn），HC 表示编程元件名称为高速计数器，n 为编号。

HCn 除了表示高速计数器的编号之外，还代表两方面的含义：高速计数器位和高速计数器当前值。编程时，从所用的指令可以看出是位还是当前值。

不同型号的 PLC 主机的高速计数器的数量如表 6-4 所示。

表 6-4   S7-200 的高速计数器

主机型号	CPU221	CPU222	CPU224	CPU226
可用 HSC 数量	4	4	6	6
HSC 编号范围	HC0,HC3,HC4,HC5	HC0,HC3,HC4,HC5	HC0～HC5	HC0～HC5

（2）中断事件类型

高速计数器的计数和动作可采用中断方式进行控制，与 CPU 的扫描周期关系不大，各种型号的 PLC 可用的高速计数器的中断事件大致分为 3 类：当前值等于预设值中断、输入方向改变中断和外部复位中断。所有高速计数器都支持当前值等于预设值中断。

每个高速计数器的 3 种中断的优先级由高到低，不同高速计数器之间的优先级又按编号顺序由高到低。具体对应关系如表 6-5 所示。

（3）高速计数器的输入端连接

输入端连接就是选用某个高速计数器在某种工作模式下工作，高速计数器的输入端不是可以任意选择的，必须按系统指定的输入端连接，如表 6-6 所示。

表 6-5　　　　　　　　　　　　　　　　S7-200 的高速计数中断

高速计速器	当前值等于预设值中断		计数方向改变中断		外部信号复位中断	
	事件号	优先级	事件号	优先级	事件号	优先级
HSC0	12	10	27	11	28	12
HSC1	13	13	14	14	15	15
HSC2	16	16	17	17	18	18
HSC3	32	19	无	无	无	无
HSC4	29	20	30	21	无	无
HSC5	33	23	无	无	无	无

表 6-6　　　　　　　　　　　　　　　　输入连接

高速计数器编号	I0.y　y 的取值								I1.y　y 的取值					
	0	1	2	3	4	5	6	7	0	1	2	3	4	5
HSC0	√	√	√											
HSC1							√	√	√	√				
HSC2											√	√	√	√
HSC3		√												
HSC4				√	√	√								
HSC5					√									

（4）高速计数器的状态字节

S7-200 PLC 为每个高速计数器提供状态字节，以监控高速计数器的工作状态，状态字的各位表示当前计数方向以及当前值是否大于或等于预设值。

只有在执行高速计数器指令及对应的中断程序时，状态字节的各状态位才有效。监控高速计数器状态的目的在于启用对正在执行的操作有重大影响的事件的中断程序。状态位的定义如表 6-7 所示。

表 6-7　　　　　　　　　　　　　　高速计数器的状态字节的格式

HSC0	HSC1	HSC2	HSC3	HSC4	HSC5	功能描述
SM36.0	SM46.0	SM56.0	SM136.0	SM146.0	SM156.0	不用
SM36.1	SM46.1	SM56.1	SM136.1	SM146.1	SM156.1	不用
SM36.2	SM46.2	SM56.2	SM136.2	SM146.2	SM156.2	不用
SM36.3	SM46.3	SM56.3	SM136.3	SM146.3	SM156.3	不用
SM36.4	SM46.4	SM56.4	SM136.4	SM146.4	SM156.4	不用
SM36.5	SM46.5	SM56.5	SM136.5	SM146.5	SM156.5	计数方向：0-减计数，1-加计数
SM36.6	SM46.6	SM56.6	SM136.6	SM146.6	SM156.6	当前值等于设定值：1-等于，0-不等于
SM36.7	SM46.7	SM56.7	SM136.7	SM146.7	SM156.7	当前值大于设定值：1-大于，0-小于等于

（5）高速计数器的控制字节

每个高速计数器指定了一个特殊功能寄存器（SMB37、SMB47、SMB 57、SMB137、SMB147、SMB 157）作为控制字，通过对该字节中相应位的设定，来确定高速计数器的工作方式，在控制字节中可设置起动输入信号和复位输入信号的有效电平、正交计数器的计数倍率、计数方向采用内部控制时的有效电平、是否允许改变计数方向、是否允许更新设定值、是否允许更新当期值，以及是否允许执行高速计数指令等，各位的具体含义见表 6-8。

表 6-8　　　　　　　　　　　　　　　　控制位含义

控制位	功能描述	适用的计数器 HCn
SM××7.0	复位输入控制：0，高电平有效；1，低电平有效	0，1，2，4
SM××7.1	启动输入控制：0，高电平有效；1，低电平有效	1，2
SM××7.2	倍率选择控制：0，4 倍频；1，1 倍频	0，1，2，4
SM××7.3	计数方向控制：0，减计数；1，加计数	0，1，2，3，4，5
SM××7.4	改变计数方向控制：0，不允许改变；1，允许改变	0，1，2，3，4，5
SM××7.5	改变设定值控制：0，不允许改变；1，允许改变	0，1，2，3，4，5
SM××7.6	改变当前值控制：0，不允许改变；1，允许改变	0，1，2，3，4，5
SM××7.7	高速计数控制：0，禁止计数；1，允许计数	0，1，2，3，4，5

（6）高速计数器的当前值寄存器和设定值寄存器

每个高速计数器指定了一个 32 位的当前值寄存器（SMD）和一个 32 位的设定值寄存器（SMD），当前值和设定值均为有符号整数。S7-200 PLC 高速计数器当前值和设定值对应的特殊寄存器见表 6-9。

表 6-9　　　　　　　　高速计数器当前值和设定值对应的特殊寄存器

计数器	HC0	HC1	HC2	HC3	HC4	HC5
当前值	SMD38	SMD48	SMD58	SMD138	SMD148	SMD158
设定值	SMD42	SMD52	SMD62	SMD142	SMD152	SMD162

6.7.2　高速计数器的工作模式

S7-200 PLC 中每个高速计数器都有多种工作模式，但每个高速计数器的工作模式不完全相同，最多的有 12 种工作模式，可使用高速计数器定义指令来选定工作模式。

（1）HC0 是一个通用型增/减计数器，可通过程序来设定 8 种不同的工作模式，HC0 的工作模式见表 6-10。

表 6-10　　　　　　　　　　　　　　HC0 的工作模式

模式	描述	控制位	I0.0	I0.1	I0.2
0	具有内部方向控制的单相增/减计数器	SM37.3=0，减	脉冲	—	
1		SM37.3=1，增		—	复位
3	具有外部方向控制的单相增/减计数器	I0.1=0，减	脉冲	方向	—
4		I0.1=1，增			复位

续表

模式	描述		控制位	I0.0	I0.1	I0.2
6	具有增/减计数脉冲输入端的双相计数器		外部输入控制	脉冲增	脉冲减	—
7						复位
9	A/B 相正交计数器	A 超前 B，顺时针	外部输入控制	A 相脉冲	B 相脉冲	—
10		B 超前 A，逆时针				复位

（2）HC1 共有 12 种工作模式，见表 6-11。

表 6-11　　　　　　　　　　　　　　HC1 的工作模式

模式	描述	控制位	I0.6	I0.7	I1.0	I1.1
0	具有内部方向控制的单相增/减计数器	SM47.3=0，减 SM47.3=1，增	脉冲	—	—	
1					复位	
2						起动
3	具有外部方向控制的单相增/减计数器	I0.7=0，减 I0.7=1，增	脉冲	方向	—	
4					复位	
5						起动
6	具有增/减计数脉冲输入端的双相计数器	外部输入控制	脉冲增	脉冲减	—	
7					复位	
8						起动
9	A/B 相正交计数器 A 相超前 B 相 90°，顺时针选转 B 相超前 A 相 90°，逆时针旋转	外部输入控制	A 相脉冲	B 相脉冲	—	
10					复位	
11						起动

（3）HC2 也有 12 种工作模式，见表 6-12。

表 6-12　　　　　　　　　　　　　　HC2 的工作模式

模式	描述	控制位	I1.2	I1.3	I1.4	I1.5
0	具有内部方向控制的单相增/减计数器	SM57.3=0，减 SM57.3=1，增	脉冲	—	—	
1					复位	
2						起动
3	具有外部方向控制的单相增/减计数器	I1.3=0，减 I1.3=1，增	脉冲	方向	—	
4					复位	
5						起动
6	具有增/减计数脉冲输入端的双相计数器	外部输入控制	脉冲增	脉冲减	—	
7					复位	
8						起动
9	A/B 相正交计数器 A 相超前 B 相 90°，顺时针选转 B 相超前 A 相 90°，逆时针旋转	外部输入控制	A 相脉冲	B 相脉冲	—	
10					复位	
11						起动

（4）HC3 只有一种工作模式，见表 6-13。

表 6-13　　　　　　　　　　　　　　　　　　HC3 的工作模式

模式	描述	控制位	I0.1
0	具有内部方向控制的单相增/减计数器	SM137.3=0，减；SM137.3=1，增	脉冲

（5）HC4 共有 8 种工作模式，见表 6-14。

表 6-14　　　　　　　　　　　　　　　　　　HC4 的工作模式

模式	描述		控制位	I0.3	I0.4	I0.5
0	具有内部方向控制的单相增/减计数器		SM147.3=0，减	脉冲		—
1			SM147.3=1，增		—	复位
3	具有外部方向控制的单相增/减计数器		I0.4=0，减	脉冲	方向	—
4			I0.4=1，增			复位
6	具有增/减计数脉冲输入端的双相计数器		外部输入控制	脉冲增	脉冲减	—
7						复位
9	A/B 相正交计数器	A 超前 B，顺时针	外部输入控制	A 相脉冲	B 相脉冲	—
10		B 超前 A，逆时针				复位

（6）HC5 只有一种操作模式，见表 6-15。

表 6-15　　　　　　　　　　　　　　　　　　HC5 的工作模式

模式	描述	控制位	I0.4
0	具有内部方向控制的单相增/减计数器	SM157.3=0，减；SM157.3=1，增	脉冲

（7）高速计数器的工作模式说明

从以上各高速计数器的工作模式可以看到：6 个高速计数器所具有的功能不完全相同，最多的有 12 种工作模式，可分为 4 种类型。下面以 HC1 的工作模式为例，说明高速计数器的工作模式。

① 具有内部方向控制的单相增/减计数器。在模式 0、模式 1 和模式 2 中，HC1 可作为具有内部方向控制的单相增/减计数器，它根据 PLC 内部的特殊标志存储器位 SM47.3 的状态来确定计数方向（1 表示增，0 表示减），I0.6 作为计数脉冲的输入端。在模式 1 和模式 2 中，I1.0 作为复位输入端。在模式 2 中，I1.1 作为起动输入端。

② 具有外部方向控制的单相增/减计数器。在模式 3、模式 4 和模式 5 中，HC1 可作为具有外部方向控制的单相增/减计数器，它根据 PLC 外部输入点 I0.7 的状态（1 表示增计数，0 表示减计数）来确定计数方向，外部输入点 I0.6 作为计数脉冲的输入端。在模式 4 和模式 5 中，I1.0 作为复位输入端。在模式 5 中，I1.1 作为起动输入端。

③ 具有增/减计数脉冲输入端的双相计数器。在模式 6、模式 7 和模式 8 中，HC1 可作为具有增/减计数脉冲输入的双相计数器，PLC 外部输入点 I0.6 和 I0.7 分别作为外部增、减计数脉冲的输入端。在模式 7 和模式 8 中，I1.0 作为复位输入端。在模式 8 中，I1.1 作为起动输入端。

如果增计数脉冲的上升沿与减计数脉冲的上升沿出现的时间间隔在 0.3ms 之内，则 CPU 会认为这两个计数脉冲是同时到来的，此时，计数器的当前值保持不变，也不会发出计数方向改变的信号。当增计数脉冲的上升沿与减计数脉冲的上升沿出现的时间间隔大于 0.3ms 时，高速计数器就可以捕获这一独立的事件。

④ A/B 相正交计数器。在模式 9、模式 10 和模式 11 中，HC1 可作为 A/B 相正交计数器（所谓正交，是指 A、B 两相输入脉冲相差 90°）。外部输入点 I0.6 为 A 相脉冲输入，I0.7 为 B 相脉冲输入。在模式 10 和模式 11 中，I1.0 作为复位输入信号。在模式 11 中，I1.1 作为起动输入信号。

当 A 相脉冲超前 B 相脉冲 90° 时，计数方向为递增计数；当 B 相脉冲超前 A 相脉冲 90° 时，计数方向为递减计数。

正交计数器有两种工作状态，其中一种是每输入 1 个计数脉冲，当前值计 1 个数，即计数倍率为 1。

而在许多位移测量系统中，常常采用光电编码器，将光电编码器的 A、B 两相输出信号作为高速计数器的输入信号，为提高测量精度，可以对光电编码器的 A、B 相脉冲信号进行 4 倍频计数。当 A 相脉冲信号超前 B 相脉冲信号 90° 时，为正转（顺时针转动）；当 B 相脉冲信号超前 A 相脉冲信号 90° 时，为反转（逆时针转动）。为满足这种需要，正交计数器的另一种工作状态是每输入 1 个计数脉冲，当前计 4 个数，即计数倍率为 4。

6.7.3　高速计数指令

高速计数器指令有两条：HDEF 和 HSC。梯形图中的指令盒形式如图 6-33 所示。

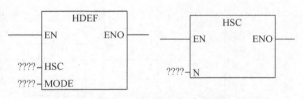

图 6-33　高速计数器指令的梯形图指令盒形式

（1）HDEF 指令

HDEF 定义高速计数器指令。使能输入有效时，为指定的高速计数器分配一种工作模式，即用来建立高速计数器与工作模式之间的联系。梯形图指令盒中有两个数据输入端：HSC，高速计数器编号，为 0～5 的常数，字节型；MODE，工作模式，为 0～11 的常数，字节型。

（2）HSC 指令

HSC 是高速计数器指令。使能输入有效时，根据高速计数器特殊存储器位的状态，并按照 HDEF 指令指定的工作模式，设置高速计数器并控制其工作。梯形图指令盒数据输入端 N：高速计数器编号，为 0～5 的常数，字节型。

6.7.4　高速计数器的使用方法

使用高速计数器时，要按以下步骤进行。

（1）选择计数器及工作模式。

（2）设置控制字节。

（3）执行 HDEF 指令。

（4）设定当前值和预设值。

（5）设置中断事件并全局开中断。

（6）执行 HSC 指令，激活高速计数器。

【例 6-9】 要对一高速事件精确控制，通过对脉冲信号进行增计数，计数当前值达到 24 产生中断，重新从 0 计数，对中断次数进行累计。计数方向用一个外部信号控制，并能实现外部复位。所用的主机型号为 CPU221。

设计步骤如下。

①选择高速计数器 HSC0，并确定工作方式 4。②设置控制字，令 SMB37=16#F8。③执行 HDEF 指令，输入端 HSC 为 0，MODE 为 4。④装入当前值，令 SMD38=0。⑤装入设定值，令 SMD42=24。⑥执行中断连接 ATCH 指令，输入端 INT 为 INT0，EVNT 为 12。高速脉冲输入端连 PLC 的输入端的 I0.0，增方向控制连接 PLC 的输入端的 I0.1，复位控制连接 PLC 的输入端的 I0.2。

主程序、初始化子程序和中断程序分别如图 6-34、图 6-35 和图 6-36 所示。

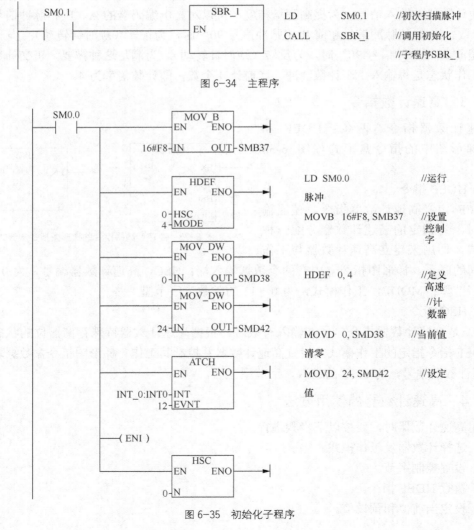

图 6-34 主程序

图 6-35 初始化子程序

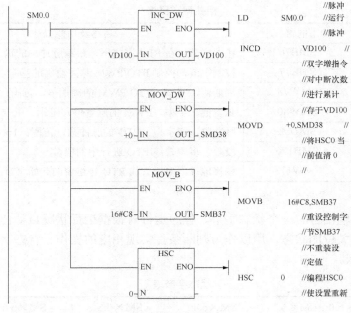

图 6-36　中断程序

6.8　高速脉冲输出指令

在 S7-200 系列 PLC 中。只有晶体管输出类型的 CPU 的两个输出点 Q0.0 和 Q0.1 可作为 PTO/PWM 输出使用。PTO 可以输出一串脉冲（占空比 50%），用户可以控制脉冲的周期和个数。PWM 可以输出连续的、占空比可调的脉冲串，用户可以控制脉冲的周期和脉宽。

PTO/PWM 发生器与过程映像寄存器共用 Q0.0 和 Q0.1。当在 Q0.0 或 Q0.1 上激活 PTO 或 PWM 功能时，PTO/PWM 发生器对输出拥有控制权，同时普通输出点功能被禁止。输出波形不受过程映象区状态、输出点强制值或者立即输出指令执行的影响。当不使用 PTO/PWM 发生器功能时，将输出点的控制权交回到过程映像寄存器。

1. 高速脉冲输出指令形式

梯形图指令盒的形式如图 6-37 所示，指令格式为
PLS　Q0.X。

当 EN 端有效时，指令检测各相关特殊功能寄存器的状态，根据定义的控制字节执行高速脉冲输出操作。

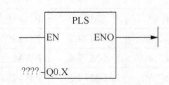

图 6-37　高速脉冲输出指令的梯形图指令盒形式

脉冲输出指令（PLS）用于在高速输出（Q0.0 和 Q0.1）上控制脉冲串输出（PTO）和脉宽调制（PWM）功能。

S7-200 PLC 有两个 PTO/PWM 发生器，它们可以产生一个高速脉冲串或者一个脉宽调制波形。

2. 与高速脉冲输出指令有关的特殊功能寄存器

在 S7-200 系列 PLC 中，每路 PTO/PWM 发生器都对应一定数量的特殊功能寄存器，这些寄存器包括控制字节寄存器、状态字节寄存器和参数数值寄存器，用以控制高速脉冲的输出形式、反映输出状态和参数，各寄存器分配如表 6-16 所示。

表 6-16　　　　　　　　　　　　　　相关寄存器表

Q0.0 的寄存器	Q0.1 的寄存器	名称及功能描述
SMB66	SMB76	状态字节，在 PTO 方式下，跟踪脉冲串的输出状态
SMB67	SMB77	控制字节，控制 PTO/PWM 脉冲输出的基本功能
SMW68	SMW78	周期值，字型，PTO/PWM 的周期值，范围：2～65535
SMW70	SMW80	脉宽值，字型，PWM 的脉宽值，范围：0～65535
SMD72	SMD82	脉冲数，双字型，PTO 的脉冲数，范围：1～4294967295
SMB166	SMB176	段数，多段管线 PTO 进行中的段数
SMW168	SMW178	偏移地址，多段管线 PTO 包络表的起始字节的偏移地址

（1）状态字节

每个高速脉冲输出都有一个状态字节，程序运行时根据运行状况自动使某些位置位，可以通过程序来读相关位的状态，用以作为判断条件实现相应的操作。状态字节中各状态位的功能如表 6-17 所示。

表 6-17　　　　　　　　　　　　　　状态字节表

状态位	SM×6.0～SM×6.3	SM×6.4	SM×6.5	SM×6.6	SM×6.7
功能描述	不用	PTO 包络因计算错误终止 0 无错，1 终止	PTO 包络因用户命令终止 0 无错，1 终止	PTO 管线溢出 0 无溢，1 溢出	PTO 空闲 0 执行中，1 空闲

（2）控制字节

每个高速脉冲输出都对应一个控制字节，通过对控制字节中指定位的编程，可以根据操作要求设置字节中各控制位，如脉冲输出允许、PTO/PWM 模式选择、单段/多段选择、更新方式、时间基准、允许更新等。控制字节中各控制位的功能如表 6-18 所示。

表 6-18　　　　　　　　　　　　　　控制位的功能

控制位	控制位	功能描述
SM67.0	SM77.0	PTO/PWM 更新周期值允许：0，不更新；1，允许更新
SM67.1	SM77.1	PWM 更新脉冲宽度值允许：0，不更新；1，允许更新
SM67.2	SM77.2	PTO 更新输出脉冲数允许：0，不更新；1，允许更新
SM67.3	SM77.3	PTO/PWM 时间基准选择：0，μs；1，ms
SM67.4	SM77.4	PWM 更新方式：0，异步更新；1，同步更新
SM67.5	SM77.5	PTO 单/多段方式：0，单段管线；1，多段管线
SM67.6	SM77.6	PTO/PWM 模式选择：0，选用 PTO 模式；1，选用 PWM 模式
SM67.7	SM77.7	PTO/PWM 脉冲输出允许：0，禁止；1，允许

3．高速脉冲串输出 PTO

（1）周期和脉冲数

周期：单位可以是微秒（μs）或毫秒（ms）；为 16 位无符号数据，周期变化范围是 50～65535μs 或 2～65535（ms），通常应设定周期值为偶数，若设置为奇数，则会引起输出波形占空比的轻微失真。如果编程时设定周期单位小于 2，系统默认按 2 进行设置。

脉冲数：用双字长无符号数表示，脉冲数取值范围是 1～4294967295 之间。如果编程时指定脉冲数为 0，则系统默认脉冲数为 1 个。

（2）PTO 的种类

PTO 方式中，如果要输出多个脉冲串，允许脉冲串进行排队，形成管线，当前输出的脉冲串完成之后，立即输出新脉冲串，这保证了脉冲串顺序输出的连续性。

单段管线：在单段管线模式，需要为下一个脉冲串更新特殊寄存器。一旦启动了起始 PTO 段，就必须按照第二个波形的要求改变特殊寄存器，并再次执行 PLS 指令。第二个脉冲串的属性在管线中一直保持到第一个脉冲串发送完成。在管线中一次只能存储一段脉冲串的属性。当第一个脉冲串发送完成时，接着输出第二个波形，此时管线可以用于下一个新的脉冲串。

单段管线的各段脉冲串可以采用不同的时间基准，但有可能造成脉冲串之间的不平稳过渡。输出多个高速脉冲串时，编程复杂，所以一般选用多段管线模式。

多段管线：在多段管线模式，CPU 自动从 V 存储器区的包络表中读出每个脉冲串的特性。在该模式下，仅使用特殊存储器区的控制字和状态字。选择多段操作，必须装入包络表在 V 存储器中的起始地址偏移量（SMW168 或 SMW178）。时间基准可以选择微秒或者毫秒，但是，在包络表中的所有周期值必须使用同一个时间基准，而且在包络正在运行时不能改变。执行 PLS 指令来启动多段操作。

包络表由包络段数和各段构成。每段记录的长度为 8 字节，由 16 位周期值、16 位周期增量值和 32 位脉冲计数值组成。以 3 段包络的包络表为例，包络表的结构如表 6-19 所示。

可以通过编程的方式使脉冲的周期自动增减。在周期增量处输入一个正值将增加周期；输入一个负值将减少周期；输入 0 将不改变周期。

当 PTO 包络执行时，当前启动的段的编号保存在 SMB166（或 SMB176）。

（3）中断事件类型

高速脉冲串输出可以采用中断方式进行控制，各种型号 PLC 可用的高速脉冲串输出的中断事件有两个，如表 6-20 所示。

表 6-19　　　　　　　　　　　　　　　包络表格式

字节偏移地址	名称	描述
VBn	段标号	段数，为 1~255，数 0 将产生非致命性错误，不产生 PTO 输出
VWn+1		初始周期，取值范围为 2~65535
VWn+3	段 1	每个脉冲的周期增量，符号整数，取值范围为-32768~+32767
VDn+5		输出脉冲数，为 1~4294967 295 之间的列符号整数
VWn+9		初始周期，取值范围为 2~65 535
VWn+11	段 2	每个脉冲的周期增量，符号整数，取值范围为-32768~+32767
VDn+13		输出脉冲数，为 1~4294967295 之间的列符号整数
VWn+17		初始周期，取值范围为 2~65535
VWn+19	段 3	每个脉冲的周期增量，符号整数，取值范围为-32768~+32767
VDn+21		输出脉冲数，为 1~4294967295 之间的列符号整数

表 6-20　　　　　　　　　　　　　　　中断操作

中断事件号	事件描述	优先级（在 I/O 中断中的次序）
19	PTO 0 高速脉冲串输出完成中断	0
20	PTO 1 高速脉冲串输出完成中断	1

（4）PTO 的使用

使用高速脉冲串输出时，要按以下步骤进行：确定脉冲发生器及工作模式，设置控制字节，写入周期值、周期增量值和脉冲数，装入包络的首地址，设置中断事件并全局开中断，执行 PLS 指令。

4. 宽度可调脉冲输出 PWM

PWM 产生一个占空比变化周期固定的脉冲输出，可以以微秒或者毫秒为单位指定其周期和脉冲宽度。

（1）周期和脉冲宽度

周期：$10\sim65535\mu s$ 或者 $2\sim65535ms$。

脉宽：$0\sim65535\mu s$ 或者 $0\sim65535ms$。

（2）更新方式

同步更新：如果不需要改变时间基准，可以进行同步更新。利用同步更新，波形特性的变化发生在周期边沿，提供平滑转换。

异步更新：PWM 的典型操作是当周期时间保持常数时变化脉冲宽度。所以，不需要改变时间基准。但是，如果需要改变 PTO/PWM 发生器的时间基准，就要使用异步更新。异步更新会造成 PTO/PWM 功能被瞬时禁止，和 PWM 波形不同步。这会引起被控设备的振动。由于这个原因，建议采用 PWM 同步更新。选择一个适合于所有周期时间的时间基准。

控制字节中的 PWM 更新方式位（SM67.4 或 SM77.4）用于指定更新方式。当 PLS 指令执行时变化生效。

如果改变了时间基准，会产生一个异步更新，而与 PWM 更新方式位的状态无关。

PTO/PWM 发生器的多段管线功能在许多应用中非常有用，尤其在步进电机控制中。步进电动机在起动和停止时有一个加速及减速过程，且加速度越小，冲击越小，动作越平稳。所以，步进电动机工作时一般要经历这样一个变化过程：加速→恒速（高速）→减速→恒速（低速）→停止。步进电动机转速与脉冲频率成正比，所以输入步进电动机的脉冲频率也要经过一个类似变化过程。结合下面的例子来进一步分析和说明。

【例 6-10】某步进电机转动过程中，要从 A 点加速到 B 点后恒速运行，又从 C 点开始减速到 D 点，完成这一过程时用指示灯显示。电机的转动受脉冲控制，A 点和 D 点的脉冲频率为 2kHz，B 点和 C 点的频率为 10kHz，加速过程的脉冲数为 400 个，恒速转动的脉冲数为 4000 个，减速过程脉冲数为 200 个。

工作过程如图 6-38 所示。

（1）分析

① 确定脉冲发生器及工作模式，选择 Q0.0 输出，选择 3 段管式 PTO 的输出形式。

设置控制字节，选择的时基单位为 μs，向控制字节写入控制字。

② 确认并写入周期值、周期增量值和脉冲数，由每段的初始频率可得初始周期，某一段每个脉冲周期增量值△用下式确定：周

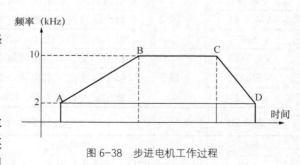

图 6-38 步进电机工作过程

期增量值△=（该段结束时的周期时间−该段初始的周期时间）/该段的脉冲数。利用该式，计

算出 1 段的周期增量值△为-1μs，2 段的周期增量值△为 0，3 段的周期增量值△为 2μs。

　　③ 装入包络表首地址，假设包络表位于从 VB400 开始的 V 存储区中，这里选择的首地址为 VB400。

　　④ 中断调用，设置中断事件并全局开中断。如果想在 PTO 完成后，立即执行相关功能，则需设置中断，将脉冲串完成事件（中断事件号 19）连接一中断程序。

　　⑤ 执行 PLS 指令，使 S7-200 为 PTO 发生器编程，高速脉冲串由 Q0.0 输出。

（2）程序实现

　　本控制系统主程序如图 6-39 所示，初始化子程序 SBR_1 如图 6-40 所示，包络表子程序如图 6-41 所示，中断程序如图 6-42 所示。

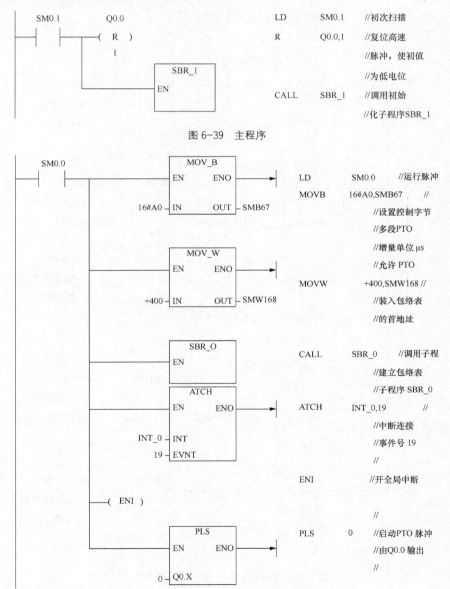

图 6-39　主程序

图 6-40　包络表子程序 SBR_0（1）

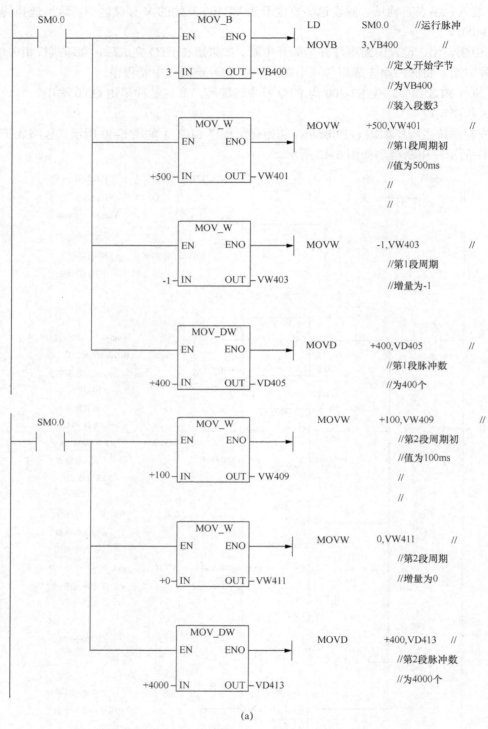

(a)

图 6-40　包络表子程序 SBR_0（1）（续）

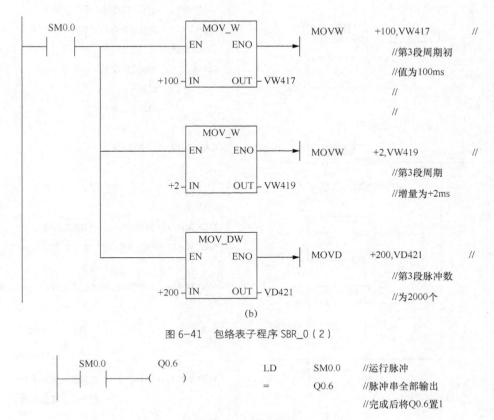

图 6-41 包络表子程序 SBR_0（2）

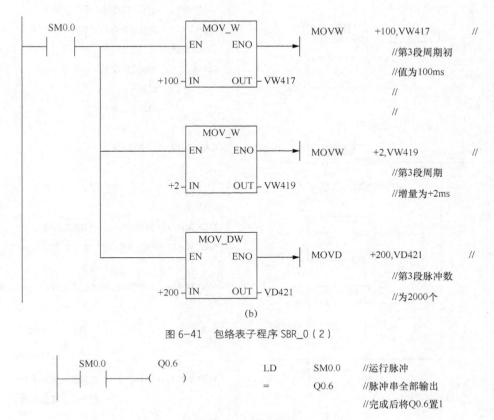

图 6-42 中断程序 INT_0

【例 6-11】 要求采用同步更新方式在 Q0.1 上输出脉冲宽度调制波，允许脉宽有 10%～50%的变化。

设计的主程序如图 6-43（a）所示，初始化子程序如图 6-43（b）所示，脉宽设定值改变的子程序如图 6-43（c）所示。

6.9 项目实例：基于步进电机的正反转控制

1．项目要求

如图 6-44 所示，某正反转位置控制系统用来将工作台限制在 SQ1 和 SQ2 的区间范围内，可以通过程序改变工作台移动的速度，通过两个按钮 SB1 和 SB2 控制步进电机的起停，通过两个限位开关来实现工作台的自动往返运动。

2．控制分析与设计

因为步进电机是由高速脉冲控制的，因此选择 CPU221 DC/DC/DC 的 PLC，该 PLC 有 6 个输入、4 个输出点，带有 2 路脉冲输出。输入输出如表 6-21 所示。

（1）步进电机的原理与选择

① 步进电机的工作原理

步进电机是数字控制系统中的执行电动机，当系统将一个电脉冲信号加到步进电机定子

```
    SM0.1        Q0.1
   ──┤├──────────( R )
             │      1
             │   ┌─────────┐
             └───┤ SBR_0   │
                 │ EN      │
                 └─────────┘

    M0.0                        ┌─────────┐
   ──┤├────────┤ P ├────────────┤ SBR_1   │
                                │ EN      │
                                └─────────┘
```

(a) 主程序

LD SM0.1   //首次扫描时，将映像寄存

R Q0.1 1   器位设为低，并调用   SBR_0

CALL SBR_0

LD M0.0   //脉宽更改为 50%由 M0.0

                设置

EU   M0.0 ，将

```
    SM0.0       ┌──────────────┐
   ──┤├─────────┤   MOV_B       │
             │  │ EN      ENO   ├──
             │  │              │
             │  16#DB─IN   OUT ─SMB77
             │  └──────────────┘
             │  ┌──────────────┐
             │  │   MOV_W       │
             │  │ EN      ENO   ├──
             │  │              │
             │  +10000─IN  OUT ─SMW78
             │  └──────────────┘
             │  ┌──────────────┐
             │  │   MOV_W       │
             │  │ EN      ENO   ├──
             │  │              │
             │  +1000─IN   OUT ─SMW80
             │  └──────────────┘
             │  ┌──────────────┐
             │  │    PLS        │
             │  │ EN      ENO   ├──
             │  │              │
             │  1─Q0.X        │
             │  └──────────────┘
             │  ┌──────────────┐
             └──┤   MOV_B       │
                │ EN      ENO   ├──
                │              │
                16#DA─IN   OUT ─SMB77
                └──────────────┘
```

(b) 子程序1

CALL SBR_1   占空比

LD SM0.0

MOVB 16#DB SMB77 //   设置控制字节

MOVW +10000 SMW78 //   将周期设为   10,000
                      毫秒

MOVW +1000 SMW80 //   将脉宽设为   1,000 毫
                      秒

PLS 1   //   激活   PWM操

               作：PLS1=>Q0.1

MOVB 16#DA SMB77 //   重新载入控制字节，
                 用于随后的脉宽改
                 动

```
    SM0.0       ┌──────────────┐
   ──┤├─────────┤   MOV_W       │
             │  │ EN      ENO   ├──
             │  │              │
             │  +5000─IN   OUT ─SMW80
             │  └──────────────┘
             │  ┌──────────────┐
             └──┤    PLS        │
                │ EN      ENO   ├──
                │              │
                1─Q0.X         │
                └──────────────┘
```

(c) 子程序2

图 6-43 PWM 应用

// 子程序 1 开始

LD SM0.0

MOVW +5000 SMW80 //   将脉宽设为   5000 毫
                      秒

PLS 1   // 脉宽改动

图 6-44 步进电机正反转位置控制示意图

绕组时，转子就转一步，当电脉冲按某一相序加到电动机时，转子沿某一方向转动的步数等于电脉冲个数。因此，改变输入脉冲的数目就能控制步进电动机转子机械位移的大小；改变输入脉冲的通电相序，就能控制步进电动机转子机械位移的方向，实现位置的控制。当电脉冲按某一相序连续加到步进电动机时，转子以正比于电脉冲频率的转速沿某一方向旋转。因此，改变电脉冲的频率大小和通电相序，就能控制步进电动机的转速和转向，实现大范围内速度的无级平滑控制。步进电动机的这种控制功能，是其他电动机无法替代的。步进电动机可分为磁阻式、永磁式和混合式，步进电动机的相数可分为：单相、二相、三相、四相、五相、六相和八相等多种。增加相数能提高步进电动机的性能，但电动机的结构和驱动电源就会复杂，成本就会增加，应按需要合理选用。

表 6-21　符号及地址

名称	符号	地址
启动按钮	SB1	I0.0
停止按钮	SB2	I0.1
左限位	SQ1	I0.2
右限位	SQ2	I0.3
脉冲输出	CP	Q0.0
方向控制	DIR	Q0.2

② 步进电机驱动系统的基本组成

与交直流电动机不同，仅仅接上供电电源，步进电机是不会运行的。为了驱动步进电动机，必须由一个决定电动机速度和旋转角度的脉冲发生器（在该立体仓库控制系统中采用 PLC 作为脉冲发生器进行位置控制）、一个使电动机绕组电流按规定次序通断的脉冲分配器、一个保证电动机正常运行的功率放大器，以及一个直流功率电源等组成一个驱动系统，如图 6-45 所示。

步进电动机采用某公司生产的 2 相 8 拍混合式步进电机，它的主要特点：体积小、具有较高的起动和运行频率、有定位转矩等优点。型号：42BYGHl01。电气原理图如图 6-46 所示。快接线插头：红色表示 A 相，蓝色表示 B 相；如果发现步进电机转向不对时可以将 A 相或 B 相中的两条线对调。

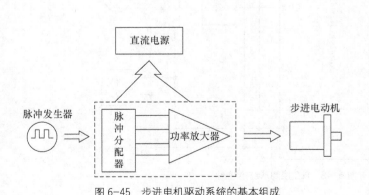

图 6-45　步进电机驱动系统的基本组成　　　　图 6-46　步进电机的接线图

（2）步进电机驱动器的原理与选择

步进电机的运行要由一电子装置进行驱动，这种装置就是步进电机驱动器，它是把控制系统发出的脉冲信号转化为步进电机的角位移，或者说，控制系统每发一个脉冲信号，通过驱动器就使步进电机旋转一步距角。所以步进电机的转速与脉冲信号的频率成正比。一般来说，对于两相四根线的步进电机，可以直接和驱动器相连。

所有型号驱动器的输入信号都相同，共有三路信号，它们是：步进脉冲信号 CP、方向电平信号 DIR、脱机信号 FREE（此端为低电平有效，这时电机处于无力矩状态；此端为高电平或悬空不接时，此功能无效，电机可正常运行）。它们在驱动器内部的接口电路都相同，见图 6-47。OPTO 端为三路信号的公共端，三路输入信号在驱动器内部接成共阳方式，所以 OPTO 端需接外部系统的 VCC，如果 VCC 是+5V 则可直接接入；如果 VCC 不是+5V 则需外部另加限流电阻 R，保证给驱动器内部光耦提供 8～15mA 的驱动电流，如图 6-47 所示。晶体管输出的 PLC 提供的电平为 24V，而输入部分的电平为 5V，所以需外部另加 1.8kΩ 的限流电阻 R。

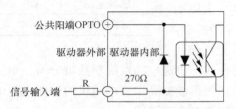

信号幅值	外接限流电阻R
5V	不加
12V	680Ω
24V	1.8kΩ

图 6-47　输入信号接口电路外接限流电阻 R 参考值

（3）控制系统接线

将按钮及限位开关信号接入 PLC 对应的输入点上，将 S7-200 的 Q0.0、Q0.2 两个端子引出两条线接至电平转换器（实际上就是由 2kΩ 左右的电阻和光电隔离电平转换芯片组成的）的输入端，将电平转换器输出的 L+接至驱动器公共端，将与 Q0.0、Q0.2 对应的电平转换器的输出端接驱动器的驱动器脉冲端和驱动器方向控制端。控制系统的接线图如图 5-48 所示。

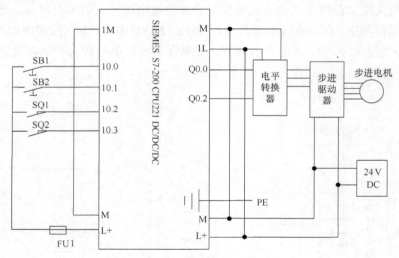

图 6-48　PLC 控制系统接线图

3．程序设计

（1）利用指令向导生成脉冲输出功能块

本项目要实现的是步进电机运行控制，这里借助 PTO 向导生成脉冲输出指令功能块，双击界面左侧项目树中的"向导/PTO/PWM"，出现如图 6-49 所示的界面。

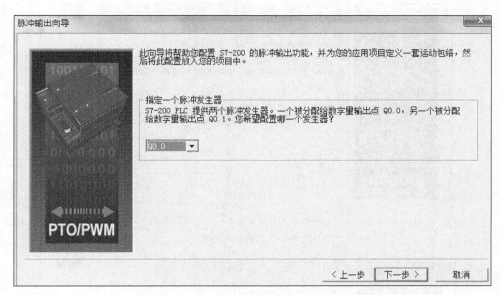

图 6-49　脉冲输出向导

点击"下一步",出现如图 6-50 所示的界面。

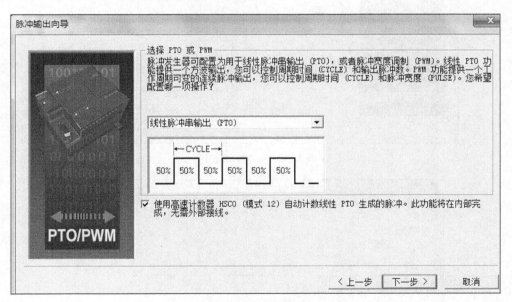

图 6-50　脉冲输出向导

在上述"使用高速计数器 HSC0……"前的复选框打钩,点击"下一步",如图 6-51 所示。

最高电机速度设为 10000 脉冲/s,电机启动/停止速度设为 1000 脉冲/s,点"下一步",如图 6-52 所示。

保留默认设置,点击"下一步",如图 6-53 所示。

点击"新包络"按钮,增加一个新包络,出现如图 6-54 所示的界面。

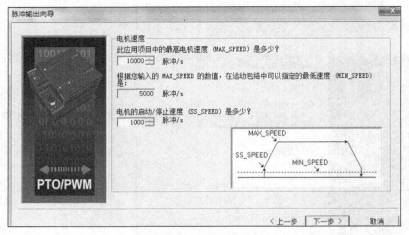

图 6-51　脉冲输出向导

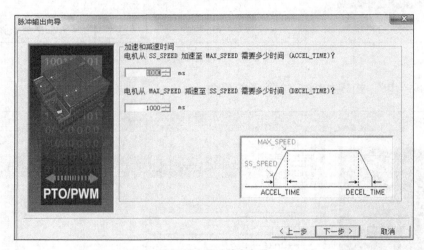

图 6-52　脉冲输出向导

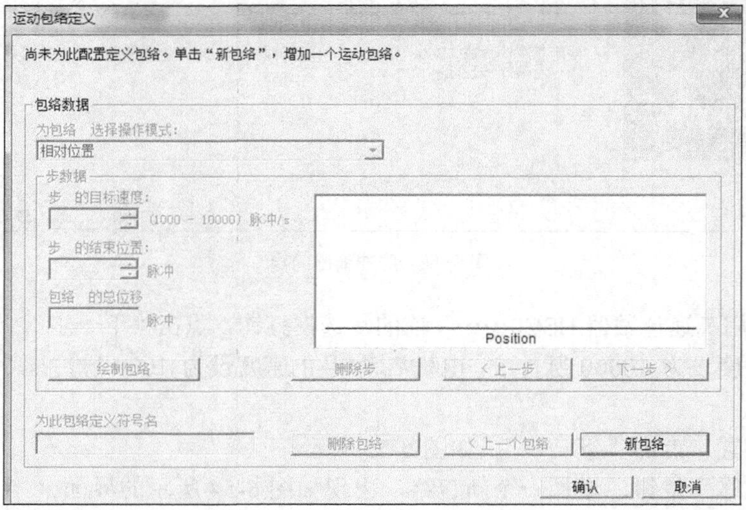

图 6-53　脉冲输出向导

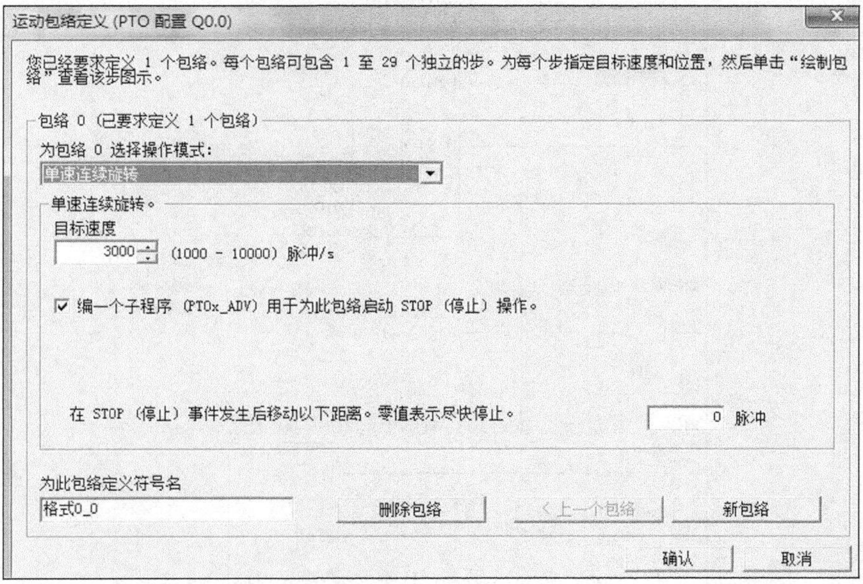

图 6-54　脉冲输出向导

"为包络 0 选择操作模式"选择"单速连续旋转",目标速度改为 3000 脉冲/s,"编一个子程序(PTOx_ADV)……"前的复选框打钩,此包络符号名为"格式 0_0",点"确认"按钮。建议地址改为 VB100 至 VB169,如图 6-55 所示。

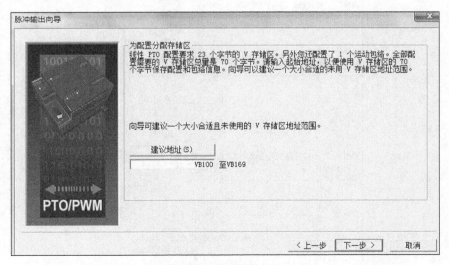

图 6-55　脉冲输出向导

点"下一步",点击"完成"按钮完成向导配置。在编程软件界面右侧的项目树中依次点击"程序块/向导",可以看到编程所需的脉冲输出功能块。

(2)程序编写

梯形图程序的编写如图 6-56 所示。

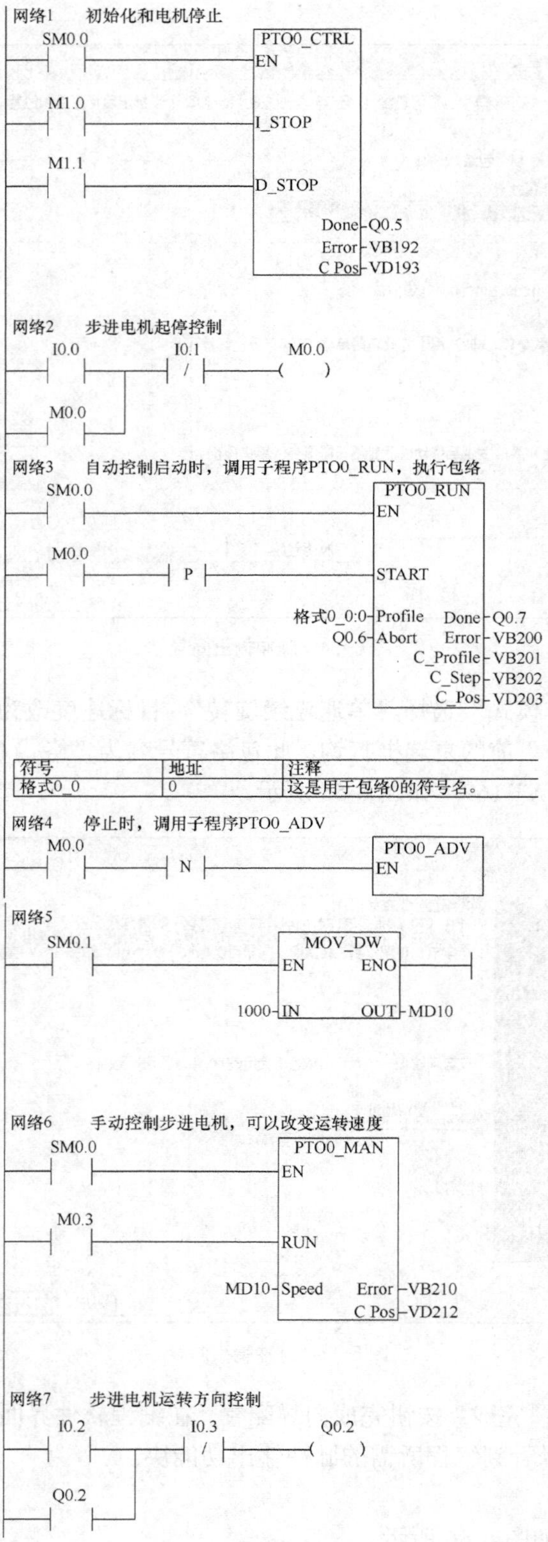

网络1 初始化和电机停止

```
    SM0.0                      ┌─────────────┐
    ─┤ ├──────────────────────┤EN  PTO0_CTRL │
                               │             │
    M1.0                       │             │
    ─┤ ├──────────────────────┤I_STOP       │
                               │             │
    M1.1                       │             │
    ─┤ ├──────────────────────┤D_STOP       │
                               │             │
                               │        Done ├─Q0.5
                               │       Error ├─VB192
                               │       C Pos ├─VD193
                               └─────────────┘
```

网络2 步进电机起停控制

```
    I0.0      I0.1          M0.0
    ─┤ ├──┬──┤/├───────────( )
          │
    M0.0  │
    ─┤ ├──┘
```

网络3 自动控制启动时，调用子程序PTO0_RUN，执行包络

```
    SM0.0                      ┌─────────────┐
    ─┤ ├──────────────────────┤EN  PTO0_RUN  │
                               │             │
    M0.0                       │             │
    ─┤ ├──────┤P├──────────────┤START        │
                               │             │
              格式0_0:0─┤Profile  Done ├─Q0.7
                 Q0.6─┤Abort    Error ├─VB200
                      │      C_Profile ├─VB201
                      │        C_Step  ├─VB202
                      │        C_Pos   ├─VD203
                               └─────────────┘
```

符号	地址	注释
格式0_0	0	这是用于包络0的符号名。

网络4 停止时，调用子程序PTO0_ADV

```
    M0.0                       ┌─────────────┐
    ─┤ ├──────┤N├──────────────┤EN PTO0_ADV  │
                               └─────────────┘
```

网络5

```
    SM0.1                  ┌─────────────┐
    ─┤ ├──────────────────┤EN   MOV_DW  ENO├───
                          │             │
                   1000─┤IN        OUT ├─MD10
                          └─────────────┘
```

网络6 手动控制步进电机，可以改变运转速度

```
    SM0.0                      ┌─────────────┐
    ─┤ ├──────────────────────┤EN  PTO0_MAN  │
                               │             │
    M0.3                       │             │
    ─┤ ├──────────────────────┤RUN          │
                               │             │
                   MD10─┤Speed    Error ├─VB210
                               │     C Pos ├─VD212
                               └─────────────┘
```

网络7 步进电机运转方向控制

```
    I0.2      I0.3          Q0.2
    ─┤ ├──┬──┤/├───────────( )
          │
    Q0.2  │
    ─┤ ├──┘
```

图 6-56 梯形图程序

按下启动按钮 SB1, M0.0 将其值改为 ON, 此时步进电机开始按照包络中定义的速度 3000 脉冲/s 旋转。按下停止按钮 SB2, 将 M0.0 值改为 OFF, 步进电机停止转动。小车在运行过程中碰到左限位开关 SQ1 时步进电机将朝反方向转动, 控制小车自动右行。同样, 当小车到达右限位开关 SQ2 时, 自动往相反方向运行。

程序段 6 是对步进电机的手动控制, 电机转速可随时更改, 方法为将 M0.3 的值改为 ON, 此时步进电机按照转速控制变量 MD10 的值旋转（MD10 的值范围为 1000～10000 脉冲/s）, 右键点击 MD10 可更改其值, 需要停止电机时将 M0.3 值改为 OFF 即可。

习　　题

6-1　编写一段程序, 求 55° 的正切值。

6-2　用一个按钮控制 4 盏灯, 每按一次按钮亮一盏, 直至灯全亮, 然后每按一次按钮灭一盏灯, 直到灯全灭, 循环往复。试设计控制程序。

6-3　用一个开关控制 6 盏灯, 开关闭合时, 6 盏灯依次亮起, 直至全亮。开关关断时, 按相反的顺序依次熄灭, 间隔为 1s。试设计控制程序。

第7章 S7-200 PLC 在模拟量控制系统中的应用

7.1 模拟量闭环控制的基本概念

7.1.1 模拟量闭环控制系统的组成

1. 模拟量单闭环控制系统的组成

典型的 PLC 模拟量单闭环控制系统如图 7-1 所示，虚线中的部分是用 PLC 实现的。

在模拟量闭环控制系统中，被控量 $C(t)$（例如压力、温度、流量、转速等）是连续变化的模拟量，大多数执行机构（例如晶闸管调速装置、电动调节阀和变频器等）要求 PLC 输出模拟信号 $MV(t)$，而 PLC 的 CPU 只能处理数字量。$C(t)$ 首先被测量元件（传感器）和变送器转换为标准的直流电流信号或直流电压信号 $PV(t)$，例如 $4\sim20\text{mA}$、$1\sim5\text{V}$、$0\sim10\text{V}$、PLC 用 A/D 转换器将它们转换为数字量 PV_n。

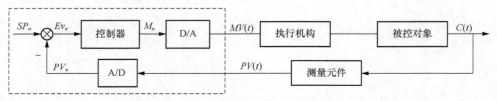

图 7-1 PLC 模拟量闭环控制系统方框图

模拟量与数字量之间的相互转换和 PID 程序的执行都是周期性的操作，其间隔时间称为采样周期 T_S。各数字量括号中的 n 表示该变量是第 n 次采样计算时的数字量。

图 7-1 中的 SP_n 是给定值，PV_n 为 A/D 转换后的反馈量，误差 $Ev_n=SP_n-PV_n$。

D/A 转换器将 PID 控制器输出的数字量 M_n 转换为模拟量（直流电压或直流电流）$MV(t)$，再去控制执行机构。

例如在加热炉温度闭环控制系统中，用热电偶检测炉温，温度变送器将热电偶输出的微弱的电压信号转换为标准量程的电流或电压，然后送给模拟量输入模块，经 A/D 转换后得到与温度成比例的数字量，CPU 将它与温度设定值比较，并按某种控制规律（例如 PID 控制算法）对误差值进行运算，将运算结果（数字量）送给模拟量输出模块，经 D/A 转换后变为电流信号或电压信号,用来控制电动调节阀的开度,通过它控制加热用的天然气的流量,实现对温度的闭环控制。$C(t)$为系统的输出量,即被控量,例如加热炉中的温度。

模拟量控制系统分为恒值控制系统和随动系统。恒值控制系统的给定值由操作人员提供,一般很少变化,例如温度控制系统、转速控制系统等。随动系统的输入量是不断变化的随机变量,例如高射炮的瞄准控制系统和电动调节阀的开度控制系统就是典型的随动系统。闭环负反馈控制可以使控制系统的反馈量 PV_n 等于或跟随给定值 SP_n。以炉温控制系统为例,假设输出的温度值 $C(t)$低于给定的温度值,反馈量 PV_n 小于给定值 SP_n,误差 EV_n 为正,控制器的输出量 $MV(t)$将增大,使执行机构(电动调节阀)的开度增大,进入加热炉的天然气流量增加,加热炉的温度升高,最终使实际温度接近或等于给定值。

天然气压力的波动、工件进入加热炉,这些因素称为扰动量,它们会破坏炉温的稳定。闭环控制可以有效地抑制闭环中各种扰动的影响,使被控量趋近于给定值。

闭环控制系统的结构简单,容易实现自动控制,因此在各个领域得到了广泛的应用。

2. 复杂控制系统的结构

(1)级联控制

级联控制又称串级控制,两个控制器串行连接,第一个控制器(主控制器)的输出 SP_2 是伺服控制器的设定值(见图 7-2)。

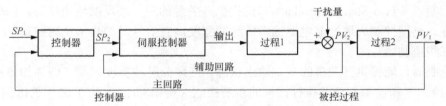

图 7-2 级联控制器

级联控制的控制性能可以用附加的过程变量来改进。为此在系统中适当的地方引出辅助过程变量 PV_2,将它与主控制器的输出 SP_2 比较,得到的误差值作为伺服控制器的输入量。

主控制器的给定值为 SP_1,反馈值为 PV_1,它调整 SP_2,以便尽可能快地使过程变量 PV_1 在没有超调的情况下达到设定值。

以电动调节阀为执行机构的控制系统就是一个级联控制系统。电动调节阀有一个位置随动系统,图 7-2 中的 PV_2 是阀门的开度,即阀芯的位置。通过辅助回路的调节作用,阀门的开度与主控制器的输出量 SP_2 成正比。

(2)混合控制器

混合控制器总的设定值 SP 按一定的比例分配给各控制组件,各混合系数之和应为 1,例如图 7-3 中的 $FAC_1+\cdots+FAC_4=1$。

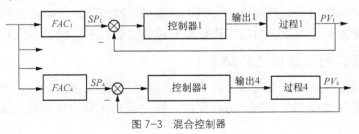

图 7-3 混合控制器

（3）单闭环比例控制器

对于某些控制系统来说，控制两个过程变量之间的比例比控制它们的绝对数值更重要，例如控制两台需要同步的设备的速度，可以使用图 7-4 所示的单闭环比例控制器。

（4）多闭环比例控制器

多闭环比例控制使两个过程变量 PV_1 和 PV_2 之比保持为常数。为此用第一个控制闭环的过程量 PV_1 来计算第 2 个控制闭环的设定值。在过程变量 PV_1 动态变化的过程中也能保证 PV_1 与 PV_2 之间保持设定的比例，如图 7-5 所示。

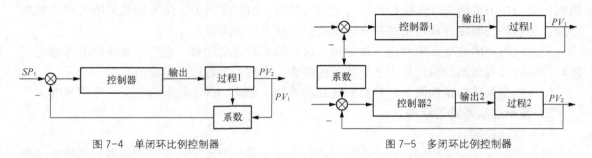

图 7-4 单闭环比例控制器   图 7-5 多闭环比例控制器

（5）二级控制器

二级控制器（Two-Step Controller）只能提供开关量的两个相反的输出状态，例如开关的接通和断开。典型控制为通过继电器输出的脉冲宽度调制信号对加热系统的控制。

（6）三级控制器

三级控制器只能提供开关量的 3 个输出状态。应区分脉冲宽度调制（例如加热和冷却、加热-关机-冷却）和使用积分式执行机构的步进控制（例如右-停止-左）之间的区别。

7.1.2 闭环控制的主要性能指标

由于给定输入信号或扰动输入信号的变化，系统的输入量达到稳态值之前的过程称为过渡过程或动态过程。系统的动态性能常用阶跃响应（阶跃输入时输出量的变化）的参数来描述。阶跃输入信号在 $t=0$ 之前为 0，$t>0$ 时为某一恒定值。

输出量第一次达到稳态值的时间 t_r 称为上升时间，上升时间反映了系统在响应初期的快速性。

系统进入并停留在稳态值 $c(\infty)\pm5\%$（或 $\pm2\%$）的误差带内的时间 t_S 称为调节时间，到达调节时间表示过渡过程已基本结束。

设动态过程中输出量的最大值为 $c_{\max}(t)$，如果它大于输出量的稳态值 $c(\infty)$，超调量

$$\sigma\% = \frac{c_{\max}(t) - c(\infty)}{c(\infty)} \times 100\%$$

超调量反映了系统的相对稳定性，它越小动态稳定性越好，一般希望超调量小于 10%。系统的稳态误差是进入稳态后的期望值与实际值之差，它反映了系统的稳态精度。

7.1.3 闭环控制反馈极性的确定

闭环控制必须保证系统是负反馈（误差=给定值-反馈值），而不是正反馈（误差=给定值+反馈值）。如果系统接成了正反馈，将会失控，被控量会往单一方向增大或减小，给系统的

安全带来极大的威胁。

闭环控制系统的反馈极性与很多因素有关，例如因为接线改变了变送器输出电流或输出电压的极性、在 PID 控制程序中改变了误差的计算公式、改变了某些直线位移传感器或转角位移传感器的安装方向，都会改变反馈的极性。

可以用下述的方法来判断反馈的极性：在调试时断开 D/A 转换器与执行机构之间的连线，在开环状态下运行 PID 控制程序。如果控制器中有积分环节，因为反馈被断开了，不能消除误差，这时 D/A 转换器的输出电压会向一个方向变化。这时如果接上执行机构，能减小误差，则为负反馈，反之为正反馈。

以温度控制系统为例，假设开环运行时给定值大于反馈值，若 D/A 转换器的输出值不断增大，如果形成闭环，将使电动调节阀的开度增大，闭环后温度反馈值将会增大，使误差减小，由此可以判定系统是负反馈。

7.1.4　变送器的选择

变送器用于将传感器提供的电量或非电量转换为标准的直流电流或直流电压信号，例如 DC 0～10V 和 4～20mA。变送器分为电流输出型和电压输出型，电压输出型变送器具有恒压源的性质，PLC 模拟量输入模块的电压输入端的输入阻抗很高，例如 100kΩ～10MΩ。如果变送器距离 PLC 较远，通过线路间的分布电容和分布电感产生的干扰信号电流在模块的输入阻抗上将产生较高的干扰电压。例如 1μA 干扰电流在 10 MΩ 输入阻抗上将产生 10V 的干扰电压信号，所以远程传送模拟量电压信号时抗干扰能力很差。

电流输出具有恒流源的性质，恒流源的内阻很大。PLC 的模拟量输入模块输入电流时，输入阻抗较低（例如 250Ω）。线路上的干扰信号在模块的输入阻抗上产生的干扰电压很低，所以模拟量电流信号适于远程传送。

电流传送比电压传送的传送距离远得多，S7-200 的模拟量输入模块使用屏蔽电缆信号线时允许的最大距离为 200m。

变送器分为二线式和三线式，三线式变送器有 3 根线：电源线、信号线和公共线。二线式变送器只有两根外部接线，见图 7-6，它们既是电源线，也是信号线，输出 4～20mA 的信号电流，DC 24V 电源串接在回路中。通过调试，在被检测信号满量程时输出电流为 20mA。二线式变送器的接线少，信号可以远传，在工业中得到了广泛的应用。

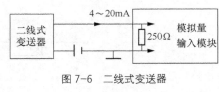

图 7-6　二线式变送器

7.2　S7-200 PLC 的模拟量输入输出模块

在要求有模拟量应用的场合，模拟量输入输出通道的配置方式大致有两种情况，有的 PLC 基本单元带有模拟量的输入输出通道，如 CPU 224XP（CN）型模块有 2 点模拟量输入和 1 点模拟量输出，可以应用在模拟量输入输出点数不多的场合。在模拟量输入输出点数比较多的场合，大多数 PLC 则要配置专门的模拟量输入输出扩展模块。

7.2.1　PLC 的模拟量输入接口

它的作用是把现场连续变化的模拟量标准信号转换成适合可编程序控制器内部处理的、

由若干位二进制数字表示的信号。模拟量输入接口接收标准模拟信号，无论是电压信号还是电流信号均可。这里标准信号是指符合国际标准的通用交互用电压、电流信号值，如 4~20mA 的直流电流信号、0~10V 的直流电压信号等。工业现场中模拟量信号换变化范围一般是不标准的，在送入模拟量接口时一般都需经变换处理才能使用。图 7-7 所示是模拟量输入接口的内部电路框图。

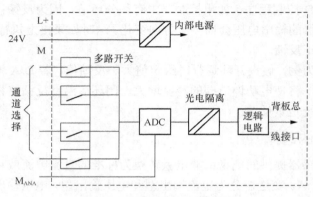

图 7-7　模拟量输入电路框图

模拟量信号输入后一般经运算放大器放大后进行 A/D 转换，再经光电耦合后为可编程控制器提供一定位数的数字量信号。

7.2.2　PLC 的模拟量输出接口

它的作用是将可编程控制器运算处理后的若干位数字量信号转换为响应的模拟量信号输出，以满足生产过程现场连续控制信号的需求。模拟量输出接口一般由光电隔离、D/A 转换和信号驱动等环节组成，其原理框图如图 7-8 所示。

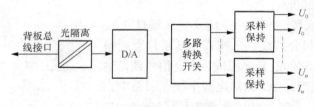

图 7-8　模拟量输出电路框图

7.2.3　模拟量扩展模块的功能

模拟量扩展模块提供了模拟量输入/输出的功能，具有以下特点。

（1）最佳适应性，可适用于复杂的控制场合。

（2）直接与传感器和执行器相连，12 位的分辨率和多种输入/输出范围能够不用外加放大器而与传感器和执行器直接相连，例如 EM231RTD 模块可直接与 PT100 热电阻相连。

（3）灵活性，当实际应用变化时，PLC 可以相应地进行扩展，并可非常容易地调整用户程序。

（4）扩展模块具有与基本单元相同的设计特点，S7-200（CN）PLC 的扩展模块种类很多，固定方式与 CPU 相同。如果需要扩展的模块较多时，模块连接起来会过长，这时可以使用扩展转接电缆重叠排布。

（5）安装方便，可以在标准导轨上安装，模块卡装在紧挨 CPU 右侧的导轨上，通过总线连接电缆与 CPU 互相连接。也可以直接安装，模块上有固定螺孔，也可以用螺钉将模块固定安装在柜板上，这种安装方式建议在剧烈振动的情况下使用。

7.2.4　S7-200 PLC 模拟量扩展模块的分类

1．常规模拟量控制模块

有 EM231 模拟量输入模块、EM232 模拟量输出模块、EM235 模拟量输入输出模块。适用于 CPU 222、CPU224、CPU 224XP 和 CPU226 系列的 PLC。图 7-9 所示为 EM235 模块端子接线图。

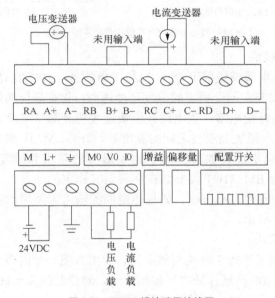

图 7-9　EM235 模块端子接线图

模拟量输入扩展模块的单极性全量程输入范围对应的数字量输出为 0～32000，双极性全量程输入范围对应的数字量输出为-32000～+32000。模拟量输入扩展模块输出的 12 位数字量信号被 PLC 按左对齐的规则自动存放到与信号输入点的编号对应的 CPU 模块的模拟量输入寄存器（AI）的字地址（如 AIW0）中，如图 7-10 所示。在该图中，MSB 是最高位，LSB是最低位。最高位是符号位，该位为 0 时表示正数，为 1 时表示负数。在单极性格式中，低3 位为 0；在双极性格式中，低 4 位为 0。

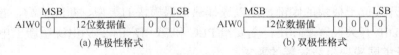

图 7-10　模拟量输入寄存器中数据字的存放格式

S7-200 PLC 的模拟量输出扩展模块有电流输出和电压输出两种：电流输出时是单极性的，量程为 0～20mA；电压输出时是双极性的，量程为-10V～+10V。电流输出时，全量程输出范围对应的数字量输入为 0～32000，分辨率为 11 位；电压输出时，全量程输出范围对应的数字量输入为-32000～+32000，分辨率为 12 位。这个数字量信号在传送到模拟量输出接口电路之前，必须存放到与指定输出点的编号对应的 CPU 模块的模拟量输出寄存器（AQ）的字地址（如 AQW0）中，这样才能保证这个数字量信号被送到模拟量输出接口电路中，并经 D/A 转换后，能够从指定编号的模拟量输出点输出。这个数字量信号在 16 位输出寄存器字地址中，也是按左对齐的规则存放的，其存放格式如图 7-11 所示。其中，最高位是符号位，该位为 0 时表示正数，为 1 时表示负数。在将数据字装载到 DAC 寄存器之前，低 4 位连续的 4 个 0 会被 PLC 自动截断，这些位不影响输出信号值。

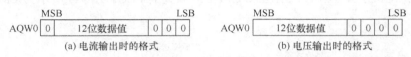

图 7-11　模拟量输出寄存器中数据字的存放格式

2. 热电阻和热电偶模块

RTD（热电阻）和热电偶模块用于 CPU 222、CPU224、CPU 224XP 和 CPU226。

RTD 和热电偶模块安装在一个稳定的温度环境内时，具有最佳的性能。例如，EM231CT 热电偶模块有专门的冷端补偿电路。该电路在模块连接器处测量温度，并对测量值做出必要的修正，以补偿基准温度和模块处温度之间的温度差。如果 EM231 热电偶模块安装环境的温度变化很剧烈，则会引起附加的误差。为了达到最大的精度和重复性，热电阻扩展模块 EM231RTD 和热电偶模块 EM231CT 要安装在环境温度稳定的地方。

使用屏蔽线是最好的噪声抑制方法。如果热电偶的输入未使用，短接未使用的通道，或将它们并行连接到其他通道上。

（1）EM231 热电偶模块

S7-200 系列产品提供了连接 7 种类型热电偶、使用方便、带隔离的接口：J、K、E、N、S、T 和 R。它可以使 S7-200 能连接低电平模拟信号，测量范围为±80mV。所有连接到该模块的热电偶都必须是同一类型的。端子接线图见图 7-12。

（2）EM231RTD 热电阻模块

EM231RTD 热电阻模块为 S7-200 连接各种型号的热电阻提供了方便的接口。它也允许 S7-200 测量三个不同的电阻范围。连接到模块的热电阻必须是相同的类型。端子接线图见图 7-13。

组态 EM231RTD（热电阻）模块使用 DIP 开关可以选择热电阻的类型、接线方式、温度测量单位和传感器熔断方向。要使 DIP 开关设置起作用，需要重新给 PLC 和/或用户的 24V 电源上电。

配置 DIP 开关位于模块的底部，可以选择热电偶模块的类型、断线检测、温度范围和冷端补偿。要使 DIP 开关设置起作用，需要给 PLC 和/或用户的 24V 电源重新上电。

3. 模拟量扩展模块接线安装的要求

首先确保 24VDC 传感器电源无噪声、稳定。其次传感器线尽可能短，传感器线使用屏蔽的双绞线，仅在传感器侧将屏蔽接终端，避免将导线弯成锐角，使用电缆槽进行敷线，避免将信号线与高能量线平行布置，若两条线必须交叉，应以直角相交。再次，未用通道的输入端应短接。

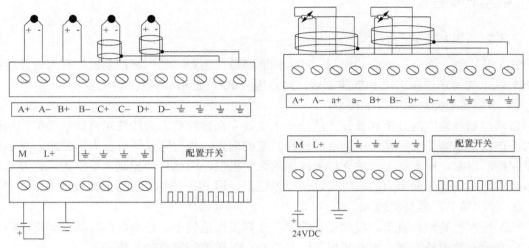

图 7-12　EM231 热电偶模块端子接线图　　　图 7-13　EM231 热电阻模块端子接线图

通过隔离输入信号或输入信号参考于模拟量模块外部 24V 电源的公共端,从而确保输入信号范围在技术规范所规定的共模电压之内。

7.2.5　根据模拟量输入模块的输出值计算对应的物理量

1. 模拟输入量的模拟值数据格式

模拟量输入输出模块中模拟量对应的数字称为模拟值,模拟值用 16 位二进制补码来表示。最高位为符号位,正数的符号位为 0,负数的符号位为 1。对于单极性输入模拟量,满量程对应的模拟值为 0~32767,双极性输入模拟量满量程对应 -32768~+32767。

2. 应用举例

【例 7-1】 压力变送器的量程为 0~10MPa,输出信号为 4~20mA,模拟量输入模块的量程为 4~20mA,转换后的数字量为 0~32000,设转换后得到的数字为 N,试求以 kPa 为单位的压力值。

解: 0~10MPa(0~10000kPa)对应于转换后的数字 0~32000,转换公式为

$$P = 10000 \times N/32000 \text{（kPa）}$$

【例 7-2】 某温度变送器的量程为 -200℃~500℃,输出信号为 4~20mA,某模拟量输入模块将 0~20mA 的电流信号转换为数字 0~32000,对应关系见图 7-14,设转换后得到的数字为 N,求以 0.1℃ 为单位的温度值。

解: 单位为 0.1℃ 的温度值 -2000~5000 对应于数字量 6400~32000,根据比例关系（见图 7-14）,得出温度 T 的计算公式为

$$\frac{T - (-2000)}{N - 6400} = \frac{5000 - (-2000)}{32000 - 6400}$$

$$T = \frac{7000 \times (N - 6400)}{25600} - 2000 \, (0.1℃)$$

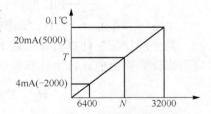

图 7-14　模拟量和转换数值的对应关系

7.3 数字 PID 控制器

7.3.1 PID 控制

PID 是比例、微分、积分的缩写，PID 控制器是应用最广的闭环控制器，有人估计现在有 90%以上的闭环控制采用 PID 控制器。这是因为 PID 控制具有以下的优点。

① 不需要被控对象的数学模型

自动控制理论中的分析和设计方法基本上是建立在被控对象的线性定常数学模型的基础上的。该模型忽略了实际系统中的非线性和时变的因素，与实际系统有较大的差距。对于许多工业控制对象，根本就无法建立较为准确的数学模型，因此自动控制理论中的设计方法对大多数实际系统是无能为力的。对于这一类系统，使用 PID 控制可以得到比较满意的效果。

② 结构简单，容易实现

PID 控制器的结构典型，程序设计简单，计算工作量较小，各参数相互独立，有明确的物理意义，参数调整方便，容易实现多回路控制、串级控制等复杂的控制。

③ 有较强的灵活性和适应性

根据被控对象的具体情况，可以采用 PID 控制器的多种变种和改进的控制方式，例如 PI、PD、带死区的 PID、积分分离式 PID 和变速积分 PID 等，但比例控制一般是必不可少的。随着智能控制技术的发展，PID 控制与神经网络控制等现代控制方法相结合，可以实现 PID 控制器的参数自整定，使 PID 控制器具有经久不衰的生命力。

④ 使用方便

由于用途广泛、使用灵活，已有多种控制产品具有 PID 控制功能，使用中只需设定一些比较容易整定的参数即可，有的产品还具有参数自整定功能。

7.3.2 PID 算法

PID 控制器调节输出，保证偏差（e）为零，使系统达到稳定状态，偏差（e）是给定值（SP）和过程变量（PV）的差。PID 控制的原理基于下面的算式；输出 $M(t)$ 是比例项、积分项和微分项的函数。

输出= 比例项+ 积分项+ 微分项

$$M(t) = K_{\mathrm{C}} \times e + K_{\mathrm{C}} \int_0^t e \mathrm{d}t + M_{\mathrm{initial}} + K_{\mathrm{C}} \times \mathrm{d}e / \mathrm{d}t \tag{7-1}$$

其中，$M(t)$——PID 回路的输出，是时间的函数。

K_{C}——PID 回路的增益。

e——PID 回路的偏差（给定值与过程变量之差）。

M_{initial}——PID 回路输出的初始值。

为了能让数字计算机处理这个控制算式，连续算式必须离散化为周期采样偏差算式，才能用来计算输出值。数字计算机处理的算式如下。

$$M_n = K_{\mathrm{C}} \times e_n + K_{\mathrm{I}} \times \sum_1^n e_x + K_{\mathrm{D}} \times (e_n - e_{n-1}) + M_{\mathrm{initial}} \tag{7-2}$$

其中，M_n——PID 回路的输出，是时间的函数。

K_{C}——PID 回路的增益。

e_n——PID 回路的偏差（给定值与过程变量之差）。

e_{n-1}——回路偏差的前一个值（在采样时刻 n-1）。

$M_{initial}$——PID 回路输出的初始值。

e_x——采样时刻 x 的回路偏差值。

K_I——积分项的比例常数。

K_D——微分项的比例常数。

从这个公式可以看出，积分项是从第 1 个采样周期到当前采样周期所有误差项的函数，微分项是当前采样和前一次采样的函数，比例项仅是当前采样的函数。在数字计算机中，不保存所有的误差项，实际上也没必要。

由于计算机从第一次采样开始，每有一个偏差采样值必须计算一次输出值，只需要保存偏差前值和积分项前值。作为数字计算机解决的、重复性的结果，可以得到在任何采样时刻必须计算的方程的一个简化算式。简化算式是

$$M_n = K_C \times e_n + K_I \times e_n + MX + K_D \times (e_n - e_{n-1}) \tag{7-3}$$

其中，MX——积分项前值。

CPU 实际使用以上简化算式的改进形式计算 PID 输出。这个改进型算式是

$$M_n = MP_n + MI_n + MD_n \tag{7-4}$$

其中，M_n——第 n 采样时刻的计算值。

MP_n——第 n 采样时刻的比例项值。

MI_n——第 n 采样时刻的积分项值。

MD_n——第 n 采样时刻的微分项值。

1．PID 方程的比例项

比例项 MP 是增益（K_C）和偏差（e）的乘积。其中 K_C 决定输出对偏差的灵敏度，偏差（e）是给定值（SP）与过程变量值（PV）之差。S7-200 解决的求比例项的算式是

$$MP_n = K_C \times (SP_n - PV_n) \tag{7-5}$$

其中，MP_n——第 n 采样时刻比例项的值。

K_C——增益。

SP_n——第 n 采样时刻的给定值。

PV_n——第 n 采样时刻的过程变量值。

2．PID 方程的积分项

积分项值 MI 与偏差和成正比。S7-200 解决的求积分项的算式是

$$MI_n = K_C \times T_S / T_I \times (SP_n - PV_n) + MX \tag{7-6}$$

其中，MI_n——第 n 采用时刻的积分项值。

K_C——回路增益。

T_S——回路采样时间。

T_I——积分时间。

SP_n——第 n 采用时刻的给定值。

PV_n——第 n 采用时刻的过程变量值。

MX——积分项前值（第 n-1 采用时刻的积分值）。

　　积分和（*MX*）是所有积分项前值之和。在每次计算出 MI_n 之后，都要用 MI_n 去更新 *MX*。其中 MI_n 可以被调整或限定。*MX* 的初值通常在第一次计算输出以前被设置为 $M_{initial}$（初值）。积分项还包括其他几个常数：增益（K_C）、采样时间间隔（T_S）和积分时间（T_I）。其中采样时间是重新计算输出的时间间隔，而积分时间控制积分项在整个输出结果中影响的大小。

3. PID 方程的微分项

　　微分项值 *MD* 与偏差的变化成正比。S7-200 使用下列算式来求解微分项。

$$MD_n = K_C \times T_D / T_S \times \left(\left(SP_n - PV_n \right) - \left(SP_{n-1} - PV_{n-1} \right) \right) \tag{7-7}$$

　　为了避免给定值变化的微分作用而引起的跳变，假定给定值不变（$SP_n = SP_{n-1}$）。这样，可以用过程变量的变化替代偏差的变化，计算算式可改进为

$$MD_n = K_C \times T_D / T_S \times \left(SP_n - PV_n - SP_{n-1} + PV_{n-1} \right) \tag{7-8}$$

或

$$MD_n = K_C \times T_D / T_S \times \left(PV_{n-1} - PV_n \right) \tag{7-9}$$

　　其中，MD_n——第 *n* 采样时刻的微分项值。

　　　　　K_C——回路增益。

　　　　　T_S——回路采样时间。

　　　　　T_D——微分时间。

　　　　　SP_n——第 *n* 采样时刻的给定值。

　　　　　SP_{n-1}——第 *n*–1 采样时刻的给定值。

　　　　　PV_n——第 *n* 采样时刻的过程变量值。

　　　　　PV_{n-1}——第 *n*–1 采样时刻的过程变量值。

　　为了下一次计算微分项值，必须保存过程变量，而不是偏差。在第一采样时刻，初始化为 $PV_{n-1} = PV_n$。

7.4　S7-200 PLC 的 PID 控制及其应用

7.4.1　PID 功能

　　S7-200 CPU 提供了 8 个回路的 PID 功能，用以实现需要按照 PID 控制规律进行自动调节的控制任务，比如温度、压力和流量控制等。PID 功能一般需要模拟量输入，以反映被控制物理量的实际数值，称为反馈；而用户设定的调节目标值，即为给定。PID 运算的任务就是根据反馈与给定的相对差值，按照 PID 运算规律计算出结果，输出到固态开关元件（控制加热棒），或者变频器（驱动水泵）等执行机构进行调节，以达到自动维持被控制量跟随给定变化的目的。

1. PID 指令

　　S7-200 中 PID 功能的核心是 PID 指令。PID 指令需要为其指定一个以 V 变量存储区地址开始的 PID 回路表（TBL），以及 PID 回路号（LOOP）。PID 回路表提供了给定和反馈，以及 PID 参数等数据入口，PID 运算的结果也在回路表输出。

　　PID 指令（又称为 PID 回路指令）的梯形图指令盒的形式如图 7-15 所示。使能输入有效时，该指令利用回路表中的输入信息和组态信息，进行 PID 运算。梯形图的指令盒中有 2 个数据输入端：TBL，回路表的起始地址，是由 VB 指定的字节型数据；LOOP，回路号，是 0～

7 的常数。

STL 指令格式：PID   TBL,   LOOP

在程序中最多可以用 8 条 PID 指令。如果两个或两个以上的 PID 指令用了同一个回路号，那么即使这些指令的回路表不同，这些 PID 运算之间也会相互干涉，产生不可预料的结果。

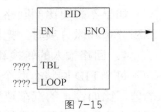

图 7-15

2．PID 回路表

回路表有 80 字节长，它的格式如表 7-1 所示。

回路表包含 9 个参数，用来控制和监视 PID 运算。这些参数分别是过程变量当前值（PV_n）、过程变量前值（PV_{n-1}）、给定值（SP_n）、输出值（M_n）、增益（K_C）、采样时间（T_S）、积分时间（T_I）、微分时间（T_D）和积分项前值（MX）。

为了让 PID 运算以预想的采样频率工作，PID 指令必须用在定时发生的中断程序中，或者用在主程序中，被定时器所控制以一定频率执行。采样时间必须通过回路表输入到 PID 运算中。

表 7-1   PID 回路表

偏移地址	域	格式	类型	描述
$T+0$	过程变量（反馈）（PV_n）	双字-实数	输入	过程变量，必须在 0.0～1.0 之间
$T+4$	设定值（给定）（SP_n）	双字-实数	输入	给定值，必须在 0.0～1.0 之间
$T+8$	输出值（M_n）	双字-实数	输入/输出	输出值，必须在 0.0～1.0 之间
$T+12$	增益（P 参数）（K_C）	双字-实数	输入	增益是比例常数，可正可负
$T+16$	采样时间（T_S）	双字-实数	输入	单位为秒，必须是正数
$T+20$	积分时间（I 参数）（T_I）	双字-实数	输入	单位为分钟，必须是正数
$T+24$	微分时间（D 参数）（T_D）	双字-实数	输入	单位为分钟，必须是正数
$T+28$	积分项前项（MX）	双字-实数	输入/输出	积分项前项，必须在 0.0～1.0 之间
$T+32$	过程变量前值（PV_{n-1}）	双字-实数	输入/输出	最近一次 PID 运算的过程变量值
$T+36$～$T+79$	保留给 PID 自整定的变量设置用			

过程变量和给定值是 PID 运算的输入值，因此回路表中的这些变量只能被 PID 指令读而不能被改写。

输出变量是由 PID 运算产生的，所以在每一次 PID 运算完成之后，需更新回路表中的输出值，输出值被限定在 0.0～1.0 之间。当输出由手动转变为 PID（自动）控制时，回路表中的输出值可以用来初始化输出值。

回路表中的给定值与过程变量的差值（e）是用于 PID 运算中的差分运算，用户最好不要去修改此值。

3．回路控制类型的选择

在许多控制系统中，只需要一种或两种回路控制类型。例如只需要比例回路或者比例积分回路。通过设置常量参数，可以选择需要的回路控制类型。

如果不想要积分动作（PID 计算中没有"I"），可以把积分时间（复位）置为无穷大"INF"。即使没有积分作用，积分项还是不为零，因为有初值 MX。

如果不想要微分回路，可以把微分时间置为零。

如果不想要比例回路，但需要积分或积分、微分回路，可以把增益设为 0.0，系统会在计算积分项和微分项时，把增益当作 1.0 看待。

4．回路输入的转换和标准化

每个 PID 回路有两个输入量，给定值（SP）和过程变量（PV）。给定值通常是一个固定的值，比如设定的汽车速度。过程变量是与 PID 回路输出有关，可以衡量输出对控制系统作用的大小。在汽车速度控制系统的实例中，过程变量应该是测量轮胎转速的测速计输入。

给定值和过程变量都可能是现实世界的值，它们的大小、范围和工程单位都可能不一样。在 PID 指令对这些现实世界的值进行运算之前，必须把它们转换成标准的浮点型表达形式。

转换的第一步是把 16 位整数值转成浮点型实数值。下面的指令序列提供了实现这种转换的方法。

```
ITD AIW0, AC0    //将输入值转换为双整数
DTR AC0, AC0     //将 32 位双整数转换为实数
```

下一步是将现实世界中的实数值表达形式转换成 0.0～1.0 之间的标准化值。下面的算式可以用于标准化给定值或过程变量值。

$$R_{Norm} = (R_{Raw} / S_{Pan}) + Offset \tag{7-10}$$

其中，R_{Norm}——标准化的实数值。

R_{Raw}——没有标准化的实数值或原值。

$Offset$——单极性为 0.0，双极性为 0.5。

S_{pan}——值域大小，可能的最大值减去可能的最小值，单极性为 32000（典型值），双极性为 64000（典型值）。

下面的例子是把双极性实数标准化为 0.0～1.0 之间的实数。通常用在第一步转换之后。

```
/R 64000.0, AC0    //累加器中的标准化值
+R 0.5, AC0        //加上偏置，使其在 0.0～1.0 之间
MOVR AC0, VD100    //标准化的值存入回路表
```

5．回路输出值转换成刻度整数值

回路输出值一般是控制变量，比如，在汽车速度控制中，可以是油阀开度的设置。回路输出是 0.0～1.0 之间的一个标准化的实数值。在回路输出可以用于驱动模拟输出之前，回路输出必须转换成一个 16 位的标定整数值。这一过程，是给定值或过程变量的标准化转换的逆过程。第一步是使用下面给出的公式，将回路输出转换成一个标定的实数值。

$$R_{Scal} = (M_n - Offset) \times S_{Pan} \tag{7-11}$$

其中，R_{Scal}——回路输出的刻度实数值。

M_n——回路输出的标准化实数值。

$Offset$——单极性为 0.0，双极性为 0.5。

S_{pan}——值域大小，可能的最大值减去可能的最小值，单极性为 32000（典型值），双极性为 64000（典型值）。

这一过程可以用下面的指令序列完成。

```
MOVR VD108, AC0 //把回路输出值移入累加器
-R 0.5, AC0 //仅双极性有此句
```

```
*R 64000.0, AC0 //在累加器中得到刻度值
```

下一步是把回路输出的刻度转换成 16 位整数，可通过下面的指令序列来完成。

```
ROUND AC0, AC0 //把实数转换为 32 位整数
DTI AC0, LW0 //把 32 位整数转换为 16 位整数
MOVW LW0, AQW0 //把 16 位整数写入模拟输出寄存器
```

6．正作用或反作用回路

如果增益为正，那么该回路为正作用回路。如果增益为负，那么是反作用回路。（对于增益值为 0.0 的 I 或 ID 控制，如果指定积分时间、微分时间为正，就是正作用回路；如果指定为负值，就是反作用回路）。

7．控制方式

S7-200 的 PID 回路没有设置控制方式，只有当 PID 指令盒接通时，才执行 PID 运算。在这种意义上说，PID 运算存在一种"自动"运行方式。当 PID 运算不被执行时，我们称之为"手动"模式。

同计数器指令相似，PID 指令有一个使能位。当该使能位检测到一个信号的正跳变（从 0 到 1），PID 指令执行一系列的动作，使 PID 指令从手动方式无扰动地切换到自动方式。为了达到无扰动切换，在转变到自动控制前，必须把手动方式下的输出值填入回路表中的 Mn 栏。PID 指令对回路表中的值进行下列动作，以保证当使能位正跳变出现时，从手动方式无扰动地切换到自动方式。

（1）置给定值（SP_n）=过程变量（PV_n）

（2）置过程变量前值（PV_{n-1}）=过程变量现值（PV_n）

（3）置积分项前值（MX）=输出值（M_n）

PID 使能位的默认值是 1，在 CPU 启动或从 STOP 方式转到 RUN 方式时建立。CPU 进入 RUN 方式后首次使 PID 块有效，没有检测到使能位的正跳变，那么就没有无扰动切换的动作。

8．报警与特殊操作

PID 指令是执行 PID 运算的简单而功能强大的指令。如果需要其他处理，如报警检查或回路变量的特殊计算等，则这些处理必须使用 S7-200 支持的基本指令来实现。

9．出错条件

如果指令指定的回路表起始地址或 PID 回路号操作数超出范围，那么在编译期间，CPU 将产生编译错误（范围错误），从而编译失败。

PID 指令不检查回路表中的一些输入值，必须保证过程变量和设定值（以及作为输入的偏置和前一次过程变量）必须在 0.0～1.0 之间。

如果 PID 计算的算术运算发生错误，那么特殊存储器标志位 SM1.1（溢出或非法值）会被置 1，并且中止 PID 指令的执行。（要想消除这种错误，单靠改变回路表中的输出值是不够的，正确的方法是在下一次执行 PID 运算之前，改变引起算术运算错误的输入值，而不是更新输出值）。

10．PID 指令使用中的其他问题

系统冷启动时，测量值 PV 巨大的变化将导致微分部分产生过大的校正作用，这时最好去掉微分部分。可以用 PV（或 MV）的变化值来决定从 PI 到 PID 的切换点。

    PID 数据块中有四个报警值，它们用来设置 *MV* 和 *PV* 的上限和下限，用于警告系统脱离控制。通过反映 *PV* 和 *MV* 变化的报警标志，可以监视系统的状态并且调节 PID 的参数。当系统接近设定值 *SV* 时，*PV* 和 *MV* 的变化很小，此时应使用完整的 PID 控制，使系统的输出跟随 *SV*。

【例 7-3】 水箱加热系统的 PLC 闭环自动控制系统。

    本实例中利用 PLC 的模拟量输入通道实现对温度的自动测量。利用 PLC 的模拟量输出通道实现对晶闸管调功器的控制。

    系统的组成如图 7-16 所示，本系统的被控对象是 1KW 电加热管，被控制量是水箱的水温，PLC 的模拟量输出信号控制调功器的电功率输出，由调功器控制电加热管的通断，被控对象为水箱中的单相电热管，被控制量为水箱水温。它由铂电阻 Pt100 测定，输入到温度变送器上，量程为 0～100℃。温度变送器变换为 0～10V 电压信号，传送给 PLC 的模拟量输入通道。PLC 的模拟量输入通道的量程范围为 -10V～+10V，对应的数据为 -32000～+32000。PLC 的模拟量输出通道为电压形式，电压范围为 0～+10V。对应的数据范围为 0～+32000。采用 PLC 实现水箱温度的自动调节控制，由 PLC 模拟量输入通道采集水箱温度数值，由 PLC 模拟量输出通道向晶闸管调功器发出控制信号，从而达到控制水箱温度的目的。

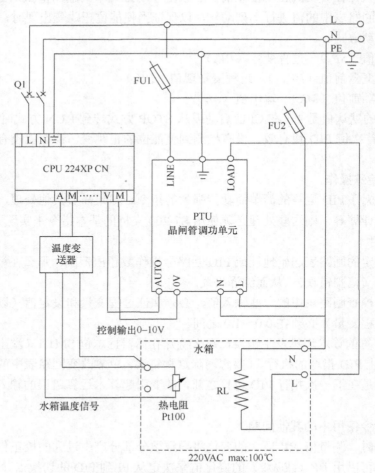

图 7-16 温度闭环自动调节控制的原理接线图

设计满足控制要求的程序如图 **XXXX** 所示，设定值为 35℃，采用下列控制参数值：K_C 为 2.0，T_S 为 0.1s，T_I 为 1 分钟，T_D 为 0.01 分钟，图 7-17 所示为主程序，图 7-18 所示为中断执行程序。

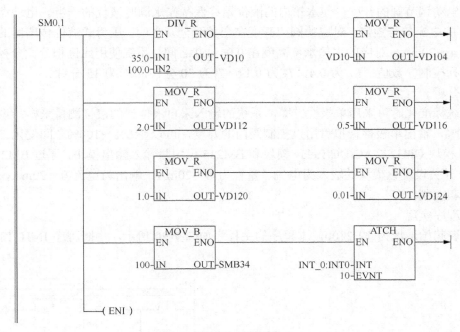

图 7-17 主程序

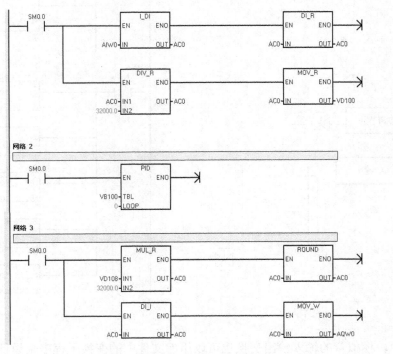

图 7-18 中断程序

【例 7-4】 应用 PLC 实现水箱水位的 PID 闭环控制。

（1）控制要求

如图 7-19 所示，有一水箱有一个进水管和一个出水管，进水管的水流量随时间不断变化，要求控制电动调节阀的开度，使水箱内的液位始终保持在水满时液位的一半。电动调节阀由 4～20mA 的电流信号控制，对应的阀门开度在全关至全开之间。压力式液位传感器的输出电流信号为 4～20mA，对应的水箱水位高度在 0.0～1.0 之间。系统使用比例积分微分控制，假设采用下列控制参数值：K_C 为 0.4，T_S 为 0.1s，T_I 为 30 分钟，T_D 为 15 分钟。

（2）分析

本系统标准化时可采用单极性方案，系统的输入来自液位计的液位测量采样；设定值是液位的 50%，输出单极性模拟量用以控制阀门的开度，可以在 0%～100% 之间变化。选用基本型 PLC 模块 CPU222 AC/DC/Relay 模块和 EM235 模拟量输入输出模块，通过 EM235 模块上的 DIP 开关设置该模块的输入为电流、量程为 0～20mA，输出为电流 0～20mA，采样单极性测量和控制。

（3）程序实现

回路表起始地址为 VB2100，本程序的主程序如图 7-20 所示，中断程序 INT0 如图 7-21 所示。

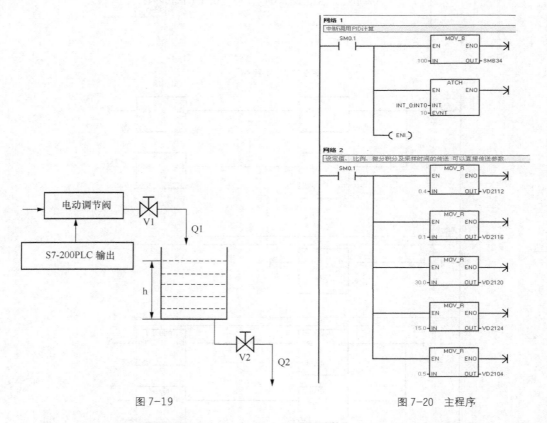

图 7-19   图 7-20   主程序

在本例中，模拟量的输入输出变换也可以用库文件中的变换子程序来设计，首先添加库文件（要添加一个"scaling"库文件，首先打开编程软件，在指令目录中的"库"位置点击鼠标右键选择"添加/删除库",在弹出的窗口中选择"添加",再打开相应的 200 指令库文件目录,选择其中的"scaling",单击"保存"将其添加进来。添加完成后,打开编程软件界面左侧项目树中的"库",可以看到相应的输入输出变换子程序),然后从库指令中调用相应的子程序"Scale_I_to_R"对模拟量输入的数字信号进行实数及范围的变换处理。如图 7-22 中的网络 1 所示,假设对应水位高度 0%～100%的模拟量输入数字为 6400～32000。经过模拟量变换子程序处理后的输出值存入 VD2100,该输出值实际上是按公式(7-12)计算出来的。

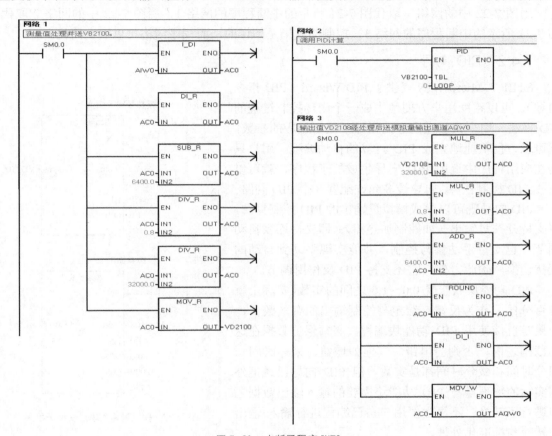

图 7-21　中断子程序 INT0

$$OV = \left[(Osh - Osl) * (Iv - Isl) / (Ish - Isl) \right] + Osl \tag{7-12}$$

Output:表示转换结果所存储的值(公式中用 *OV* 表示)。

Input:表示需要转换的数字量(公式中用 *IV* 表示),即采样所得的数字量。

Osh:换算结果的高限。

Osl:换算结果的低限。

Ish:模拟量输入的高限。

Isl:模拟量输入的低限。

同样,对于模拟量的输出处理也可通过变换子程序实现,如图 7-22 中的网络 2 所示,假设 PID 调节器的输出为 0～1.0 的数字输出值,数字为 6400～32000 对应电动调节阀的 4～20mA。经过模拟量输出变换子程序处理后的输出值存入 *AQW*0(为 6400～32000 的整数),

该输出值实际上也是按公式（7-12）计算出来的，只是 *Input* 表示需要转换的是实数数值。

Output：表示转换为模拟量输出所对应的数字量值（公式中用 *OV* 表示）。

Osh：换算结果的高限。

Osl：换算结果的低限。

Ish：数值输入的高限。

Isl：数值输入的低限。

用图 7-22 中的网络 1 取代图 7-21 所示的中断程序的网络 1，用图 7-22 中的网络 2 取代图 7-21 所示的中断程序的网络 3，控制的效果是一样的，而程序结构可以大大简化。

7.4.2 PID 向导

STEP 7–Micro/WIN 提供了 PID Wizard（PID 指令向导），可以帮助用户方便地生成一个闭环控制过程的 PID 算法。用户只要在向导的指导下填写相应的参数，就可以方便快捷地完成 PID 运算的自动编程。用户只需在应用程序中调用 PID 向导生成的子程序，就可以完成 PID 控制任务。向导最多允许配置 8 个 PID 回路。

PID 向导既可以生成模拟量输出的 PID 控制算法，也支持开关量输出（如控制加热棒）；即支持连续自动调节，也支持手动参与控制，并能实现手动到自动的无扰切换。除此之外，它还支持 PID 反作用调节。

PID 功能块只接受 0.0～1.0 之间的实数（实际上就是百分比）作为反馈、给定与控制输出的有效数值，如果是直接使用 PID 功能块编程，必须保证数据在这个范围之内，否则会出错。其他如增益、采样时间、积分时间和微分时间都是实数。但 PID 向导已经把外围实际的物理量与 PID 功能块需要的输入输出数据之间进行了转换，不再需要用户自己编程进行输入/输出的转换与标准化处理。

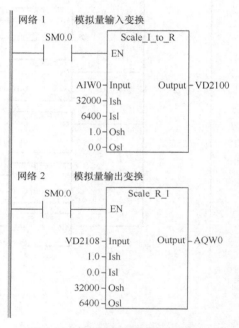

图 7-22 模拟量输入输出变换子程序

建议使用 PID 向导对 PID 编程，以简化编程及避免不必要的错误。

1. PID 向导的使用

PID 向导可以指导用户在几分钟内迅速地生成一个 PID 控制程序，方法是单击 Micro/WIN 导航栏 "Tools" 中的 "指令向导" 图标或在命令菜单中选择 "Tools" > "Instruction Wizard"，然后在指令向导窗口中选择 PID 向导进入配置。PID 向导的使用步骤如下。

第一步：定义需要配置的 PID 回路号。

第二步：设定 PID 回路参数，如图 7-23 所示。

① 定义回路设定值（SP，即给定）的高低限的范围与过程变量范围相对应。在低限（Low Range）和高限（High Range）输入域中输入实数，默认值为 0.0 和 100.0，表示给定值的大小占过程反馈量程的百分比，也可以用实际的工程单位量程表示。

② 增益（Gain）：即比例常数。

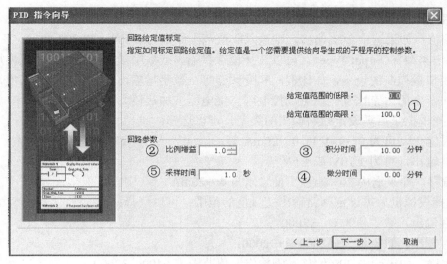

图 7-23 设定 PID 回路参数

③ 积分时间（Integral Time）：如果不想要积分回路，可以把积分时间设为无穷大。

④ 微分时间（Derivative Time）：如果不想要微分回路，可把微分时间设为 0。

⑤ 采样时间（Sample Time）：是 PID 控制回路对反馈采样和重新计算输出值的时间间隔。

在一般的控制系统中，经常只用到 PI 调节，这时需要把微分参数设为零。

第三步：设定 PID 回路输入输出参数，如图 7-24 所示。

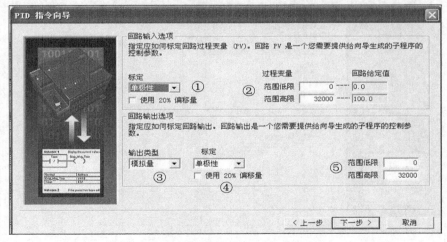

图 7-24 设定 PID 输入输出参数

① 指定输入类型

单极性（Unipolar）：即输入的信号为正，如 0～10V 或 0～20mA 等。

双极性（Bipolar）：输入信号在正负的范围内变化，如输入信号为 ±10V、±5V 等。

20%偏移（Offset）：如果输入为 4～20mA，则选单极性及此项，向导会自动进行转换。

② 设定过程反馈值的量程范围

单极性输入：缺省值为 0～32000。

双极性输入：缺省值为-32000～+32000。

20%偏移：如果选中 20%偏移，则输入取值范围固定为 6 400～32 000。

③ 输出类型（Output Type），可以选择模拟量输出或数字量输出。模拟量输出用来控制一些需要模拟量控制的设备，如比例阀和变频器等；数字量输出实际上是控制输出点的通、断状态按照一定的占空比变化，可以控制固态继电器（加热棒）等。

④ 选择模拟量后需设定回路输出的类型，可以选择：

单极性输出，可为 0～10V 或 0～20mA 等；

双极性输出，可为±10V 或±5V 等；

20%偏移，如果选中 20%偏移，使输出为 4～20mA。

⑤ 选择模拟量后需设定回路输出变量值的范围，可以选择：

单极性输出，缺省值为 0～32000；

双极性输出，缺省值为-32000～+32000；

20%偏移，如果选中 20%偏移，则输出取值范围为 6400～32000。

如果选择了开关量输出，需要设定输出占空比控制的周期。

第四步：设定回路报警选项（也可不选）。

第五步：指定 PID 运算数据存储区。

PID 向导需要一个 120 字节的数据存储区（V 区），如图 7-25 所示，要注意在程序的其他地方不要重复使用这些地址。

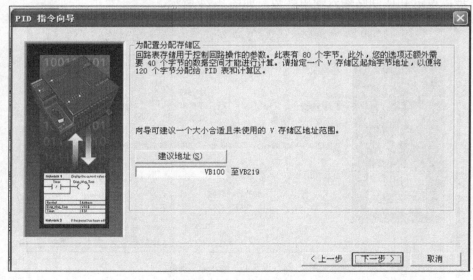

图 7-25　设定 PID 运算数据存储区参数

第六步：指定向导所生成的 PID 子程序名和中断程序名（可默认的或者自己定义）及添加手动模式，如图 7-26 所示。

第七步：生成 PID 子程序、中断程序及符号表等。

PID 向导使用了 SMB34 定时中断，在实现其他的编程任务时，不能再使用此中断，否则会引起 PID 运行错误。

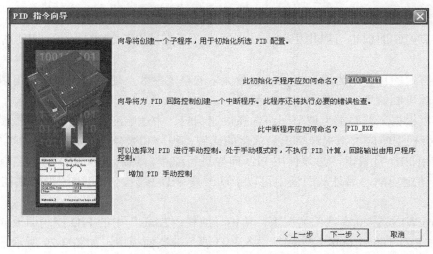

图 7-26　设定子程序及中断程序名称

在完成向导配置后，只要在程序中调用向导所生成的 **PIDx_INIT** 即可，如图 7-27 所示。包括：①反馈过程变量值地址；②设定值（可以是实数也可以是设定值变量的地址）；③手/自动控制转换；④手动输出值；⑤控制输出地址。

只能使用 **SM0.0** 作为唯一的条件调用 **PIDx_INIT**，否则会造成 PID 控制功能不运行。

2. PID 向导符号表

完成 PID 向导配置后，会自动生成一个 PID 向导符号表，在这个符号表中可以找到 P（比例）、I（积分）、D（微分）等参数的地址。利用这些参数地址用户可以方便地在 Micro/WIN 中使用程序、状态表或从 HMI 上修改 PID 参数值进行编程调试，如图 7-28 所示。

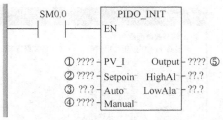

图 7-27　调用 PID 向导生成的子程序

			符号	地址	注释
1			PID0_Low_Alarm	VD216	报警低限
2			PID0_High_Alarm	VD212	报警高限
3			PID0_Mode	V182.0	
4			PID0_WS	VB182	
5			PID0_D_Counter	VW180	
6			PID0_D_Time	VD124	微分时间
7			PID0_I_Time	VD120	积分时间
8			PID0_SampleTime	VD116	采样时间 (要修改请重新运行 PID 向导)
9			PID0_Gain	VD112	回路增益
10			PID0_Output	VD108	标准化的回路输出计算值
11			PID0_SP	VD104	标准化的过程给定值
12			PID0_PV	VD100	标准化的过程变量
13			PID0_Table	VB100	PID 0 的回路表起始地址

图 7-28　PID 符号表

7.4.3　PID 自整定

在硬件上，S7-200 CPU V23 以上版本已经支持 PID 自整定功能。在软件上，在 STEP 7-Micro/WIN V4.0 以上版本中增加了 PID 调节控制面板。可以使用用户程序或 PID 调节控制面板来启动自整定功能。在同一时间，最多可以有 8 个 PID 回路同时进行自整定。

PID 调节控制面板也可以用手动调试老版本（不支持 PID 自整定的）CPU 的 PID 控制回路。

PID 自整定的目的是为用户提供一套最优化的整定参数，使用这些整定值可以使控制系统达到最佳的控制效果，真正优化控制程序。

用户可以根据工艺要求为调节回路选择快速响应、中速响应、慢速响应或极慢速响应。PID 自整定会根据响应类型来计算出最优化的比例、积分和微分值，并可应用到控制中。

要想使用 PID 自整定，必须使用 PID 向导进行编程，然后进入 PID 调节控制面板，启动、停止自整定功能。另外从面板中可以手动改变 PID 参数，并可用图形方式监视 PID 回路的运行。

在 Micro/WIN V4.0 在线的情况下，单击导航栏"Tools"中的 PID 控制面板或从主菜单"Tools"＞"PID Tune Control Panel"进入 PID 调节控制面板中，如图 7-29 所示。会以矩形方式或曲线方式显示相应的数据或变化趋势。

为了保证 PID 自整定的成功，在启动 PID 自整定前，需要调节 PID 参数，使 PID 调节器基本稳定，输出、反馈变化平缓，并且使反馈比较接近给定。另外设置合适的给定值，使 PID 调节器的输出远离趋势图的上、下坐标轴，以免 PID 自整定开始后输出值的变化范围受限制。

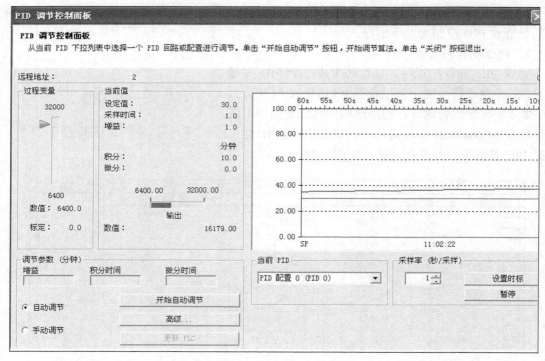

图 7-29 PID 的调节控制板

在程序中使 PID 调节器工作在自动模式下，然后单击"开始自动调节"按钮启动 PID 自整定功能，这时按钮变为"停止自动调节"。自整定控制器会在回路的输出中加入一些小的阶跃变化，使得控制过程产生小的振荡，自动计算出优化的 PID 参数并将计算出的 PID 参数显示在 PID 参数区。当按钮再次变为"停止自动调节"时，表示系统已经完成了 PID 自整定。此时 PID 参数区所显示的为整定后的参数，如果希望系统更新为自整定后的 PID 参数，单击"更新 PLC"按钮即可。

【**例 7-5**】 应用 PLC 的 PID 指令向导，实现水箱水位的 PID 闭环控制，系统的控制要求同例【7-4】相同。

PID 指令向导参数的设置方法如 7.4.2 所述，设置比例、微分、积分及采用时间，变量表的其实地址设为 VB2100。

图 7-30 所示为根据 PID 指令向导设计的程序。程序中调用 PID 子程序时，不用考虑中断程序，子程序会自动初始化相关的定时中断处理任务，然后中断程序会自动执行。

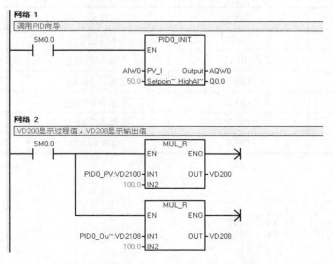

图 7-30   根据 PID 向导设计的梯形图程序

7.5   项目实例：自动称量混料系统的 PLC 控制设计

1．项目要求

自动称重混料装置可对多种原料按质量进行准确的配料和混合，在工业生产中有着广泛的应用。图 7-31 所示为自动称重混料控制装置示意图，混料罐自重 200kg，每次混料的最大质量为 600kg。混料过程如下：

（1）按下启动按钮 SB1，打开进料阀 YV1 向罐内加入原料 A，达到 250kg 后关闭 YV1，停止进 A 料；

（2）YV1 关闭的同时打开进料阀 YV2，向罐内加入原料 B，达到 450kg 后关闭 YV2，停止进 B 料；

（3）YV2 关闭的同时启动搅拌机，并打开进料阀 YV3，向罐内加入原料 C，达到 500kg 后关闭 YV3，停止进 C 料；

（4）搅拌机继续工作 5min 后，打开放料电磁阀 YV4 开始放料，当混合料全部放完后，关闭放料阀 YV4 并停止搅拌电动机，系统自动进入循环工作状态；

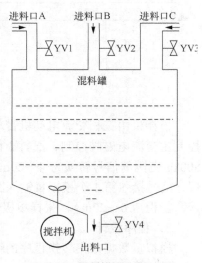

图 7-31   混料搅拌系统示意图

（5）当按下停止按钮 SB2 时，当前的混料操作完成后停止在初始步。

2．控制分析

用 PLC 控制实现混料机的自动称量混料功能，其自动控制系统主要包括：进料系统、搅拌系统以及出料系统。称量系统采用称重模块将模拟量转化为数字量，然后通过 A/D 转换后的数值来控制进料系统的电磁阀开关。实际上 PLC 只是用来进行数据采集，将采集到的数据与固定的各种重量数据进行比较，进而决定对进料、搅拌、出料的控制。所以该 PLC 控制系统是一个开关量顺序控制系统。PLC 的输入输出如表 7-2 所示。PLC 的输入输出接线如图 7-32 所示。

表 7-2　　　　　　　　　　输入/输出及中间寄存器分配表

符号	地址	符号	地址
启动 SB2	I0.0	搅拌机	Q0.0
停止 SB1	I0.1	重量≤210kg	M1.3
进料阀 YV1	Q0.1	重量≥450kg	M1.0
进料阀 YV2	Q0.2	重量≥650kg	M1.1
进料阀 YV3	Q0.3	重量≥700kg	M1.2
放料阀 YV4	Q0.4	连续标记	M1.4

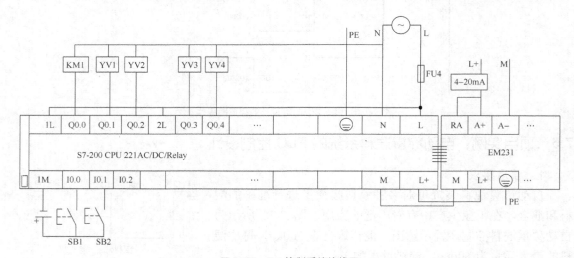

图 7-32　PLC 控制系统接线图

搅拌机由三相交流电动机带动，由接触器 KM1 控制电动机（主电路略），进料和出料的控制由交流电磁阀控制。混料罐称重可通过重量传感器和变送器处理，把重量处于 200kg～800kg 范围的信号转换为 4～20mA 的电流信号。重量数据的采集由模拟量模块 EM231 来实现（信号接入第 1 个模拟量输入回路），通过 EM231 模块上的 DIP 开关设置该模块的电流输入，量程为 0～20mA，采样单极性测量。

3．程序设计

模拟量数据采集转换程序的编写如下。

模拟量输入信号通过 A/D 转换变成 PLC 能识别的数字信号，可以将有关的模拟量通过手工计算转换为数字量。

模拟量到数字量的转换如公式（7-13）所示。模拟量 A 到数字量 D 的对应关系如图 7-33 所示。

$$D = \left[(A - A_0) \times (D_m - D_0) / (A_m - A_0) \right] + D_0 \qquad （7-13）$$

式中，

D —— A 经 A/D 转换的数值；

D_m —— A_m 经 A/D 转换的数值；

A —— 模拟量实际信号值；

A_m —— 模拟量输入信号的最大数值；

D_0 —— A_0 经 A/D 转换的数值；

A_0 —— 模拟量输出信号的最小数值。

可以用顺序功能图的方法设计程序，把整个循环动作过程分为 7 步，如图 7-34 所示，混料罐自重 200kg，考虑到罐内可能留有少量残留原料，将空罐重量预设为 210kg，其他各个转换工位对应的重量依次为 450kg、650kg、700kg，这 4 种重量数据对应模拟量输入寄存器 AIW0 的数值可以由公式（7-13）对应求出（数值对应分别为 6827、17066、25600、27733）。用比较指令实现对 M1.0、M1.1、M1.2、M1.3 的控制。按以上分析设计的顺序功能图如图 7-34 所示。然后再根据顺序功能图设计梯形图程序，如图 7-35 所示。

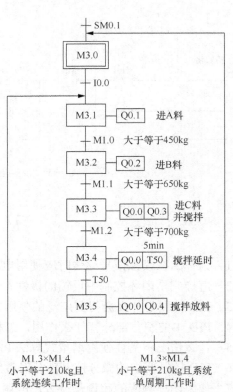

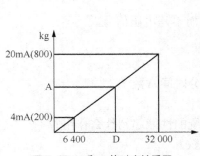

图 7-33　A 和 D 的对应关系图

图 7-34　混料控制的顺序功能图

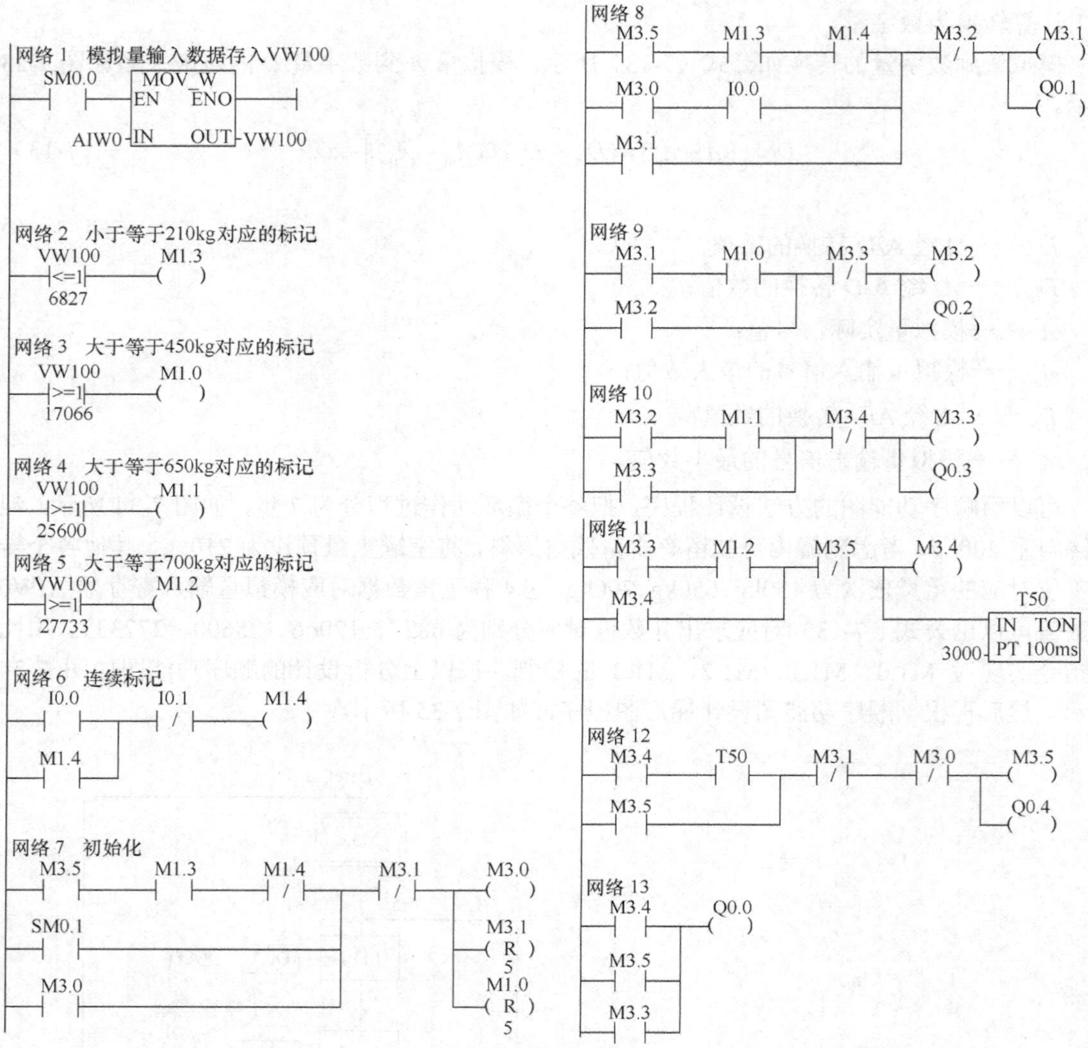

网络1　模拟量输入数据存入VW100

```
SM0.0        MOV_W
─┤├─────────┤EN    ENO├─
                          
        AIW0─┤IN    OUT├─VW100
```

网络2　小于等于210kg对应的标记

```
VW100       M1.3
─┤<=1├──────( )
 6827
```

网络3　大于等于450kg对应的标记

```
VW100       M1.0
─┤>=1├──────( )
 17066
```

网络4　大于等于650kg对应的标记

```
VW100       M1.1
─┤>=1├──────( )
 25600
```

网络5　大于等于700kg对应的标记

```
VW100       M1.2
─┤>=1├──────( )
 27733
```

网络6　连续标记

```
I0.0    I0.1     M1.4
─┤├────┤/├──────( )
M1.4
─┤├─┘
```

网络7　初始化

```
M3.5    M1.3     M1.4     M3.1     M3.0
─┤├────┤├──────┤/├─────┤/├──────( )
SM0.1                                M3.1
─┤├─────────────────────────────( R )
                                     5
M3.0                                 M1.0
─┤├─────────────────────────────( R )
                                     5
```

网络8

```
M3.5    M1.3     M1.4     M3.2     M3.1
─┤├────┤├──────┤├──────┤/├──────( )
M3.0    I0.0                         Q0.1
─┤├────┤├─┘                         ( )
M3.1
─┤├─┘
```

网络9

```
M3.1    M1.0     M3.3            M3.2
─┤├────┤├──────┤/├─────────────( )
M3.2                             Q0.2
─┤├─┘                           ( )
```

网络10

```
M3.2    M1.1     M3.4            M3.3
─┤├────┤├──────┤/├─────────────( )
M3.3                             Q0.3
─┤├─┘                           ( )
```

网络11

```
M3.3    M1.2     M3.5            M3.4
─┤├────┤├──────┤/├─────────────( )
M3.4                              T50
─┤├─┘                          ┤IN   TON├
                          3000─┤PT  100ms├
```

网络12

```
M3.4    T50      M3.1     M3.0    M3.5
─┤├────┤├──────┤/├─────┤/├──────( )
M3.5                                 Q0.4
─┤├─┘                               ( )
```

网络13

```
M3.4    Q0.0
─┤├─────( )
M3.5
─┤├─┘
M3.3
─┤├─┘
```

图 7-35　混料控制系统的梯形图程序

习　题

7-1　为什么在模拟信号远传时应使用电流信号，而不是电压信号？

7-2　怎样判别闭环控制中反馈的极性？

7-3　PID 控制为什么会得到广泛的使用？

7-4　PID 中的积分部分有什么作用，怎样调节积分时间常数 T_I？

7-5　什么情况下需要使用增量式算法 PID？

7-6　PID 控制器中的微分控制部分对改善控制系统的性能起到什么作用？

7-7　如果闭环响应的超调量过大，应调节哪些参数？

7-8　怎样确定 PID 控制器参数的初始值？

7-9　试根据以下参数要求设计初始化程序。

K_C 为 0.4，T_S 为 0.2 秒，T_I 为 30 分钟，T_D 为 15 分钟，建立一个子程序 SBR0 用来对回路表进行初始化。

7-10　频率变送器的量程为 45～55 Hz，输出信号为 4～20mA，某模拟量输入模块输入信号的量程为 4～20mA，转换后的数字量为 0～32000，设转换后得到的数字为 N，试求以 Hz 为单位的频率值 f_N 为多少 Hz，并设计出用来计算与 N 对应的频率值 f_N 的程序。

7-11　某温度变送器的量程为-100℃～500℃，输出信号为 4～20mA，某模拟量输入模块将 0～20mA 的电流信号转换为数字 0～27648，设转换后得到的数字为 N，求以 0.1℃为单位的温度值 t_N。并设计出用来计算与 N 对应的以 0.1℃为单位的温度值 t_N 的程序。

第 **8** 章　S7-200 PLC 控制系统的设计与应用

8.1　PLC 控制的系统设计

8.1.1　系统设计的原则

在可编程序控制器控制系统的设计中，应该最大限度地满足生产机械或生产流程对电气控制的要求，在满足控制要求的前提下，力求 PLC 控制系统简单、经济、安全、可靠、操作和维修方便，而且应使系统能尽量降低使用者长期运行的成本，图 8-1 所示为设计调试过程示意图。

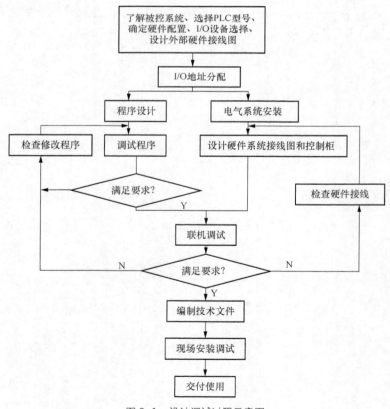

图 8-1　设计调试过程示意图

8.1.2　PLC 控制系统的设计和调试步骤

1. 熟悉被控对象

这一步是系统设计的基础。设计前应熟悉图纸资料，深入调查研究，与工艺、机械方面的技术人员和现场操作人员密切配合，共同讨论，解决设计中出现的问题。应详细了解被控对象的全部功能，如是否需要模拟量控制、是否需要通信联网控制、哪些信号需要输入给 PLC、哪些负载需要由可编程控制器控制等。

2. 选择 PLC 型号、I/O 设备并设计外部硬件接线图

（1）选择 PLC 型号

选择 PLC 的型号应考虑到 PLC 的硬件功能、PLC 指令系统的功能、PLC 的物理结构及输入输出的点数等方面的情况。

（2）I/O 设备选择

根据 I/O 表和可供选择的 I/O 模块的类型，确定 I/O 模块的型号和块数。选择 I/O 模块时，I/O 点数一般应留有一定的余量。

开关量输入模块的电压一般为 24VDC 和 220VAC。直流输入电路的延时时间较短，可以直接与接近开关、光电开关等电子输入装置连接。交流输入方式适合于在有油雾、粉尘的恶劣环境下使用。

开关量输出模块要考虑动作速度、触点容量、工作电压范围等因素。如果系统的输出信号变化不是很频繁，一般优先选用继电器输出型的模块。

（3）设计外部硬件接线图

交流供电系统的接线图如图 8-2 所示，交流接线安装时用一个单刀切断开关将电源与 CPU、所有的输入电路和输出（负载）电路隔离开。用一台过流保护设备来保护 CPU 的电源、输出点以及输入点。根据情况也可以为每个输出点加上保险丝，进行范围更广的保护。主机单元的直流传感器电源可用于主机单元的输入。

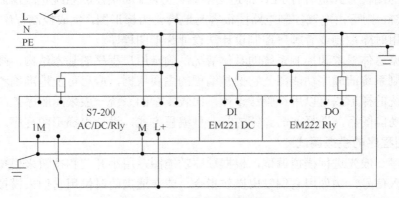

图 8-2　PLC 的交流系统接线图

直流供电系统的接线图如图 8-3 所示，直流安装接线时用一个单刀开关 a 将电源同 CPU、所有的输入电路和输出（负载）电路隔离开。用过流保护设备来保护 CPU 电源、[c] 输出点以及[d]输入点。也可以在每个输出点加上保险丝进行过流防护。

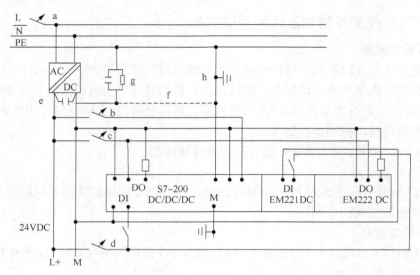

图 8-3　PLC 的直流系统接线图

在给 CPU 进行供电接线时，一定要特别小心，分清是哪一种供电方式，如果把 220VAC 接到 24VDC 供电的 CPU 上，或者不小心接到 24VDC 传感器输出电源上，都会造成 CPU 的损坏。

当使用 PLC 24VDC 传感器电源时，可以取消输入点的外部过流保护，因为该传感器电源具有短路保护功能。

3．程序设计

程序设计的内容包括：编写程序、编译程序、模拟运行及调试程序等。

程序设计的方法是指用什么方法和编程语言来编写用户程序。

程序设计有多种方法：顺序控制设计法是最通用的方法，起、保、停电路的编程方式和以转换为中心的编程方式是所有 PLC 都适用的编程方法。如果控制系统是改造原有成熟的继电接触控制系统，则可由电气控制电路图很容易地转化为梯形图，生成控制程序。如果是时序控制则可以用时序控制或者顺序控制设计法设计梯形图程序。

首先应根据总体要求和控制系统的具体情况，确定用户程序的基本结构，画出程序流程图或开关量控制系统的顺序功能图。它们是编程的主要依据，应尽可能地准确和详细。

较简单系统的梯形图可以用经验法设计，比较复杂的系统一般采用顺序控制设计法。画出系统的顺序功能图后，选择前面介绍的某一种编程方式，设计出梯形图程序。

4．梯形图程序的模拟调试

对用户程序一般先进行模拟调试，根据顺序功能图，用小开关和按钮来模拟可编程序控制器实际的输入信号，例如用它们发出操作指令，或在适当的时候用它们来模拟实际的反馈信号，如限位开关触点的接通和断开。通过输出模块上各输出继电器对应的发光二极管，观察各输出信号的变化是否满足设计的要求。

调试顺序控制程序的主要任务是检查程序的运行是否符合顺序功能图的规定，即在某一转换条件实现时，是否发生步的活动状态的正确变化，该转换所有的前级步是否变为不活动步，所有的后续步是否变为活动步，以及各步被驱动的负载是否发生相应的变化。

在调试时应充分考虑各种可能的情况，对系统各种不同的工作方式、顺序功能图中的每一条支路、各种可能的进展路线，都应逐一检查，不能遗漏。发现问题后及时修改程序，直到在各种可能的情况下输入信号与输出信号之间的关系完全符合要求。

如果程序中某些定时器或计数器的设定值过大，为了缩短调试时间，可以在调试时将它们减小，模拟调试结束后再写入它们的实际设定值。

在设计和模拟调试程序的同时，可以设计、制作控制台或控制柜，可编程序控制器之外的其他硬件的安装、接线工作也可以同时进行。

5. 现场调试

完成上述工作后，将可编程序控制器安装在控制现场，接入实际的输入信号和负载。在联机总调试过程中将暴露出系统中可能存在的传感器、执行器和接线等硬件方面的问题，以及可编程序控制器的外部接线图和梯形图设计中的问题，发现问题后在现场加以解决，直到完全符合要求。

6. 编写技术文件

系统交付使用后，应根据调试的最终结果整理出完整的技术文件，并提供给用户，以利于系统的维修和改进。技术文件应包括：

（1）可编程序控制器的外部接线图和其他电器图纸；

（2）可编程序控制器的编程元件表，包括程序中使用的输入/输出继电器、辅助继电器、定时器、计数器、状态等的元件号、名称、功能，以及定时器、计数器的设定值等；

（3）顺序功能图、带注释的梯形图和必要的总体文字说明。

8.2　PLC 应用系统的可靠性措施

8.2.1　S7-200 PLC 使用中应注意的问题

市场上经常出现继电器问题的用户现场有一个共同的特点：出现故障的输出点动作频率比较快，驱动的负载都是继电器、电磁阀或接触器等感性负载，而且没有吸收保护电路。因此建议在 PLC 输出类型选择和使用时应注意以下几点。

1. 负载容量

输出端口须遵守允许最大电流限制，以保证输出端口的发热限制在允许范围。继电器的使用寿命与负载容量有关，当负载容量增加时，触点寿命将大大降低，因此要特别关注。

2. 负载性质

感性负载在开合瞬间会产生瞬间高压，因此表面上看负载容量可能并不大，但是实际上负载容量很大，继电器的寿命将大大缩短，因此当驱动感性负载时应在负载两端接入吸收保护电路。尤其在工作频率比较高时务必增加保护电路。从客户的使用情况来看，增加吸收保护电路后的改善效果十分明显。

根据电容的特性，如果直接驱动电容负载，在导通瞬间将产生冲击浪涌电流，因此原则上输出端口不宜接入容性负载，若有必要，需保证其冲击浪涌电流小于规格说明中的最大电流。

3. 动作频率

当动作频率较高时，建议选择晶体管输出类型，如果同时还要驱动大电流，则可以使用晶体管输出驱动中间继电器的模式。当控制步进电机/伺服系统，或者用到高速输出/PWM波，或者用于动作频率高的节点等场合，只能选用晶体管型。PLC 对扩展模块与主模块的输出类型并不要求一致，因此当系统点数较多而功能各异时，可以考虑继电器输出的主模块扩展晶体管输出或晶体管输出主模块扩展继电器输出以达到最佳配合。

事实证明，根据负载性质、容量以及工作频率进行正确选型和系统设计，输出口的故障率明显下降，客户十分满意。

4．S7-200 的电源需求与计算

S7-200 CPU 模块提供 5VDC 和 24VDC 电源：当有扩展模块时 CPU 通过 I/O 总线为其提供 5V 电源，所有扩展模块的 5V 电源消耗之和不能超过该 CPU 提供的电源额定值。若不够用不能外接 5V 电源。每个 CPU 都有一个 24VDC 传感器电源，它为本机输入点和扩展模块输入点及扩展模块继电器线圈提供 24VDC。如果电源要求超出了 CPU 模块的电源定额，可以增加一个外部 24VDC 电源来提供给扩展模块。所谓电源计算，就是用 CPU 所能提供的电源容量，减去各模块所需要的电源消耗量。24VDC 电源需求取决于通信端口上的负载大小。CPU 上的通信口，可以连接 PC/PPI 电缆和 TD 200 并为它们供电，此电源消耗不必再纳入计算。

8.2.2　安装和布线的注意事项

开关量信号一般对信号电缆没有严格的要求，可以选用普通电缆，信号传输距离较远时，可以选用屏蔽电缆。模拟量信号和高速信号（例如光电编码器等提供的信号）应选择屏蔽电缆。有的通信电缆的信号频率很高，一般应选用专用电缆或光纤电缆，在要求不高或信号频率较低时，也可以选用带屏蔽的多芯电缆或双绞线电缆。

PLC 应避免强干扰源，例如大功率晶闸管装置、变频器、高频焊机和大型动力设备等。

PLC 不能与高压电器安装在同一个开关柜内，在柜内 PLC 应远离动力线，二者之间的距离应大于 200mm。与 PLC 装在同一个开关柜内的电感性元件，例如继电器、接触器的线圈，应并联 RC 消弧电路。

信号线与功率线应分开走线，电力电缆应单独走线，不同类型的线应分别装入不同的电缆管或电缆槽中，并使其有尽可能大的空间距离，信号线应尽量靠近地线或接地的金属导体。

当开关量 I/O 线不能与动力线分开布线时，可以用继电器来隔离输入/输出线上的干扰。当信号线距离超过 300m 时，应采用中间继电器来转接信号，或使用 PLC 的远程 I/O 模块。

I/O 线与电源线应分开走线，并保持一定的距离。如果不得已要在同一线槽中布线，应使用屏蔽电缆。交流线与直流线应分别使用不同的电缆，开关量、模拟量 I/O 线应分开敷设，后者应采用屏蔽线。如果模拟量输入/输出信号距离 PLC 较远，应采用 DC 4~20mA 的电流传输方式，而不是易受干扰的电压传输方式。

传送模拟信号的屏蔽线，其屏蔽层应一端接地，为了泄放高频干扰，数字信号线的屏蔽层应并联电位均衡线，其电阻应小于屏蔽层电阻的 1/10，并将屏蔽层两端接地。如果无法设置电位均衡线，或只考虑抑制低频干扰时，也可以一端接地。

不同的信号线最好不用同一个接插件转接，如果必须用同一个接插件，要用备用端子或地线端子将它们分隔开，以减少相互干扰。

8.2.3　控制系统的接地

良好的接地是 PLC 安全、可靠运行的重要条件，PLC 与强电设备最好分别使用接地装置，接地点与 PLC 的距离应小于 50m。将 S7-200 的所有地线端子同最近接地点相连接，以获得最好的抗干扰能力。一般所有的接地端子都使用 1.5 mm² 的电线连接到独立导电点上（亦称一点接地），如图 8-3 中的 h 所示。

在大部分的安装接线中，如果把 PLC 上传感器电源的 M 端子接到地上可以获得最佳的噪声抑制。

在大部分的应用中，把所有的 DC 电源接地可以得到最佳的噪声抑制。在未接地 DC 电源的公共端与保护地（PE）之间并联电阻与电容，如图 8-2（b）中的 g 所示。电阻提供了静电释放通路，电容提供高频噪声通路，它们的典型值是 1MΩ 和 4700pf。

在发电厂或变电站中，有接地网络可供使用。各控制屏和自动化元件可能相距甚远，若分别将它们在就近的接地点接地，强电设备的接地电流可能在两个接地点之间产生较大的电位差，干扰控制系统的工作。为防止不同信号回路接地线上的电流引起交叉干扰，必须分系统（例如以控制屏为单位）将弱电信号的内部地线接通，然后各自用规定截面积的导线统一引到接地网络的同一点，从而实现控制系统一点接地的要求。

8.2.4　抑制电路的使用

继电器控制接触器等感性负载的开合瞬间，由于电感电流具有不可突变的特点，因此根据 $U=L(dI/dt)$，将产生一个瞬间的尖峰电压在继电器的两个触点之间，该电压幅值超过继电器的触点耐压的降额；继电器采用的电磁式继电器，触点间的耐受电压是 1000V（1min），若触点间的电压长期工作在 1000V 左右的话，容易造成触点金属的迁移和氧化，出现接触电阻变大、接触不良和触点粘接的现象。而且动作频率越快现象越严重。瞬间高压如持续时间在 1ms 以内，幅值为 1kV 以上。晶体管输出为感性负载时也同样存在这个问题，该瞬时高压可能导致晶体管的损坏。

因此当驱动感性负载时应在负载两端接入吸收保护电路。当驱动直流回路的感性负载（如继电器线圈）时，需在负载两端并联续流二极管（需注意二极管极性）；当驱动交流回路的感性负载时，用户电路需并联 RC 浪涌吸收电路，以保护 PLC 的输出触点。PLC 输出触点的保护电路如图 8-4 所示。

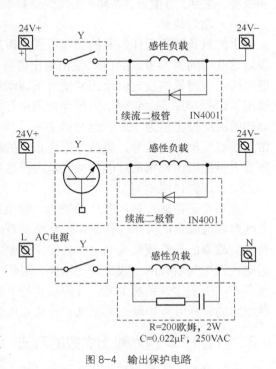

图 8-4　输出保护电路

8.2.5　强烈干扰环境中的隔离措施

PLC 内部用光耦合器、输出模块中的小型继电器和光敏晶闸管等器件来实现对外部开关量信号的隔离，PLC 的模拟量 I/O 模块一般也用光耦合器来实现隔离。这些器件除了能减少或消除外部干扰对系统的影响外，还可以保护 CPU 模块，使之免受从外部窜入 PLC 的高电压的危害，因此一般没有必要在 PLC 外部再设置干扰隔离器件。

在某些工业环境，PLC 受到强烈的干扰。由于现场条件的限制，有时很长的强电电缆和 PLC 的低压控制电缆只能敷设在同一电缆沟内，强电干扰在输入线上产生的感应电压和感应电流相当大，足以使 PLC 输入端的光耦合器中的发光二极管发光，光耦合器的隔离作用失效，使 PLC 产生误动作。在这种情况下，对于用长线引入 PLC 的开关量信号，可以用小型继电器来隔离。开关柜内和距离开关柜不远的输入信号一般没有必要用继电器来隔离。

为了提高抗干扰能力和防雷击，PLC 和计算机之间的串行通信线路可以考虑使用光纤，或采用带光耦合器的通信接口。

PLC 的 24VDC 电源回路与设备之间，以及 120/230VAC 电源与危险环境之间，必须提供安全电气隔离。

8.2.6 故障的检测与诊断

PLC 的可靠性很高，本身有很完善的自诊断功能，如果出现故障，借助自诊断程序可以方便地找到出现故障的部件，更换后就可以恢复正常工作。

大量的工程应用实践表明，PLC 外部的输入、输出元件，例如限位开关、电磁阀、接触器等的故障率远远高于 PLC 本身的故障率，这些元件出现故障后，PLC 一般不能觉察出来，不会自动停机，可能使故障扩大，直至强电保护装置动作后停机，有时甚至会造成设备和人身事故。停机后，查找故障也要花费很多时间。为了及时发现故障，在没有酿成事故之前自动停机和报警，也为了方便查找故障，提高维修效率，可用梯形图程序实现故障的自诊断和自动处理。

（1）超时检测

机械设备在各工作步骤的动作所需的时间一般是不变的，即使变化也不会太大，因此可以以这些时间为参考，在 PLC 发出输出信号，相应的外部执行机构开始动作时启动一个定时器定时，定时器的设定值比正常情况下该动作的持续时间长一些。例如设某执行机构在正常情况下运行 10s 后，它驱动的部件使限位开关动作，发出动作结束信号。在该执行机构开始动作时启动设定值为 12s 的定时器定时，若 12s 后还没有接收到动作结束信号，由定时器的常开触点发出故障信号，该信号停止正常的程序，启动报警和故障显示程序，使操作人员和维修人员能迅速判别故障的种类，及时排除故障。

（2）逻辑错误检测

在系统正常运行时，PLC 的输入、输出信号和内部的信号（例如存储器位的状态）相互之间存在着确定的关系，如果出现异常的逻辑信号，则说明出现了故障。因此，可以编制一些常见故障的异常逻辑关系，一旦异常逻辑关系为 ON 状态，就应按故障处理。例如某机械运动过程中先后有两个限位开关动作，这两个信号不会同时为 ON。若它们同时为 ON，说明至少有一个限位开关被卡死，应停机进行处理。在梯形图中，用这两个限位开关对应的输入继电器的常开触点串联，来驱动一个表示限位开关故障的辅助继电器。

8.3 节省 PLC 输入输出点数的方法

PLC 的每一 I/O 点的平均价格高达数十元，减少所需 I/O 点数是降低系统硬件费用的主要措施。

8.3.1　减少所需输入点数的方法

1. 分时分组输入

自动程序和手动程序不会同时执行，自动和手动这两种工作方式分别使用的输入量可以分成两组输入（见图 8-5（a））。I0.0 用来输入自动/手动命令信号，供自动程序和手动程序切换之用。

图中的二极管用来切断寄生电路。如果图中没有二极管，系统处于自动状态，K1、K2、K3 闭合，K4 断开，这时电流从 I0.2 端子流入，经 K2、K1、K3 形成的寄生回路流入 1M 端子，使输入继电器 I0.2 错误地变为 ON。各开关串联了二极管后，切断了寄生回路，避免了错误输入的产生。

2. 输入触点的合并

如果某些外部输入信号总是以某种"与或非"组合的整体形式出现在梯形图中，可以将它们对应的触点在 PLC 外部串、并联后作为一个整体输入 PLC，只占 PLC 的一个输入点。

例如某负载可在多处起动和停止，可以将多个起动用的常开触点并联，将多个停止用的常闭触点串联，分别送给 PLC 的两个输入点。与每一个启动信号或停止信号分别占用一个输入点的方法相比，不仅节约了输入点，还简化了梯形图电路。

3. 将信号设置在 PLC 之外

系统的某些输入信号，例如手动操作按钮、过载保护动作后需手动复位的电动机热继电器 FR 的常闭触点提供的信号，可以设置在 PLC 外部的硬件电路中（见图 8-5（b））。某些手动按钮需要串接一些安全联锁触点，如果外部硬件联锁电路过于复杂，则应考虑将有关信号送入 PLC，用梯形图实现联锁。

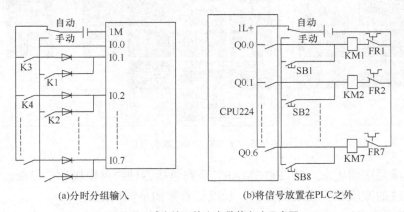

(a)分时分组输入　　　　　　　　(b)将信号放置在PLC之外

图 8-5　减少输入输出点数的方法示意图

8.3.2　减少所需输出点数的方法

在 PLC 的输出功率允许的条件下，通/断状态完全相同的多个负载并联后，可以共用一个输出点，通过外部或 PLC 控制的转换开关的切换，一个输出点可以控制两个或多个不同时工作的负载。与外部元件的触点配合，可以用一个输出点控制两个或多个有不同要求的负载。用一个输出点控制指示灯常亮或闪烁，可以显示两种不同的信息。

在需要用指示灯显示 PLC 驱动的负载（例如接触器线圈）状态时，可以将指示灯与负载并联，并联时指示灯与负载的额定电压应相同，总电流不应超过允许的值。可以选用电流小、工作可靠的 LED（发光二极管）指示灯。

可以用接触器的辅助触点来实现 PLC 外部的硬件联锁。

系统中某些相对独立或比较简单的部分，可以不进 PLC，直接用继电器电路来控制，这样同时减少了所需的 PLC 的输入点和输出点。

8.4　S7-200 SMART 系列 PLC 及其应用

8.4.1　S7-200 SMART PLC 的组成

硬件组成部分由基本单元、扩展单元、通信及网络设备、人机界面设备及其他相关设备组成，如图 8-6 所示。

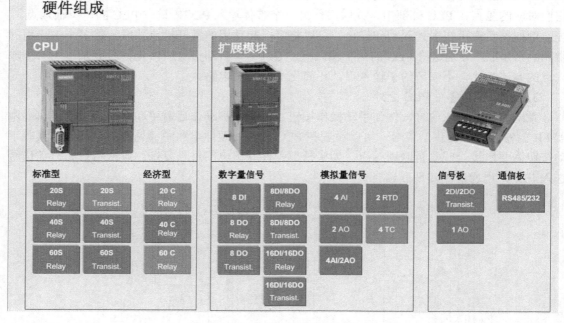

图 8-6　S7-200 SMART 系列 PLC

为更好地满足应用要求，S7-200 SMART 系列包括各种扩展模块和信号板。一般 PLC 主机及其扩展模块的宽度和厚度是固定的，长度随点数的不同而不同。

如图 8-7 所示，S7-200 SMART PLC 的基本单元是将微处理器 CPU、集成电源、输入电路和输出电路组合到一个结构紧凑的外壳中，形成功能强大的 Micro PLC。下载用户程序后，CPU 将包含监控应用中的输入和输出设备所需的逻辑。

PLC 主机上的 RS-485 通信接口，用以连接编程器（手持式或 PC 机）、文本 / 图形显示器、PLC 网络等外部设备。

PLC 主机上的以太网接口用于直接通过以太网网络连接 PC 机或以太网交换机。以太网口连接电脑编程，只需要网线连接即可，无需其他编程电缆。

适用于 S7-200 SMART 的人机界面设备有文本显示器，还支持 Comfort HMI、SMART LINE HMI、Basic HMI、Micro HMI 等。

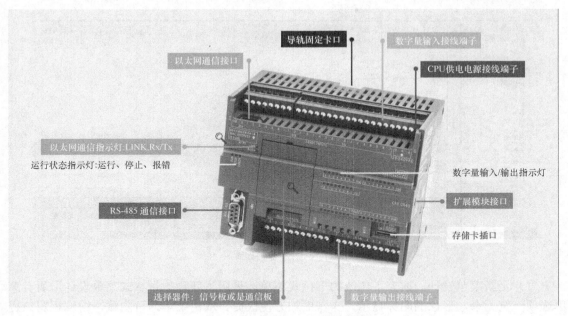

图 8-7　S7-200 SMART PLC 的基本单元

8.4.2　S7-200 SMART PLC 的编程软件

SIMATIC S7-200 SMART PLC 编程软件是指西门子公司为 S7-200 SMART PLC 系列可编程控制器编制的工业编程软件的集合，STEP 7-Micro/WIN SMART 是专门为 S7-200 SMART 开发的编程软件，能在 Windows XP SP3/Windows 7 上运行，支持 LAD、FBD、STL 语言。安装文件小于 100MB。在沿用 STEP 7-Micro/WIN 优秀编程理念的同时，更多的人性化设计使编程更容易上手，项目开发更加高效。本书以 STEP7-Micro/WIN SMART V2.0 编程软件为例，介绍编程软件的功能、安装和使用方法，并结合应用实例讲解用户程序的输入、编辑、调试及监控运行的方法。

只要是 S7-200CN 的代码中没有 SMART PLC 不支持的特殊指令，都能将 S7-200CN 中的项目程序简单平移到这个编程软件中来，而且用惯了老的 S7-200 CN PLC 的编程软件，很容易上手这款新 PLC 的编程软件，软件也就 80MB 左右。

该编程软件可以实现程序的输入、编辑、编译等功能。编程软件安装完毕后，双击 STEP 7-Micro/WIN SMART 软件图标，即可进入编程软件主界面，如图 8-8 所示。主界面的各组成部分及其功能简述如下。

顶部是常见任务的快速访问工具栏，其后是所有公用功能的菜单。左边是用于对组件和指令进行便捷访问的项目树和导航栏。打开的程序编辑器和其他组件占据用户界面的剩余部分。STEP7-Micro/WIN SMART 提供三种程序编辑器（LAD、FBD 和 STL），用于方便高效地开发适合用户应用的控制程序。

对比 STEP 7-Micro/WIN 4.0 编程软件，STEP 7-Micro/WIN SMART 有以下特点。

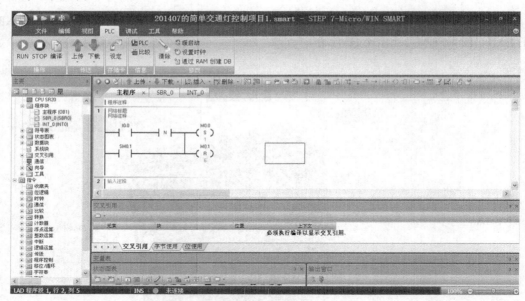

图 8-8　编程软件界面

（1）全新菜单设计。摒弃了传统的下拉式菜单，采用了新颖的带状式菜单设计，所有菜单选项一览无余，形象的图标显示，操作更加方便快捷。双击菜单即可隐藏，给编程窗口提供更多的可视空间。

（2）全移动式窗口设计。软件界面中的所有窗口均可随意移动，并提供 8 种拖曳放置方式。主窗口、程序编辑窗口、输出窗口、变量表、状态图等窗口均可按照用户的习惯进行组合，最大限度地提高编程效率。

（3）变量定义与程序注释。用户可根据工艺需求自定义变量名，并且直接通过变量名进行调用，完全享受高级编程语言的便利。根据实现的功能，特殊功能寄存器调用后自动命名，更加便捷。STEP 7-Micro/WIN SMART 提供了完善的注释功能，能为程序块、编程网络、变量添加注释，大幅提高程序的可读性。当鼠标移动到指令块时，自动显示各管脚支持的数据类型。

（4）强大的密码保护。STEP 7-Micro/WIN SMART 不仅对计算机中的程序源提供密码保护，同时对 CPU 模块中的程序也提供密码保护，满足用户对密码保护的不同需求，保护用户的知识产权。STEP 7-Micro/WIN SMART 对程序源实现三重保护包括：工程项目、POU（程序组织单元）、数据页设置密码，只有授权的用户才能查看并修改相应的内容。编程软件对CPU 模块里的程序提供 4 级不同权限密码保护：（1）全部权限（1 级）；（2）部分权限（2 级）：（3）最小权限（3 级）；（4）禁止上载（4 级）。

（5）新颖的设置向导。STEP 7- Micro/WIN SMART 集成了简易快捷的向导设置功能，只需按照向导提示设置每一步的参数即可完成复杂功能的设定。新的向导功能允许用户直接对其中某一步的功能进行设置，修改已设置的向导无需重新设置每一步。向导设置支持以下功能：（1）HSC（高速计数）；（2）运动控制，（3）PID；（4）PWM（脉宽调制）；（5）文本显示。

（6）状态监控。在 STEP 7- Micro/WIN SMART 状态图中，可监测 PLC 每一路输入/输出通道的当前值，同时可对每路通道进行强制输入操作来检验程序逻辑的正确性。状态监测值既能通过表格形式，也能通过比较直观的波形图来显示，二者可相互切换。

（7）便利的指令库。在 PLC 编程中，一般将多次反复执行的相同任务编写成一个子程序，将来可以直接调用。使用子程序可以更好地组织程序结构，便于调试和阅读。STEP 7-Micro/WIN SMART 提供便利的指令库功能，将子程序转化成指令块，与普通指令块一样，直接拖拽到编程界面就能完成调用。指令库功能提供了密码保护功能，防止库文件被随意查看或修改。另外，西门子公司提供了大量完成各种功能的指令库，均可轻松添加到软件中。

8.4.3　S7-200 SMART 系列 PLC 的应用

1. 编程软件的安装

关闭所有的应用程序，在光盘驱动器中插入驱动光盘，如果没有禁止，光盘插入自动运行，安装程序会自动进行，或者在 WINDOWS 资源管理器中打开光盘上的"Setup.exe"。也可以把光盘资料复制到硬盘中，点击"Setup.exe"进行安装。使用默认的安装语言（简体中文），然后按照安装程序的提示完成安装。安装完成后最好重启计算机。

2. 建立项目或打开已有的项目

可以用新建菜单建立一个项目，也可以用打开菜单打开已有的项目，可以用另存为菜单保存项目并修改项目名称，还可以在文件菜单中为项目设置密码。

项目的基本组件包括：①程序块由主程序、可选的子程序和中断程序组成；②用于给 V 存储区地址分配数据初始值的数据块；③用于给 S7-200 SMART CPU、信号板、扩展模块组态与设置各种参数的系统块；④用于给变量添加注释的符号表，符号表中所定义的符号为全局变量，可以用于所有的程序；⑤状态图表可以用表格或趋势图来监视、修改和强制程序执行时指定的变量的状态。

3. 硬件的组态

该步的目的就是要生成一个与实际硬件系统相对应的系统，包括各模块和信号板的参数设置，选择的 CPU 基本单元及扩展模板或信号板要与实际的硬件安装位置和型号相对应。

4. 建立 PC 机与 S7-200 SMART CPU 的通信

用以太网线连接电脑和 CPU 的以太网接口，如图 8-9 所示。首先组态 CPU 的以太网地址，有三种方法。

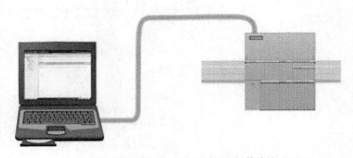

图 8-9　S7-200 SMART PLC 与 PC 机的连接

① 用系统块设置 CPU 的 IP 地址，打开"系统块"对话框，出现如图 8-10 所示的视图，在右边窗口中设置以太网地址及 RS-485 通信端口的参数，如果勾选了图中的"IP 地址数据

固定为下面的值，不能通过其他方式更改"对话框，则 IP 地址只能在系统块对话框中更改并将其下载到 CPU。

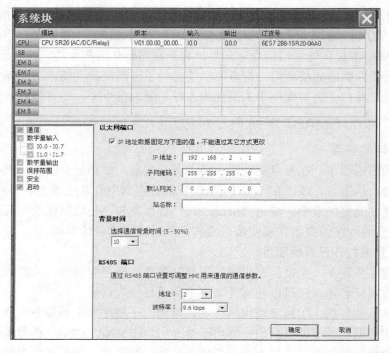

图 8-10　CPU 以太网参数的设置

② 用通信对话框设置 CPU 的 IP 地址，双击项目树中的"通信"图标，在"网络接口卡"下拉式菜单中选择 PC 机所使用的以太网卡，双击"更新可访问的设备"，左边窗口将会自动显示出网络上可访问设备的 IP 地址，如图 8-11 所示。如果网络上有多个 CPU，选中与编程计算机通信的 CPU，就可建立和相应 CPU 的连接，电脑就可以下载程序到该 CPU 并可监控该 CPU。或者上载 CPU 中的程序到空白项目中。

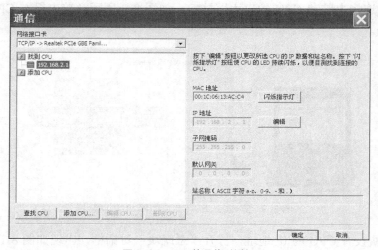

图 8-11　CPU 的通信对话框

③ 在程序中设置 IP 地址，利用 SIP—ADDR 指令，用参数 ADDR、MASK、GATE 分别设置 CPU 的 IP 地址、子网掩码及网关。

然后再设置计算机的 IP 地址，这与我们通常设置计算机网卡的方法、步骤基本相同。注意 IP 地址和子网掩码地址应设置在与 CPU 相对应的范围内，另外，一对一通信不需要以太网交换机，网络中有两个以上的设备时需要以太网交换机。

5．根据控制要求编写程序

通常利用梯形图编辑器进行梯形图程序的编辑、修改，程序的编辑包括程序的剪切、复制、粘贴、插入和删除，字符串替换、查找等。

6．程序的编译及上、下载

（1）编译

程序的编译，能明确指出错误的网络段，编程者可以根据错误提示对程序进行修改，然后再次编译，直至编译无误。

（2）下载

用户程序编译成功后，将下载块中选中的下载内容下载到 PLC 的存储器中。

（3）载入（上载）

载入可以将 PLC 中未加密的程序或数据向上送入编程器（PC 机）。将选择的程序块、数据块、系统块等内容上载后，可以在程序窗口显示上载的 PLC 内部程序和数据信息。

7．程序的监视、运行、调试

（1）程序运行方式的设置

将 CPU 的工作方式开关置于 RUN 位置。或将开关置于 TERM（暂态）位置时，操作 STEP7-Micro/WIN SMART 2.0 菜单命令或快捷按钮对 CPU 的工作方式进行软件设置。

（2）程序运行状态的监视

运用监视功能，在程序状态打开下，可以观察到 PLC 运行时，程序执行的过程中各元件的工作状态及运行参数的变化。

（3）变量的强制操作

在实验室调试程序时，往往会因为没有现场实际设备使得用户程序无法正常调试。STEP 7-Micro/WIN SMART 提供了软件"强制"功能，允许用命令的形式来改变程序中各变量值，使调试过程简单快捷。

8．S7-200 SMART 系列 PLC 的仿真调试

不需要安装，该 S7-200 仿真软件既适用于 S7-200 系列 PLC，也适用于 S7-200 SMART 系列 PLC，利用仿真软件能模拟 PLC SMART PLC 的基本指令功能，但不能模拟 S7-200 SMART PLC 的全部指令和全部功能。

8.5　项目实例 1：直流电动机转速自动控制

1．项目要求

要求利用高速计数器及其指令测量直流电动机的转速，利用 PLC 的 PID 指令向导编程，实现直流电高速运转的直流电动机测速。

2．项目分析

一般使用旋转编码器或光电开关来检测高速变化的脉冲信号，再经过算法处理，就可以

实现速度和频率的测量，以及电动机的转速开环调速和闭环自动调速控制。

电动机的开环调速控制是比较容易实现的，要实现闭环自动调速控制，除了检测元件的精度要满足要求外，程序的正确编写及参数的确定也是很重要的环节。

本系统使用光电开关反映脉冲变化信号，电动机转一圈将产生 12 个脉冲信号，用基本型 PLC 实现控制，可以进行脉冲频率及电动机转速的测量。用模拟量输出模块 EM232 输出的模拟量信号控制直流脉宽变换器的控制电压，再由直流脉宽变换器控制直流电动机的转速。EM232 模块配置为电压输出，范围为 0～10V。输入输出见表 8-1。PLC 控制系统的接线图如图 8-12 所示。

表 8-1 输入信号对照表

元件名称	符号	内部地址	元件名称	符号	内部地址
开环手动控制	SA1-1	I0.0	开环控制指示灯	L1	Q0.0
闭环自动控制	SA1-2	I0.1	闭环控制指示灯	L2	Q0.1
编码器脉冲输入	PG	I0.3	模拟量输出	Uc	AQW0

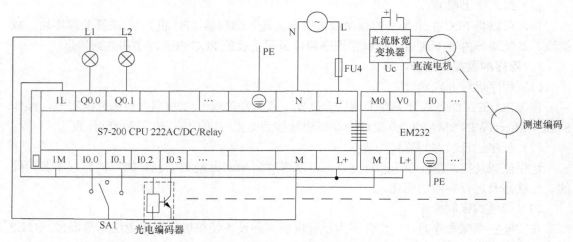

图 8-12　PLC 控制系统接线图

3．程序设计

速度的测量及处理如下。

首先要添加一个 frequency 库文件，打开相应的库文件夹，双击将其添加进来。添加完成后，打开界面左侧项目树中的"程序块/库"，右键点击"库"选择"库存储区 M……"，弹出如图 8-13 所示的对话框。

在上述对话框中填入 VB156，点击"确定"按钮完成分配。

本系统要实现直流电机转速控制模块的开环控制和闭环控制，可以借助向导组态高速计数器，点击界面左侧项目树中的"向导/高速计数器"，弹出如图 8-14 所示的对话框。

将计数器改为 HC4、模式 0，然后点"下一步"，界面如图 8-15 所示。

不进行任何改动，点"下一步"，界面如图 8-16 所示。

不进行任何改动，点"下一步"完成向导配置，界面如图 8-17 所示。

接着组态 PID 参数，点击界面左侧项目树中的"向导/PID"，界面如图 8-18 所示。

图 8-13　PLC 库地址设置

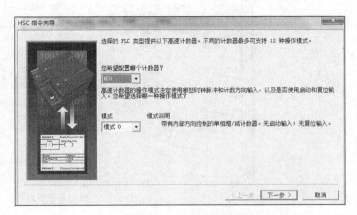

图 8-14　组态高速计数器

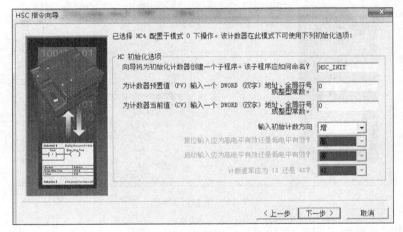

图 8-15　组态高速计数器

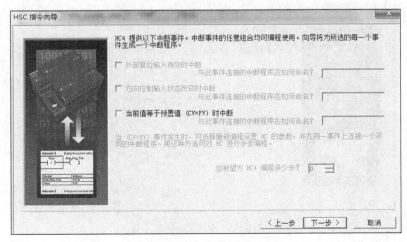

图 8-16　组态高速计数器

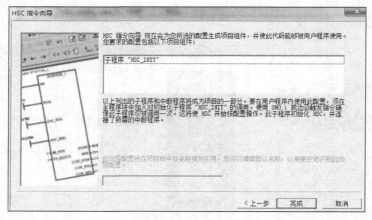

图 8-17　组态高速计数器

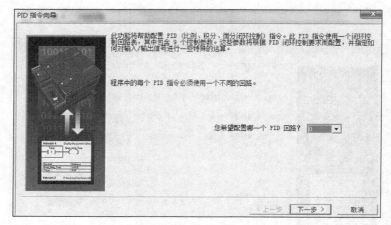

图 8-18　组态 PID 参数

点"下一步"，界面如图 8-19 所示。

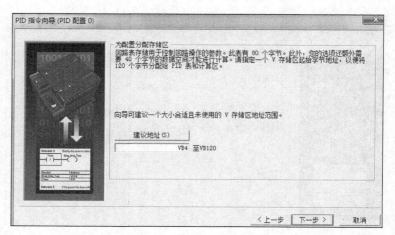

图 8-19　组态 PID 参数

存储区初始地址改为 VB4～VB120，点"下一步"，如图 8-20 所示。

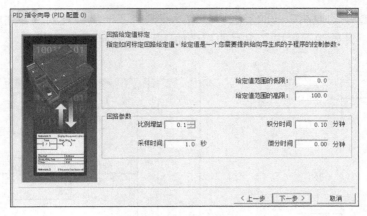

图 8-20　组态 PID 参数

按上图中设置好各参数，点击"下一步"，界面如图 8-21 所示。

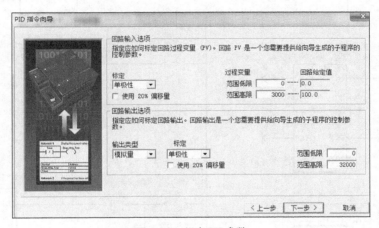

图 8-21　组态 PID 参数

将过程变量范围高限改为 3000，其他均保留默认设置，点击"下一步"，直到出现如图 8-22 所示的界面。

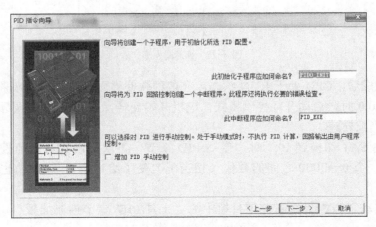

图 8-22　组态 PID 参数

在"增加 PID 手动控制"前的复选框打钩，点击"下一步"直到配置完成。

组态完成后，开始编写程序，编写的程序如图 8-23 所示。

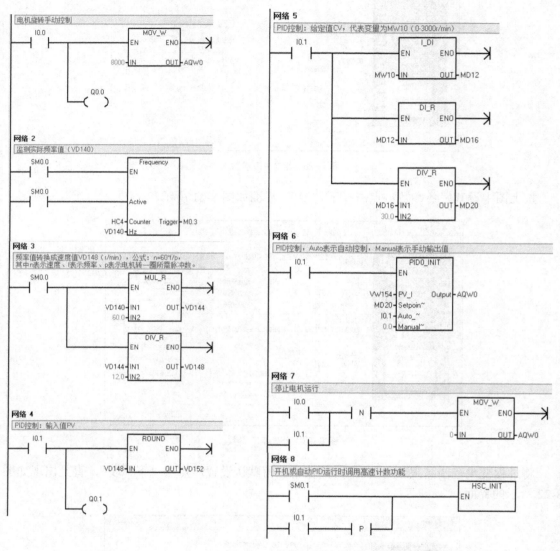

图 8-23 梯形图程序

程序下载完成后，CPU 处于 RUN 状态，在编程软件界面点击🔲对程序监控。当转换开关 SA1 切换到 I0.0 时，启动开环控制模式，电机开始旋转，变量 VD140 显示当前频率，变量 VD148 显示当前转速。

当转换开关 SA1 切换到 I0.1 时，启动 PID 调节，再次点击🔲进入监控界面，右键点击 MW10 写入一个 0～3000 之间的数值（相当于改变了给定值），该数值也可以在触摸屏上写入。

电机开始启动。双击界面左侧项目树中的"工具/PID 调节控制面板"，界面如图 8-24 所示。

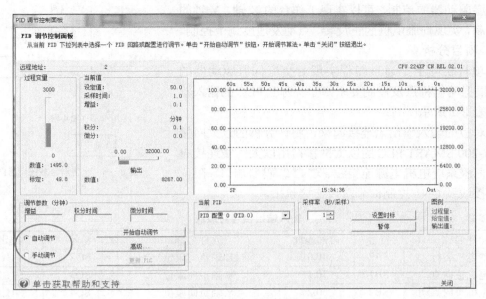

图 8-24 PID 调节控制面板

由自动调节切换到手动调节，写入调节参数：增益 0.1、积分时间 0.1、微分时间 0，然后点击"更新 PLC"将新的值写入 PLC 中，参考采样曲线如图 8-25 所示。

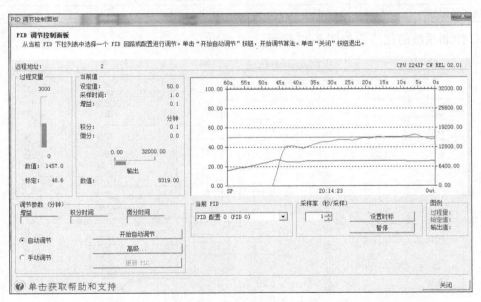

图 8-25 PID 调节控制面板

当 I0.0 或 I0.1 都未接通时，可停止电机运行。

8.6 项目实例 2：基于 PLC 的伺服电机控制系统设计与应用

1. 项目要求

如图 8-26 所示的十字滑台系统，由两个伺服驱动器控制两个交流伺服电机，用 PLC 实现对伺服驱动器的控制，可以实现工作台的 X 轴、Y 轴的运动控制，实现伺服电机的正反转、点动及速度调节控制。

2. 项目分析

本项目实际上是通过编程实现对交流伺服驱动器的控制，根据动作特点及控制要求，可以列出 PLC 的输入输出表如表 8-2 所示。

将对应的输入输出点连接起来，将计算机的以太网接口和 S7-200 SMART PLC 的以太网接口用以太网线连接起来，将伺服系统电机电源连接线、CN2 编码器端口、限位开关连接线及 CN1 控制信号端口连接起来。

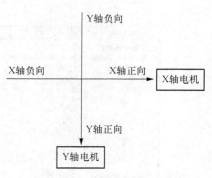

图 8-26　十字滑台系统示意图

表 8-2　　　　　　　　　　　　　输入输出信号对照表

元件名称	符号	内部地址	元件名称	符号	内部地址
X 轴电机运行	SA2	I0.0	X 轴负向限位	SQ2	I1.1
X 轴电机正向点动	SB1	I0.1	Y 轴正向限位	SQ3	I1.2
X 轴电机负向点动	SB2	I0.2	Y 轴负向限位	SQ4	I1.3
Y 轴电机运行	SA3	I0.3	X 脉冲输出 1	PWM1	Q0.0
Y 轴电机正向点动	SB3	I0.4	Y 脉冲输出 2	PWM2	Q0.1
Y 轴电机负向点动	SB4	I0.5	X 轴方向控制	DIR1	Q0.2
复位至初始状态	SB5	I0.6	Y 轴方向控制	DIR2	Q0.7
X 轴正向限位	SQ1	I1.0			

PLC 控制系统的接线图如图 8-27 所示。

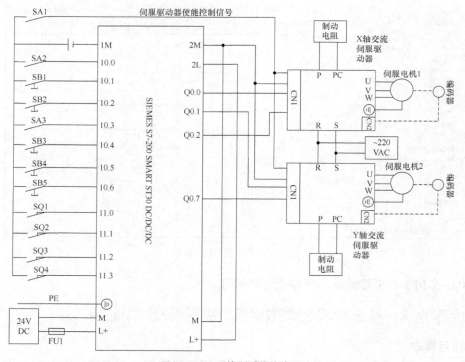

图 8-27　PLC 控制系统接线图

3．程序设计

双击桌面的 STEP7 MicroWIN SMATR 图标打开软件，软件在打开过程中已经新建了一个工程，如图 8-28 所示。

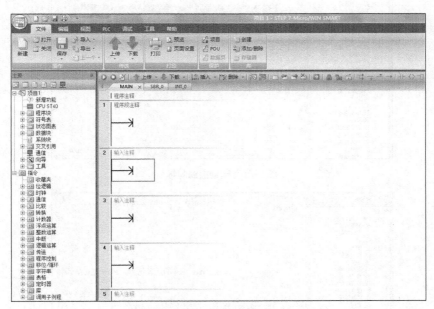

图 8-28　新建项目界面

利用软件自带的运动控制向导生成运动控制功能块。双击界面左侧的"向导/运动"，弹出如图 8-29 所示的设置对话框。

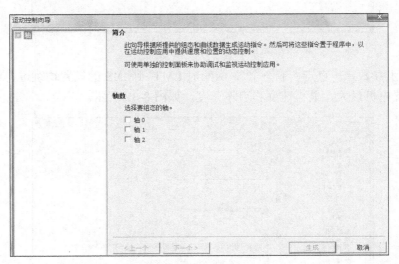

图 8-29　运动控制向导

在上述"轴 0"和"轴 1"前的复选框打钩，点"下一个"，将轴 0 命名为 X 轴，再点"下一个"，设置测量系统，如图 8-30 所示。

设置好以上参数后，点击"下一个"设置方向控制，如图 8-31 所示。

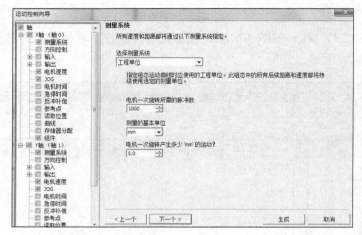

图 8-30　运动控制向导

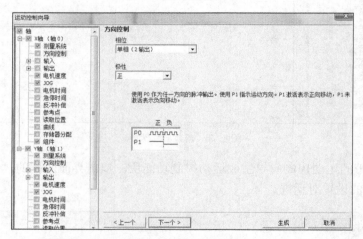

图 8-31　运动控制向导

设置好以上参数，一直点"下一个"，中间对 LMT+到 DIS 的设置均跳过，直到出现"电机速度"，设置电机最大、最小速度和启停速度，如图 8-32 所示。

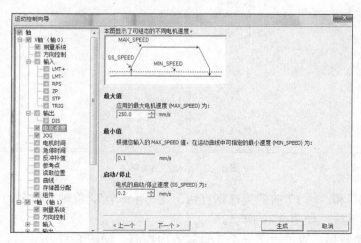

图 8-32　运动控制向导

设置好参数后，点击"下一个"，设置 JOG 参数，如图 8-33 所示。

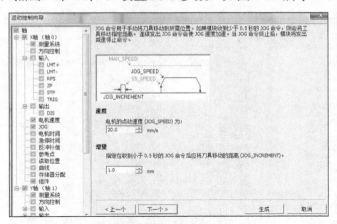

图 8-33　运动控制向导

设置好以上参数，点击"下一个"，设置加减速时间，如图 8-34 所示。

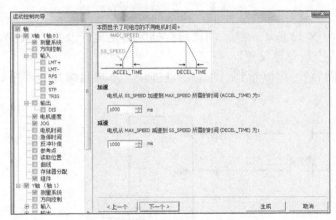

图 8-34　运动控制向导

设置好以上参数，一直点击"下一个"，直到出现"存储器分配"对话框，如图 8-35 所示。

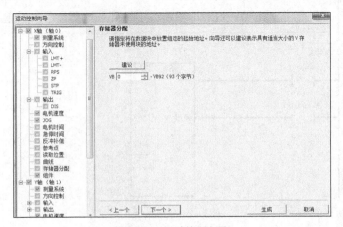

图 8-35　运动控制向导

存储区初始地址设为 VB0，点击"下一步"，显示 X 轴已组态的组件，如图 8-36 所示。

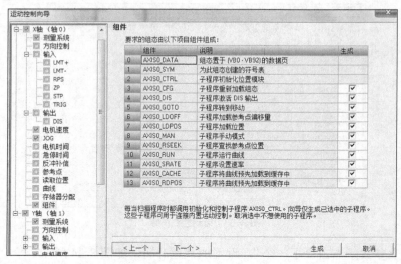

图 8-36 运动控制向导

对 Y 轴的设置和 X 轴基本一致，注意将存储区初始地址改为 VB100。完成设置后，点击"生成"完成运动控制向导设置。

打开"程序块/向导"，可以看到已组态的功能块，本项目编写的程序如图 8-37 所示。

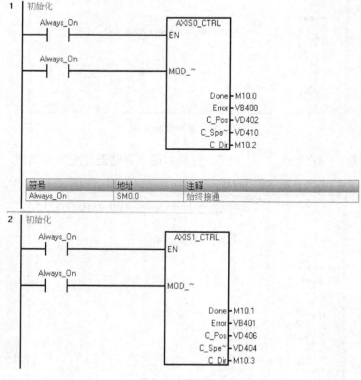

图 8-37 控制程序

3 手动控制，RUN为连续运行，JOG_P为正向点动，JOG_N为反向点动，Speed为运行速度，Dir为运转方向

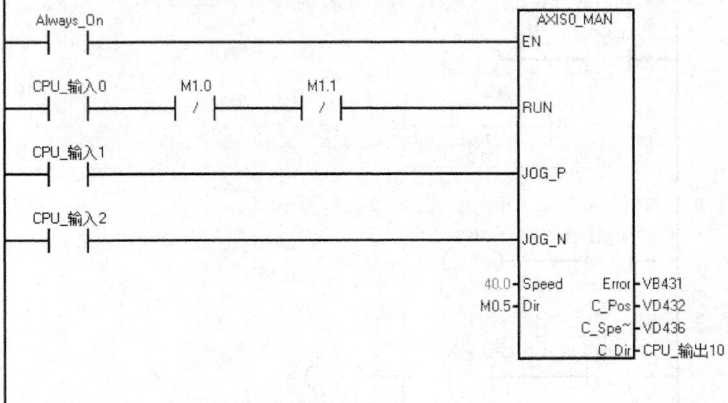

```
     Always_On                                          AXIS0_MAN
    ─┤ ├──────────────────────────────────────────────┤EN

     CPU_输入0      M1.0      M1.1
    ─┤ ├──────────┤/├───────┤/├────────────────────────┤RUN

     CPU_输入1
    ─┤ ├──────────────────────────────────────────────┤JOG_P

     CPU_输入2
    ─┤ ├──────────────────────────────────────────────┤JOG_N

                                          40.0─┤Speed     Error├─VB431
                                          M0.5─┤Dir        C_Pos├─VD432
                                                          C_Spe~├─VD436
                                                           C_Dir├─CPU_输出10
```

符号	地址	注释
Always_On	SM0.0	始终接通
CPU_输出10	Q1.2	
CPU_输入0	I0.0	
CPU_输入1	I0.1	
CPU_输入2	I0.2	

4 手动控制，RUN为连续运行，JOG_P为正向点动，JOG_N为反向点动，Speed为运行速度，Dir为运转方向

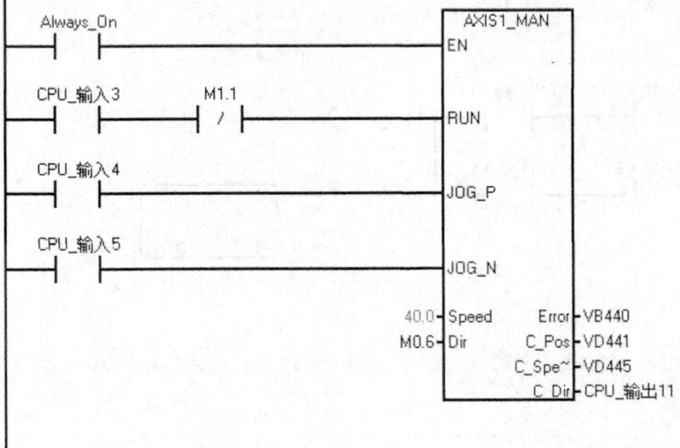

```
     Always_On                                          AXIS1_MAN
    ─┤ ├──────────────────────────────────────────────┤EN

     CPU_输入3      M1.1
    ─┤ ├──────────┤/├────────────────────────────────┤RUN

     CPU_输入4
    ─┤ ├──────────────────────────────────────────────┤JOG_P

     CPU_输入5
    ─┤ ├──────────────────────────────────────────────┤JOG_N

                                          40.0─┤Speed     Error├─VB440
                                          M0.6─┤Dir        C_Pos├─VD441
                                                          C_Spe~├─VD445
                                                           C_Dir├─CPU_输出11
```

符号	地址	注释
Always_On	SM0.0	始终接通
CPU_输出11	Q1.3	
CPU_输入3	I0.3	
CPU_输入4	I0.4	
CPU_输入5	I0.5	

5 X轴到达正限位后，电机方向切换至远离电机侧方向

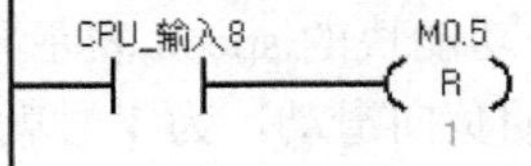

```
     CPU_输入8      M0.5
    ─┤ ├──────────( R )
                    1
```

符号	地址	注释
CPU_输入8	I1.0	

6 X轴到达负限位后，电机方向切换至靠近电机侧方向

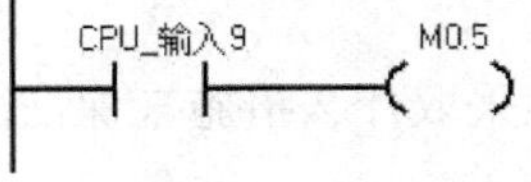

```
     CPU_输入9      M0.5
    ─┤ ├──────────(   )
```

图 8-37　控制程序（续）

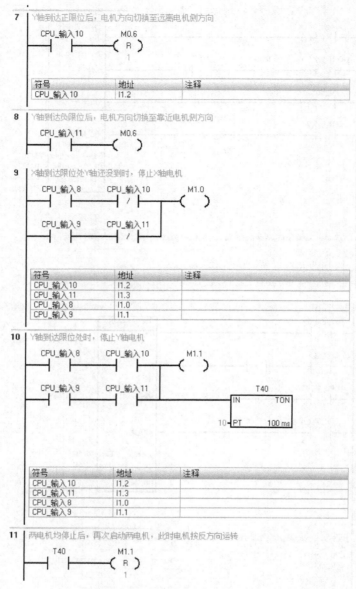

图 8-37 控制程序（续）

上述程序中，AXIS0_MAN 和 AXIS1_MAN 两个功能块的 speed 表示系统滑动速度，可根据需要更改，Dir 表示系统滑动方向，其值为 0 时朝负向滑动，为 1 时朝正向滑动。

习　　题

8-1　简述 PLC 控制系统设计调试的步骤。

8-2　如果 PLC 的输入或输出端接有电感线圈，应采取什么措施来保证 PLC 的安全运行？

8-3　炉温 PLC 控制系统的程序设计。

要求：假定允许炉温的下限值放在 VD1 中，上限值放在 VD2 中，实测炉温放在 VD10

中，按下启动按钮，系统开始工作，低于下限值加热器工作；高于上限值停止加热；上、下限之间维持。按下停止按钮，系统停止。试设计符合控制要求的 PLC 控制程序。

8-4　三自由度机械手控制系统的设计。

控制要求：

（1）在初始位置（上、左、松限位开关确定）处，按下启动按钮，系统开始工作；

（2）机械手首先向下运动，运动到最低位置停止；

（3）机械手开始夹紧工件，一直到把工件夹紧为止（由定时器控制）；

（4）机械手开始向上运动，一直运动到最上端（由上限位开关确定）；

（5）上限位开关闭合后，机械手开始向右运动；

（6）运行到右端后，机械手开始向下运动；

（7）向下到位后，机械手把工件松开，一直到松限位开关有效（由松限位开关控制）；

（8）工件松开后，机械手开始向上运动，直至触动上限位开关（上限位开关控制）；

（9）到达最上端后，机械手开始向左运动，直到触动左限位开关，此时机械手已回到初始位置；

（10）要求实现连续循环工作；

（11）正常停车时，要求机械手回到初始位置时才能停车；

（12）按下急停按钮时，系统立即停止。

要求设计程序完成上述控制要求。

8-5　液体混合装置的 PLC 控制系统的设计。

要求：有两种液体 A、B 需要在容器中混合成液体 C，初始时容器是空的，所有阀门 X1、X2 和 X3 都处于关闭状态，如图 8-38 所示。按下启动按钮 SB1，阀门 X1 打开，注入液体 A；当液位到达高度 I 时，X1 关闭，阀门 X2 打开，注入液体 B；当液位到达高度 H 时，X2 关闭，打开加热器 R；当温度传感器达到 60℃时，温度继电器 KT 动作，关闭 R，打开阀门 X3，释放液体 C；当液位下降到高度 L 以下时，最低位液位传感器 L 由 1 态变为 0 态，关闭阀门 X3，进入下一个循环。按下停车按钮 SB2 时，要求停在初始状态。

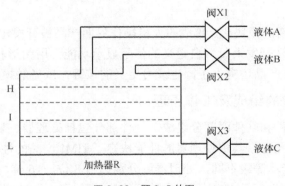

图 8-38　题 8-5 的图

本系统 PLC 采用 CPU224XP 型基本单元，PLC 的 I/O 元件分配情况：启动按钮 SB1（I0.0），停止按钮 SB2（I0.1），高液位传感器 H（I0.2），中液位传感器 I（I0.3），低液位传感器 L（I0.4），温度继电器 KT（I0.5），阀门 X1（Q0.0），阀门 X2（Q0.1），阀门 X3（Q0.2），加热器 R（Q0.3）。

第 **9** 章 HMI 的组态与应用

PLC 控制系统的监控有很多种方法，有用简单的文本显示器实现监控的，有使用触摸屏来实现监控的，有用 PC 机实现监控的。文本显示器实现监控是一种低成本的方式，由相关的编程软件或向导对文本显示器进行设置，就可实现对 PLC 控制系统的简单监控。使用触摸屏的监控方式需要在 PC 上进行项目的组态开发设计，设计好的项目要下载到触摸屏中，一般不能由 PC 机直接监控，需要由触摸屏实现对 PLC 控制系统的监控。要在 PC 机上实现对 PLC 控制系统的监控，需要有相应的软件平台，也就是组态软件，组态软件是数据采集及监视控制 SCADA 的软件平台，具有系统集成功能，还能够使生产过程可视化，因此基于 PC 的组态监控具有十分广泛的应用。

9.1　人机操作界面

HMI（Human Machine Interface）也就是人机界面的简称，是控制系统与操作人员交换信息的设备，人机界面能在环境较恶劣的场合使用，已成为现代工业实现自动化控制必不可少的设备之一。

传统的人机控制操作界面包括指示灯、按钮、开关和电位器等。操作人员通过这些设备把操作指令传输到自动控制器中，控制器也通过它们显示当前的控制数据和状态。这是一个综合的人机交互界面。

随着技术的进步，新的模块化、集成的人机操作界面产品被开发出来。这些 HMI 产品一般具有灵活的可由用户（开发人员）自定义的信号显示功能，用图形和文本的方式显示当前的控制状态。现代 HMI 产品还提供了固定或可定义的按键，或者触摸屏输入功能。

9.1.1　HMI 设备的组成及工作原理

人机界面设备由硬件和软件两部分组成，硬件部分包括处理器、显示单元、输入单元、通信接口、数据存储单元等，其中处理器的性能决定了 HMI 产品的性能高低，是 HMI 的核心单元。根据 HMI 的产品等级不同，处理器可分别选用 8 位、16 位、32 位的处理器。HMI 软件一般分为两部分，即运行于 HMI 硬件中的系统软件和运行于 PC 机 Windows 操作系统下的画面组态软件（如 JB-HMI 画面组态软件）。使用者必须先使用 HMI 的画面组态软件制作"工程文件"，再通过 PC 机和 HMI 产品的串行通信口，把编制好的"工程文件"下载到 HMI 的处理器中运行。

HMI 设备作为一个网络通信主站与 PLC 或其他智能设备相连，因此也有通信协议、站地址及通信速率等属性。通过串行通信在两者之间建立数据对应关系，也就是 CPU 内部存储区与 HMI 输入/输出元素间的对应关系。比如 HMI 上的按键对应于 CPU 内部 Mx.x 的数字量"位"，按下按键时 Mx.x 置位（为"1"），释放按键时 Mx.x 复位（为"0"）；或者 HMI 上某个一个字（Word）长的数值输入（或者输出）域，对应于 CPU 内部 V 存储区 VWx，如图 9-1 所示。

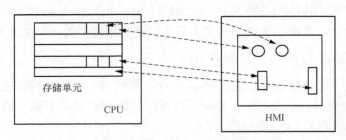

图 9-1　CPU 存储器和 HMI 元素的对应关系

只有建立了这种对应关系，操作人员才可以与 PLC 的内部用户程序建立交互关系。这种联系，以及 HMI 上究竟如何安排、定义各种元素，需要进行软件的设置，一般称为"组态"。各种不同的 HMI 有各自组态的软件和方法。

9.1.2　HMI 设备的功能

HMI 设备的作用是提供自动化设备操作人员与自控系统（PLC 系统）之间的交互界面接口。使用 HMI 设备，可以实现以下功能。

（1）在 HMI 上显示当前的控制状态、过程变量，包括数字量（开关量）和数值等数据。

（2）显示报警信息。

（3）通过硬件或可视化图形按键输入数字量、数值等控制参数。

（4）使用 HMI 的内置功能对 PLC 内部进行简单的监控、设置等。

9.1.3　HMI 设备

HMI 设备主要分为三类：触摸屏、文本终端（文本显示器）、平板电脑（PC 机），其中以触摸屏为代表产品。有许多公司生产触摸屏和文本显示器，本书中主要介绍西门子系列的触摸屏和文本显示器。

薄膜键输入的 HMI，显示尺寸小于 5.7′，画面组态软件免费，属初级产品。如文本显示器 TD400C

触摸屏输入的 HMI，显示屏尺寸为 5.7′～12.1′，画面组态软件免费，属中级产品。如 SMART LINE 系列触摸屏、KTP 系列单色或彩色触摸显示屏等，带有 RS-485 接口或以太网接口，可通过 MPI 电缆、PROFIBUS 电缆或以太网线连接到 PLC 或智能设备的通信口。

基于 PC 计算机的、有多种通信口的、高性能 HMI，显示尺寸大于 10.4′，画面组态软件收费，属高端产品。如基于组态王、WINCC、MCGS、力控等组态软件开发设计的监控项目。

9.2　文本显示器的组态与应用

9.2.1　概述

用文本显示器实现的 PLC 控制系统监控是一种低成本监控方式。可编程逻辑控制器与文本显示的配套连接使用在工业控制领域获得了广泛的应用，它外观简洁美观、小巧精致，通常用在环保、制冷、空调、工业控制及自动控制领域。它具有价格低廉、操作简便、界面友好和兼容性好的特点，在控制系统应用中大大减少了控制柜操作面板的按钮，也避免了使用价格较贵的触摸屏，在适应各种控制要求时极其灵活，因此深受广大中小企业的喜爱。TD系列文本显示器是专门用于 S7-200 系列 PLC 或 S7-200 SMART 系列 PLC 的文本显示和操作员界面。其中 TD 400C 支持中文操作和文本显示。是应用较多的一种文本显示器。

9.2.2　TD400C 监控的设计及应用

TD400C 属于一种智能设备，它利用其自身所带的 F1～F8 8 个按键和 SHIFT+F1～SHIFT+F8 8 个组合按键，以及 ESC、Enter 等按键，TD400C 还具有以下功能和特点：

（1）读取并显示 PLC CPU 的信息；

（2）提供为具有实时时钟的 CPU 设置时间和日期的功能；

（3）可以改变程序变量，允许强制和取消强制 I/O 点；

（4）可以单独供电，也可以由 PLC CPU 通过 TD/CPU 电缆供电，如果采用外部电源，必须使用 DC 24V 的电源；

（5）TD400C 通过 TD/CPU 电缆与 CPU 通信，可以进行一对一配置和多个 CPU 配置。

由于 TD400 具有上述独特之处，对于控制系统的输入输出点数不是特别多（一般不超过 16 个）的系统来说，TD400 的优点十分明显，可以对 TD400 在配置用户菜单和报警等 3 个栏目，根据控制要求进行开发设计，可以实现控制系统的开停机、定时、数字量输入输出、模拟量显示、当前时间显示、设备运行状态显示、故障报警和显示及手动复位故障消除等功能。

图 9-2 给出了连接编程设备、S7-200 CPU 和 TD400C 的实例。图中 TD400C 的组态是在编程设备上使用组态软件来创建的。在组态后，TD400C 即可与 S7-200 CPU 进行通信。

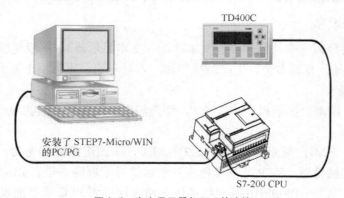

图 9-2　文本显示器与 PLC 的连接

1. TD400C 配置

可以使用 Keypad Designer 和"文本显示向导"对 TD400C 进行文本显示消息和其他数据的组态。但使用"文本显示向导"进行配置更加方便快捷，STEP 7-Micro/WIN 软件文本显示向导可以指导用户快速地完成 TD 400 的配置或组态。只有当 STEP 7-Micro/WIN 的语言设置为中文时才可以用来组态 TD400C。

打开STEP 7-Micro/WIN软件，点击工具栏的“工具”，出现下拉菜单，选中“文本显示向导”，单击“下一步”，出现选择“TD型号和版本”界面，只要在其列表中点选TD 400C版本2.0，再点击“下一步”，出现“标准菜单和更新频率”页面，此页面不必理会，这一步可以采用其默认方式，直接点击“下一步”，出现“本地化显示”或“语言设置”页面，在语言栏选择所需要的语言，然后单击“下一步”，进入“配置键盘按钮”页面，在列表中列出了按键名称，就是前面说到的8个单按键和8个组合按键，“按键符号”表示按键和组合按键的代号，以便在PLC程序中可以方便地查看到；“按键动作”栏下可以设置按键是“点动或者长动”，在对应行置位后单击，出现下拉菜单，在列表下有两个选项，置位就是长动，瞬动触点就是点动，如图9-3所示。根据实际控制要求来选择点动还是长动，在所有配置完成及程序编译正确后按下该按钮时，在TD400C屏幕上出现一个提示信号，并伴有声音提示，表示按下的键得到CPU的响应。感兴趣的同学可以自己试试，至此点击下一步就完成了TD的配置，接下来就可以进行用户菜单和报警的设置。

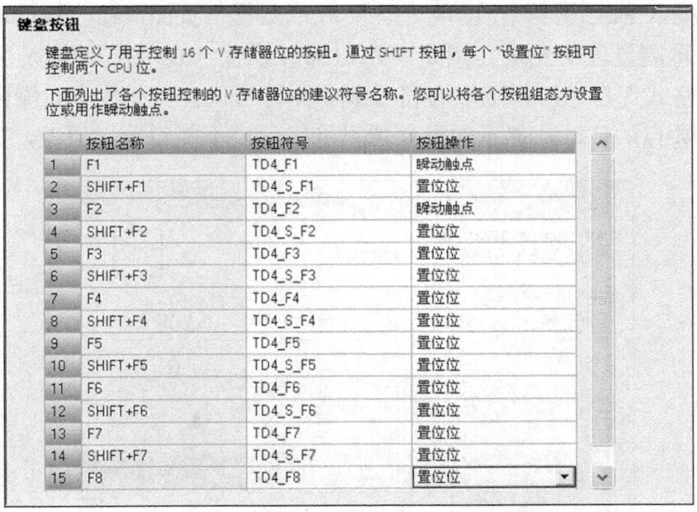

	按钮名称	按钮符号	按钮操作
1	F1	TD4_F1	瞬动触点
2	SHIFT+F1	TD4_S_F1	置位位
3	F2	TD4_F2	瞬动触点
4	SHIFT+F2	TD4_S_F2	置位位
5	F3	TD4_F3	置位位
6	SHIFT+F3	TD4_S_F3	置位位
7	F4	TD4_F4	置位位
8	SHIFT+F4	TD4_S_F4	置位位
9	F5	TD4_F5	置位位
10	SHIFT+F5	TD4_S_F5	置位位
11	F6	TD4_F6	置位位
12	SHIFT+F6	TD4_S_F6	置位位
13	F7	TD4_F7	置位位
14	SHIFT+F7	TD4_S_F7	置位位
15	F8	TD4_F8	置位位

图9-3　文本显示器键盘按钮设置

2．用户菜单的介绍和应用举例

TD 200 V3.0及以上版本支持菜单组态方式，最多可配置8个菜单，每个菜单下最多可以组态8个文本显示屏，最多可以配置64个文本显示屏。用户可以使用面板上的箭头按键在各菜单及显示屏之间自由切换，菜单屏可以嵌入S7-200数据变量。

下面以模拟量输入信号的测量显示及温度数据的设定为例，介绍如何进行参数的显示和设定。

第一步：在TD配置页面中，点击页面左边的用户菜单，进入用户菜单设置。在最上一行的空白栏输入“模拟量测量菜单画面1”，在第二行的空白栏输入“设定值”，如图9-4所示。

第二步：添加屏幕并编辑屏幕信息。在对应的菜单栏点击右侧的添加屏幕，出现一个对话框“为此菜单项添加一个屏幕吗？”，点击“是”进入菜单项“模拟量测量菜单画面1”的屏幕，在屏幕0这个画面中，可以显示“数据采集1”和“数据采集2”等模拟量测量值，在屏幕1这个画面中，可以显示“数据采集2”，如图9-5所示。

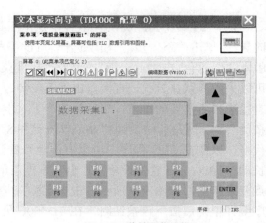

图 9-4　选择菜单并定义用户菜单　　　　　　　　　　图 9-5　菜单屏幕编辑

第三步：在显示画面中嵌入 PLC 的数据，在如图 9-5 所示的屏幕中的"数据采集 1"之后的光标处，单击"插入 PLC 数据"，出现"插入 PLC 数据"页面，在"数据地址"栏输入在程序中用于显示模拟量测量值的变量，例如"VW100"或者 VD100，前者是字变量，后者是双字变量；在"数据格式"栏中可以选取有符号或者无符号，在"小数点右侧位数"栏可以选取用于表示数据的小数点的位数，显示数据当然只能显示，不能设置、更改，如图 9-6 所示。

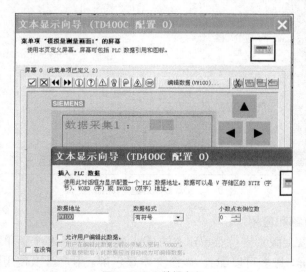

图 9-6　PLC 数据定义

第四步：编辑"设定值"菜单的屏幕 0，在"设定值"菜单的屏幕 0 中输入"温度设定"，在"插入 PLC 数据"的数据地址栏中输入用于温度设定值的变量，与上述不同的是该变量需要由文本显示器进行设置，因此该变量需要编辑，只需选择"允许用户编辑此数据"，其他操作与模拟量测量值显示的操作一样。

一切设置好后，当程序下载到 CPU 后，通过按键 ESC 和 ENTER 进入用户菜单，可以读取 PLC 输出的实际模拟量测量值，也可以进行温度设定。在文本显示器监控 PLC 时，只要通过按 ESC 键，进入用户菜单中的"模拟量测量菜单画面 1"，按 ENTER 键就可以显示"数据采集 1"的值，用"▲"或"▼"键移动上下行或翻页，当光标落在"温度设定"的数据上时，再按一下 ENTER 键，"温度设定"后面的数字开始闪烁，表示用户可以编辑此数据了，通过"▲"或"▼"键可以增加或者减小设定值，设定完毕再按 ENTER 确认，这样设定的新值就赋给了 CPU 内对应的变量了。

3．报警设置及应用举例

TD 400C 还可以显示多达 80 条报警消息，报警消息的显示与否由 TD400C 的组态及 CPU 中报警消息的使能位的状态决定。报警画面中也可以嵌入 S7-200 PLC 的数据变量。

报警是 TD400C 一个很重要的功能，当在程序里设定报警条件和报警信息后，把程序下载到 CPU 后，如果报警条件被使能，屏幕上会显示报警提示，操作员可以根据报警提示查看报警内容及消除报警。

第一步，点击报警弹出定义报警页面，按下一步进入报警选项页面，如图 9-7 所示。

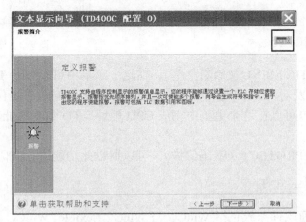

图 9-7　定义报警页面

第二步，选择文本显示的行数及显示模式，再按下一步，出现对话框"您希望在此 TD 400 配置中增加一条报警吗"，单击"是"，出现报警画面，如图 9-8 所示。在画面中输入报警信息，比如"急停按钮被按下"，如果勾选了"此报警要求操作员确认"，在当报警出现后，操作员除了要排除故障、复位，还需要按 ENTER 键进行确认，方可继续操作。在此页面的下部，有"此报警的符号名"和"报警确认位"两报警项，前者是报警信息使能标志，后者则是报警确认条件，在程序执行的过程中，如果报警位被使能，报警信息就显示出来，在屏幕上以闪动提醒，此时，可以通过功能键 ESC 和 ENTER 进入翻页、退出等操作。在 PLC 的程序中设计一段如图 9-9 所示的程序，如果急停按钮（对应 I0.3）被按下，即 PLC 的输入点 I0.3 接通，就激发了报警，报警的使能位是 0，地址为 V46.7，符号是 Alarm0_0，这时候屏幕上就出现报警闪烁，操作员通过功能键可以查看到报警内容为"急停按钮被按下"，当需要操作员确认时，必须按下 ENTER 键，方能消除报警。还可以按新报警添加下一条报警，报警编辑的方法与上述相同。

4．TD 400C 的系统菜单操作

按 ESC 键，进入文本显示器的菜单方式，可用的菜单项目有以下几种。

（1）DISPLAY ALARMS（显示报警消息）。

（2）OPERATOR MENU（操作员菜单）。在此菜单中用户可以查看 CPU 状态，设置 CPU 的实时时钟，及完成 TD 200 的语言切换。

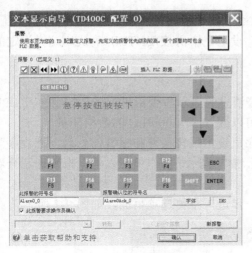

图 9-8　编辑报警页面

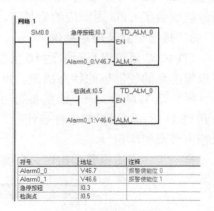

图 9-9　与报警有关的程序

（3）DIAGONASTIC MENU（诊断菜单）。在这一菜单中可以查看 TD 200 的文本信息、报警消息、强制 I/O 点及对 TD 200 进行设置。其中 TD 200 的正确设置是保证 TD 200 与 S7-200 正确通信的关键，用户可以在这个菜单中完成 CPU 地址、TD 200 地址、通信波特率、参数块地址的设定。

（4）PASSWORD PROTECT（密码保护）。可以通过此功能进行密码保护设置。

9.3　触摸屏的组态与应用

西门子的人机界面软件家族包括 WinCC 与 WinCC flexible。WinCC 是过程可视化的系统监控组态平台，用于进行单用户或多用户的组态设计和运行监控，可以组态基于 PC 的可视化工作站，是实现大规模自动化系统集成的组态软件。WinCC flexible 是早期 ProTool 与 ProTool/Pro 软件的升级产品，可以组态所有 SIMATIC 操作面板（触摸屏），用于工厂和机械工程中机器级的操作员控制和自动化过程监测。

9.3.1　触摸屏组态软件 WinCC flexible 的特点

本书以 WinCC flexible 2008 SP4 为例来讲解触摸屏组态软件的特点及应用举例。WinCC flexible 2008 SP4 有以下特点。

（1）基于最新软件技术的创新性组态界面，集成了 ProTool 的简易性、耐用性和 WinCC 的开放性、扩展性。

（2）功能块库：可自定义及重复使用各种功能块，并可对其进行集中更改。

（3）高效率的组态：动态面板、智能工具。

（4）使用用户 ID 或密码进行访问保护。

（5）配方管理。

（6）报表系统。

（7）提供广泛的语言支持，在一个项目中可组态 32 种语言。

（8）支持多语言文本和自动翻译的文本库。

（9）提供简单的文本导入/导出功能。

（10）开放简易的扩展功能。

9.3.2　组态软件的应用方法

1. Wincc flexible 的启动

启动 WinCC flexible，单击"开始"→SIMATIC→WinCC flexible 2008→WinCC flexible 选项，或者直接点击桌面上对应的图标。

2. 直接创建项目

使用 WinCC flexible 可创建不同类型的项目。WinCC flexible 的项目可以使用项目向导来创建，也可以直接创建项目。本书以直接创建项目为例。打开 WinCC flexible 软件后，执行【项目】菜单中的【新建】命令或单击"创建一个空项目"，来新建一个项目，点击【新建】后，出现设备选择对话框，根据现场设备来选择 HMI 设备与控制器，其型号必须与实物相符合。单击【确定】按钮，完成项目的建立，如图 9-10 所示。所选的设备为 SMART 700。

图 9-10　直接创建项目

接下来需要建立 HMI 设备与控制器之间的连接。双击项目视图中"通信"文件夹下的"连接"，打开连接编辑器建立连接。在通信驱动程序的下拉菜单中选择与 HMI 设备相连接的控制器，设置 HMI 设备与控制器之间的连接方式及相关的参数，如图 9-11 所示。

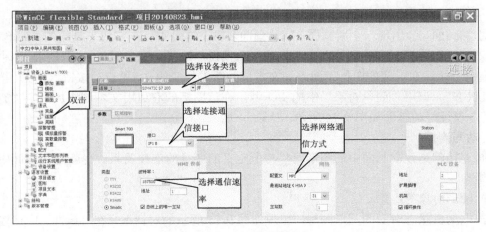

图 9-11　设备的连接

3. 设计 PLC 控制器中的程序

在此设计一个简单的电动机启、停控制加延时控制的程序，如图 9-12 所示，M1.0 和 M1.1 是触摸屏画面中启动和停止按钮对应的变量，VW10 是接通延时定时单元 T40 的当前值，可以用触摸屏上的启动和停止按钮来控制电动机（由输出点 Q0.3 控制）的启停，用画面中的指示灯显示 Q0.3 的状态。

4. 定义变量

变量是数据库的主要组成部分，而数据库是组态软件的核心部分，工业现场的生产状况要以动画的形式反映在屏幕上，操作者在计算机前发布的指令也要迅速送达生产现场，所有这一切都是以实时数据库为中介环节，所以说数据库是联系上位机和下位机的桥梁。变量定义时要指定变量名和变量类型，某些类型的变量还需要一些附加信息。选择工程浏览器左侧大纲项的“变量”，在工程浏览器右侧用鼠标右键单击“添加变量”图标，添加一行，在“变量名称”一栏对变量名称进行修改为“启动按钮”，在“连接”一栏选择所连接的设备，在“数据类型”一栏选择“BOOL”，在“地址”一栏选择“M1.0”，在“采集周期”一栏可以设置采集时间，一般选择 500ms。用同样的方法添加“停止按钮”变量、“输出指示”变量、“时间显示”变量，但“时间当前值显示”变量是字类型变量，选择“VW10”。所定义的变量如图 9-13 所示。

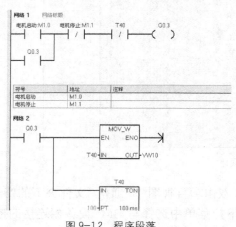

图 9-12 程序段落

名称	连接	数据类型	地址	数组计数	采集周期
停止按钮	连接_1	Bool	M 1.1	1	500 ms
输出指示	连接_1	Bool	Q 0.3	1	500 ms
时间当前值指示	连接_1	Int	VW 10	1	500 ms
启动按钮	连接_1	Bool	M 1.0	1	500 ms
变量_9	连接_1	Bool	M 11.1	1	1 s
变量_8	连接_1	Bool	Q 0.0	1	100 ms

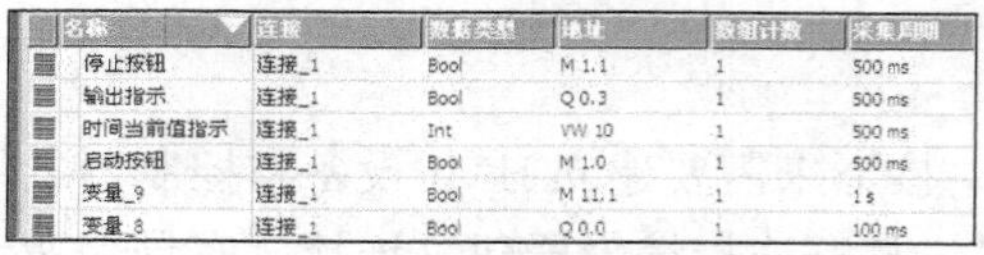

图 9-13 变量的定义

5. 监控画面的设计

按添加画面，会出现一个新画面，默认画面名称“画面 4”，在右边工具箱的“简单对象”里选择“按钮”图标，拖放到画面中，生成两个按钮，选择“圆”图标，拖放到画面中，生成一个圆形图标。在对应的图标下面添加文本域并输入相应的文字“启动按钮”、“停止按钮”、“电动机状态”。调用“简单对象”中的 I/O 域，在该图标的右边用文本域添加文字“T40 的当前值”。设计好的画面如图 9-14 所示。

6. 动画连接

动画连接就是建立画面中的图形对象与所定义的变量的连接关系。也就是为画面中的图形对象组态。

（1）圆形对象的组态

双击电动机状态对应的圆形图标，出现如图 9-15 所示的对话框，在“属性”中可以对图

形对象的外观、布局等基本属性进行设置，在"动画"中可以建立与对应变量的连接。这里，主要是进行圆形对象的外观设置，在变量对话框中选择对应的变量"输出指示"，数据为"位"，数值为 0 时背景色为红色，数值为 1 时背景色为绿色，这样组态好后，进入监控时，如果变量 Q0.3 为 1，则该图形显示为绿色，如果变量为 0，则该图形显示为红色。

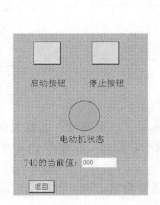

图 9-14 设计监控画面

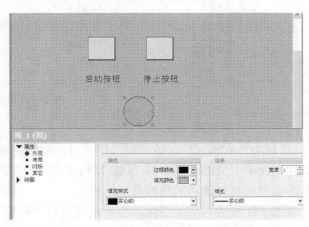

图 9-15 图形对象的组态

（2）按钮图形的组态

按钮是 HMI 设备上的虚拟键，可以用来控制生产过程。按钮的模式共有以下三种：①文本按钮，根据按钮上显示的文本可以确定按钮的状态；②图形按钮，根据按钮上显示的图形可以确定按钮的状态；③不可见按钮，该按钮在运行时不可见。本例中常规属性里选择图形按钮，如图 9-16 所示。

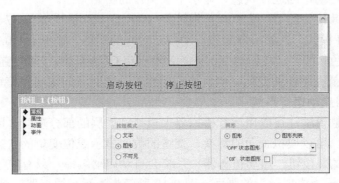

图 9-16 按钮对象的组态

在"事件"选项下的"按下"对话框下，单击右边窗口最上面一行"无函数"对应的下拉菜单，选择系统函数列表的"编辑位"子目录下的函数"SetBit"，直接单击表中第二行右边所隐藏的下拉菜单，选择先前所定义过的变量"启动按钮"，如图 9-17 所示。在"事件"选项下的"释放"对话框下，采用与上述类似的方法调用系统函数"ResetBit"，将变量"启动按钮"复位为 OFF。

对"停止按钮"所对应按钮的动画组态与对"启动按钮"所对应按钮的动画组态的方法相同。

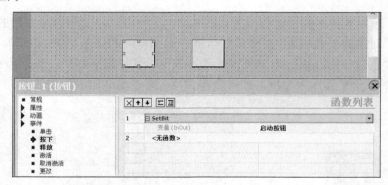

图 9-17 按钮的动画连接

（3）I/O 域的组态

I/O 域有 3 种模式：①输出域（用于显示变量的数值）；②输入域（用于将输入的数值保存到控制器所对应的变量中）；③输入/输出域（同时具有输入和输出功能，可以修改 PLC 中变量的数值并将修改后的数据显示出来）。

双击 I/O 域所对应的图标，在属性视图的"常规"组，模式选择为输出域，过程变量选择为"时间当前值显示"。

7. 项目的下载和监控

将组态好的项目保存，先将 PLC 的程序下载至 PLC，然后将在 PC 机上的触摸屏组态项目下载至对应型号的触摸屏中。

单击组态软件 WinCC flexible 工具栏上的 按钮，打开"选择设备进行传送"对话框，设置通信模式为"USB/PPI 多主站电缆"，选择触摸屏上的"传送"。完成组态项目的下载。下载成功后，触摸屏自动返回运行状态，显示下载项目的初始画面。

用两端都为 9 针接头的 DP 或 MPI 电缆连接 SMART 700 触摸屏与 S7-200 PLC，接通电源，PLC 处于 RUN 模式，在触摸屏上按启动按钮对应的图标，输出点 Q0.3 启动，对应的电动机状态显示为绿色，按停止按钮对应的图标，输出点 Q0.3 复位，时间当前值显示与时间单元 T40 相对应，数值在不断的变化。电机启动后也可由定时时间来实现停止。

8. 使用仿真器启动运行系统

如果没有实物触摸屏，可以用运行模拟器来模拟触摸屏的部分功能，用于调试已组态的触摸屏的基本功能，可以模拟画面的切换、变量的数值显示或位变量的状态等。

单击工具栏上的 按钮，启动仿真器。系统会自动启动编译，只有在编译成功后才能模拟运行。图 9-18 所示为模拟运行的画面，图 9-19 所示为为运行模拟器监控的变量。

在变量"输出指示"的"设置数值"栏中分别设置 0 或 1，按"开始"选项，可以看到画面上"电动机状态"所对应的指示灯的颜色会发生相应的变化在变量"启动按钮"的"开始"列选项打钩，用鼠标单击启动按钮对应的图标，可以看到按下按钮时运行模拟器中对应的变量的当前值为 1（表示为 ON 状态），松开鼠标时当前值为 0（表示为 OFF 状态）。

在变量"输出指示"的"数值设置"列输入常数 123，按键盘确认键，可以看到画面上 T40 的当前值显示出相同的数值。

9. 用控制面板设置触摸屏的参数

以型号为 SMART 700 的触摸屏设备为例，接通电源启动触摸屏后，SMART 700 的屏幕点亮，几秒后显示进度条。启动后出现"装载程序"对话框。如果触摸屏已经装载了项目，在出现装载对话框后经过设置的延时时间，将自动打开项目。

图 9-18　画面监控

图 9-19　运行模拟器

也可以装载新的项目文件来覆盖触摸屏中原有的项目文件，接通电源后，在屏幕出现"装载程序"对话框时，可以点击"Transfer"进行项目文件的下载。

可以单击图屏幕上的"Control Panel"按钮，打开触摸屏的控制面板，如图 9-20 所示，用控制面板设置触摸屏的各种参数，如设置启动延时时间，设置密码、声音，还可查看设备信息和许可信息等，具体设置内容和方法请参见有关手册。

双击控制面板中的"Transfer"图标，打开"传输设置"

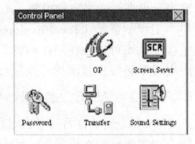

图 9-20　触摸屏的控制面板

对话框。选中"Channel 1"（通道 1）域中串行端口（Serial）的"Enable Channel"（激活通道）复选框，复选框中出现叉号，Smart 700 使用 RS-485/422 端口与 PLC 通信。

9.4　基于 PC 的组态与应用

9.4.1　组态王简介

"组态王"是在流行的 PC 机上建立工业控制对象人机接口的一种智能软件包，它以 Windows XP/ Windows 7 中文操作系统作为其操作平台，充分利用了 Windows 图形功能完备、界面一致性好、易学易用的特点。它使采用 PC 机开发的系统工程比以往使用专用机开发的工业控制系统更具有通用性，大大减少了工控软件开发者的重复性工作，并可运用 PC 机丰富的软件资源进行二次开发。目前，组态王 6.53 以下的版本适合于 Windows XP 系统，组态王 6.55 以上的版本适合于 Windows XP/Windows 7 系统。

"组态王"软件包由工程管理器（ProjManager）、工程浏览器（TouchExplorer）、画面运行系统（TouchView）三部分组成。

（1）工程管理器用于新建工程、工程管理等。

（2）工程浏览器是"组态王"软件的核心部分和管理开发系统，它将画面制作系统中已设计的图形画面、命令语言、设备驱动程序管理、配方管理、数据库访问配置等工程资源进行集中管理，并在一个窗口中以树形结构排列，这种功能与 Windows 操作系统中的资源管理器的功能相似。工程浏览器内嵌画面开发系统，即组态王开发系统。进入画面开发系统的操作方法有以下两种：①在工程浏览器的上方图标快捷菜单中用左键单击"MAKE"图标；②在工程浏览器左边窗口用左键选中"文件"下的"画面"，在工程浏览器右边窗口显示"新建"图标和已有的画面文件图标，左键双击"新建"图标或画面文件图标，则进入组态王开发系统。

画面开发系统是应用程序的集成开发环境。工程人员在这个环境中完成界面的设计、动画连接的定义等。画面开发系统具有先进、完善的图形生成功能；数据库中有多种数据类型，能合理地抽象控制对象的特性，对数据的报警、趋势曲线、过程记录、安全防范等重要功能有简单的操作办法。利用组态王丰富的图库，用户可以大大减少设计界面的时间，从整体上提高工控软件的质量。

（3）组态王运行软件 TouchVew 是"组态王"软件的实时运行环境，用于显示画面开发系统中建立的动画图形画面，并负责数据库与 I/O 服务程序（数据采集组件）的数据交换。它通过实时数据库管理从一组工业控制对象采集到的各种数据，并把数据的变化用动画的方式形象地表示出来，同时完成报警、历史记录、趋势曲线等监视功能，并可生成历史数据文件。

工程浏览器（TouchExplorer）和画面运行系统（TouchView）是各自独立的 Windows 应用程序，均可单独使用；两者又相互依存，在工程浏览器的画面开发系统中设计开发的画面应用程序必须在画面运行系统（TouchView）运行环境中才能运行。

9.4.2　WinCC 监控软件

WinCC 是结合西门子在过程自动化领域中的先进技术和 Microsoft 的强大功能的产物。作为一个先进的人机界面（HMI）软件和 SCADA 系统，WinCC 提供了适用于工业的图形显示、消息、归档以及报表的功能模板；具有高性能的过程耦合、快速的画面更新以及可靠的数据；WinCC 还为用户解决方案提供了开放的界面，使得将 WinCC 集成到复杂、广泛的自动化项目成为可能。WinCC 是完善的 HMI/SCADA 软件系统，是高性能的实时信息监控软件平台及企业级的管理信息系统平台。

WinCC 包含编辑和运行两个系统。

WinCC 编辑器包含以下编辑工具。

（1）WinCC 浏览器

管理属于一个项目的所有数据，编辑数据所需要的工具由 WinCC 浏览器自行启动。

（2）图形编辑器

图形编辑器是一种用于创建过程画面的面向矢量的绘图程序。可以利用包含在对象和样式选项板中众多的图形对象来创建复杂的过程画面；可以通过动作编程将动态添加到单个图形对象上；也可以在库中存储自己的图形对象。

（3）报警记录

报警记录提供了显示和操作选项来获取和归档结果。可以任意地选择消息块、消息级别、消息类型、消息显示以及报表。

（4）变量记录

变量记录用于从运行过程中采集数据并准备将它们显示和归档。可以自由地选择归档、采集和归档定时器的数据格式。可以通过 WinCC 在线趋势和表格控件显示过程值，并分别在趋势和表格形式下显示。

（5）报表编辑器

报表编辑器是为消息、操作、归档内容和当前或已归档的数据的定时器或事件控制文档的集成的报表系统，可以自由选择用户报表或项目文档的形式。提供了舒适的带工具和图形选项板的用户界面，同时支持各种报表类型。具有多种标准的系统布局和打印作业。

（6）全局脚本

全局脚本是 C 语言函数和动作的通称，根据其不同的类型，可用于一个给定的项目或众多项目中。脚本用于给对象组态动作并通过系统内部 C 语言编译器来处理。全局脚本动作用于过程执行的运行中。一个触发可以开始动作的执行。

（7）用户管理器

用户管理器用于分配和控制用户的单个组态和运行系统编辑器的访问权限。每建立一个用户，就设置 WinCC 功能的访问权力并独立地分配给此用户。至多可分配 999 个不同的授权。

9.4.3　MCGS 组态软件

MCGS（Monitor and Control Generated System，通用监控系统）是一套用于快速构造和生成计算机监控系统的组态软件，它能够在基于 Microsoft 的各种 32 位 Windows 平台上运行，通过对现场数据的采集处理，以动画显示、报警处理、流程控制和报表输出等多种方式向用户提供解决实际工程问题的方案，在工业控制领域有着广泛的应用。MCGS 组态软件功能强大、操作简单、易学易用，普通工程人员经过短时间的培训就能迅速掌握多数工程项目的设计和运行操作。同时使用 MCGS 组态软件能够避开复杂的计算机软、硬件问题，集中精力去解决工程本身的问题，根据工程作业的需求和特点，组态配置出高性能、高可靠性和高度专业化的工业控制监控系统。

1．MCGS 的主要特性和功能

（1）实时性与并行处理。MCGS 充分利用了 Windows 操作平台的多任务、按优先级分时操作的功能，使 PC 机广泛应用于工程测控领域成为可能。工程作业中，大量的数据和信息需要及时收集、即时处理，技术领域称其为实时性关键任务，如数据采集、设备驱动和异常处理等。另外许多工作则是非实时性的，或称为非实时关键任务，如画面显示，可在主机运行周期时间内插空进行。

（2）建立实时数据库，便于用户分步组态，保证系统安全、可靠地运行。MCGS 组态软件由主控窗口、设备窗口、用户窗口、实时数据库和运行策略五部分构成。其中的"实时数据库"是整个系统的核心。实时数据库是一个数据处理中心，是系统各个部分及其各种功能性构件的公用数据区。

（3）设立"设备工具箱"，针对外部设备的特征，用户从中选择某种"构件"，设置于设备窗口内，赋予相关的属性，建立系统与外部设备的连接关系，即可实现对该种设备的驱动和控制。不同的设备对应于不同的构件，所有的设备构件均通过实时数据库建立联系，而建立时又是相互独立的，即对某一构件的操作或改动，不影响其他构件和整个系统的结构。

（4）面向"窗口"的设计方法，增加了可视性和可操作性。以窗口为单位，构造用户运行系统的图形界面，使得 MCGS 的组态工作既简单直观，又灵活多变。用户可以使用系统的缺省构架，也可以根据需要自己组态配置，生成各种类型和风格的图形界面，包括 DOS 风格的图形界面、标准 Windows 风格的图形界面以及带有动画效果的工具条和状态条。

（5）利用丰富的"动画组态"功能，快速构造各种复杂、生动的动态画面。以图像、图符、数据、曲线等多种形式，为操作员及时提供系统运行中的状态、品质及异常报警等有关信息。用数据变化的大小、颜色改变、明暗闪烁、移动翻转等多种手段，增强画面的动态显示效果。图元、图符对象定义相应的状态属性，即可实现动画效果。同时，MCGS 为用户提供了丰富的动画构件，模拟工程控制与实时监测作业中常用的物理器件的动作和功能。每个动画构件都对应一个特定的动画功能。如实时曲线构件、历史曲线构件、报警显示构件、自由表格构件等。

（6）引入"运行策略"的概念。复杂的工程作业，运行流程都是多分支的。用传统的编程方法实现，既繁琐又容易出错。MCGS 开辟了"策略窗口"，用户可以选用系统提供的各种条件和功能的"策略构件"，用图形化的方法构造多分支的应用程序，实现自由、精确的控制运行流程，按照设定的条件和顺序，操作外部设备，控制窗口的打开或关闭，与实时数据库进行数据交换。同时，也可以由用户创建新的策略构件，扩展系统的功能。

（7）MCGS 系统由五大功能部件组成，主要的功能部件以构件的形式来构造。不同的构件有着不同的功能，且各自独立。三种基本类型的构件（设备构件、动画构件、策略构件）完成了 MCGS 系统三大部分（设备驱动、动画显示和流程控制）的所有工作。用户也可以根据需要，定制特定类型的构件，使 MCGS 系统的功能得到扩充。这种充分利用"面向对象"的技术，大大提高了系统的可维护性和可扩充性。

（8）支持 OLE Automation 技术。MCGS 允许用户在 Visual Basic 中操作 MCGS 中的对象，提供了一套开放的可扩充接口，用户可根据自己的需要用 VB 编制特定的功能构件来扩充系统的功能。

（9）MCGS 中数据的存储不再使用普通的文件，而是用数据库来管理一切。组态时，系统生成的组态结果是一个数据库；运行时，数据对象、报警信息的存储也是一个数据库。利用数据库来保存数据和处理数据，提高了系统的可靠性和运行效率，同时，也使其他应用软件系统能直接处理数据库中的存盘数据。

（10）设立"对象元件库"，解决了组态结果的积累和重新利用问题。所谓对象元件库，实际上是分类存储各种组态对象的图库。组态时，可把制作完好的对象（包括图形对象、窗口对象、策略对象，以及位图文件等）以元件的形式存入图库中，也可把元件库中的各种对象取出，直接为当前的工程所用。随着工作的积累，对象元件库将日益扩大和丰富，组态工作将会变得越来越简单、方便。

（11）提供对网络的支持。考虑到工控系统今后的发展趋势，MCGS 充分运用现今发展的 DCCW（Distributed Computer Cooperator Work）技术，即分布式计算机协同工作方式，来使分散在不同现场之间的采集系统和工作站之间协同工作。通过 MCGS，不同的工作站之间可以实时交换数据，实现对工控系统的分布式控制和管理。

2. MCGS 系统的组态环境和运行环境

用户的所有组态配置过程都在组态环境中进行，组态环境相当于一套完整的软件工具，它帮助用户设计和构造自己的应用系统。用户组态生成的结果是一个数据库文件，称为组态结果数据库。

运行环境是一个独立的运行系统，它按照组态结果数据库中用户指定的方式进行各种处理，完成用户组态设计的目标和功能。运行环境本身没有任何意义，必须与组态结果数据库一起作为一个整体，才能构成用户应用系统。一旦组态工作完成，运行环境和组态结果数据库就可以离开组态环境而独立运行在监控计算机上。

9.5　组态软件对 S7-200 PLC 的监控应用举例

本应用是利用组态王软件在计算机上实现对 S7-200 PLC 的监控。在 PC 机上组态画面，通过点击画面上的启动和停止按钮实现控制，把 PLC 的输出信号显示在画面上。

以延时控制为例，组态王软件监控 PLC 的基本方法如下。

9.5.1　编写 PLC 的控制程序

利用编程软件 STEP7-Micro/WIN V4.0 编写基本的延时控制程序，下载并让 PLC 运行。

9.5.2　建立组态王应用工程

建立组态王应用工程的一般步骤：（1）设计图形界面（定义画面）；（2）定义设备；（3）构造数据库（定义变量）；（4）建立动画连接；（5）运行和调试。

双击桌面图标组态王 6.53，进入组态王工程管理器，创建工程路径，要建立新的组态王工程，首先为工程指定工作目录（或称"工程路径"）。"组态王"用工作目录标识工程，不同的工程应置于不同的目录中。工作目录下的文件由"组态王"自动管理。

启动"组态王"工程管理器（ProjManager），选择菜单"文件/新建工程"或单击"新建"按钮。

点击新建工程进入新建工程向导，按向导提示建立延时控制工程项目，并将该工程项目设为当前工程，定义的工程信息会出现在工程管理器的信息表格中。

（1）创建组态画面

"组态王"采用面向对象的编程技术，使用户可以方便地建立画面的图形界面。用户构图时可以像搭积木那样利用系统提供的图形对象完成画面的生成。同时支持画面之间的图形对象复制，可重复使用以前的开发结果。

双击延时控制工程项目进入工程浏览器，如图 9-21 所示，定义新画面，选择工程浏览器左侧大纲项"文件/画面"，在工程浏览器右侧用鼠标左键双击"新建"图标。在"画面名称"处输入新的画面名称，如"监控"等。如图 9-21 所示。

在组态王开发系统中从"工具箱"中分别选择各种图标，绘制相应的图形对象或文本对象，如图 9-22 所示。

（2）定义 IO 设备

组态王把那些需要与之交换数据的设备或程序都作为外部设备。外部设备包括：下位机（PLC、仪表、模块、板卡、变频器等），它们一般通过串行口和上位机交换数据；其他 Windows 应用程序，它们之间一般通过 DDE 交换数据；网络上的其他计算机。只有在定义了外部设备之后，组态王才能通过 I/O 变量和它们交换数据。为方便定义外部设备，组态王设计了"设备配置向导"，引导用户一步步完成设备的连接。

选择"S7-200 PLC 系列"的"PPI"项，单击"下一步"，弹出"设备配置向导"，为外部设备取一个名称，如"CPU224"，为设备选择连接串口，假设为 COM1，填写设备地址，假设为 2，如图 9-23 所示。

图 9-21　画面创建

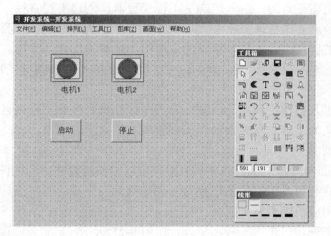

图 9-22　画面组态

图 9-23　定义 I/O 设备

选择工程浏览器左侧大纲项"设备/COM1"，在工程浏览器右侧用鼠标左键双击"新建"图标，运行"设备配置向导"。

串口通信的参数。波特率：9600；数据位：8；奇偶校验：偶校验；停止位：1；通信超时：200ms（最小值）；通信方式：RS232。

设备定义完成后，可以在工程浏览器的右侧看到新建的外部设备"CPU224"。在定义数据库变量时，只要把 IO 变量连接到这台设备上，它就可以和组态王交换数据了。

（3）构造数据库

数据库是"组态王"软件的核心部分，工业现场的生产状况要以动画的形式反映在屏幕上，操作者在计算机前发布的指令也要迅速送达生产现场，所有这一切都是以实时数据库为中介环节，所以说数据库是联系上位机和下位机的桥梁。在运行时，它含有全部数据变量的当前值。变量在画面制作系统的组态王画面开发系统中定义，定义时要指定变量名和变量类型，某些类型的变量还需要一些附加信息。数据库中变量的集合形象地称为"数据词典"，数据词典记录了所有用户可使用的数据变量的详细信息。

选择工程浏览器左侧大纲项"数据库/数据词典"，在工程浏览器右侧用鼠标左键双击"新建"图标，弹出"变量属性"对话框，此对话框可以对数据变量完成定义、修改等操作，以及数据库的管理工作，例如，在"变量名"处输入变量名，如"M1"；在"变量类型"处选择变量类型，如 I/O 离散；在"连接设备"中选择先前定义好的 IO 设备：CPU224；在"寄存器"中定义为：M10.0；在"数据类型"中定义为：BIT 类型；在"读写属性中"定义为：只写。其他属性不用更改，单击"确定"即可，如图 9-24 所示。

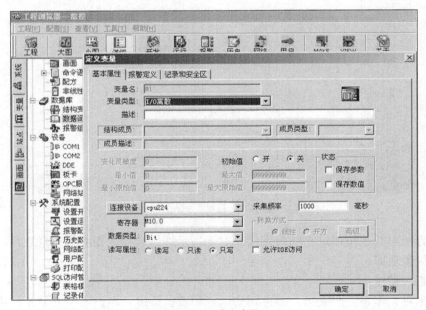

图 9-24　定义变量

用相似方法定义其他变量，注意变量类型、寄存器、数据类型的不同。

由于在组态王中，西门子 S7-200 系列 PLC 的输入寄存器 I 的读写属性只有只读属性是有效的，无法通过组态王使输入寄存器位变量产生变化来控制 PLC。因此，我们需要对原程序进行修改,在不影响原来现场操作的情况下,通过组态王软件来实现对 PLC 的远程控制。在原程序的常开触点 I0.0 上并联一个位存储器 M10.0 的常开触点,在常闭触点 I0.1 后串联一个位存储器 M10.1 的常闭触点,这些位存储器在组态王上用按钮的形式模拟控制信号的输入。

(4)建立动画连接

定义动画连接是指在画面的图形对象与数据库的数据变量之间建立一种关系,当变量的值改变时,在画面上以图形对象的动画效果表示出来;或者由软件使用者通过图形对象改变数据变量的值。"组态王"提供了 21 种动画连接方式:填充属性变化、文本色变化、位置与大小变化、填充、缩放、旋转、水平移动、垂直移动、值输出、模拟值输出、离散值输出、字符串输出等。

双击启动图形对象,可弹出"动画连接"对话框,选命令语言连接,按按下时按钮,弹出命令语言对话框,从变量域中选择变量"M1"并设"M1=1;",按确定键返回"动画连接"对话框。再按弹起时按钮,弹出命令语言对话框,从变量域中选择变量"M1"并设"M1=0;",按确定键返回,如图 9-25 所示。

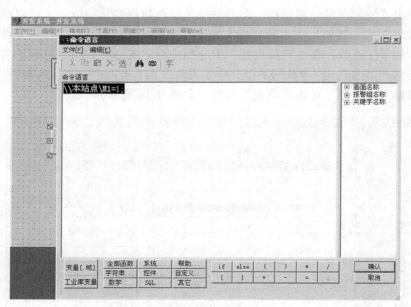

图 9-25 设置命令语言

用相似方法对其他按钮进行动画连接。对于指示灯,选择了相应的变量之后,只要求确定正常色和报警色即可。

(5)运行和调试

组态王工程初步建立起来后,即进入到运行和调试阶段。在组态王开发系统中选择"文件/切换到 View"菜单命令,进入组态王运行系统。在运行系统中选择"画面/打开"命令,从"打开画面"窗口选择"监控 1"画面。显示出组态王运行系统画面,按下起动按钮,Q0.0 有输出,延时一定的时间后,Q0.1 有输出,再按下停止按钮,输出全部复位,指示灯的信号也复位,如图 9-26 所示。

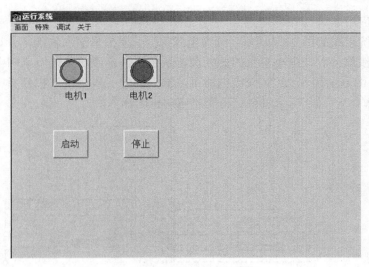

图 9-26　运行系统

9.6　项目实例：PLC 及触摸屏在变频调速控制系统中的应用

1．项目要求

选择 CPU224XP 的 PLC、SMART700IE 触摸屏和西门子 V20 系列变频器。用 PLC 实现对变频调速系统的多段速控制、转速开环控制、转速闭环自动调节控制，能在触摸屏或 PC 机上设置给定转速数值、显示电机的运动状态等。

2．系统分析

现在的通用变频器一般都有操作面板显示及控制、外接端子接线控制两种方式。面板操作控制方式能实现变频调速系统的基本调速控制任务，但控制性能有限。外接端子控制方式灵活多变，利用 PLC 的程序控制，就能实现速度的开环和闭环自动调节控制，能够通过改变外接端子的接线实现正反转调速控制，实现多段速的调速控制等。

要实现速度闭环自动调节控制，必须要有能测量速度的器件，本项目利用旋转编码器来测量转速，该编码器旋转一圈能产生 400 个脉冲信号。

要实现速度闭环自动调节控制，也必须有能产生给定速度的装置，产生速度给定的方法有很多，本项目中利用带有以太网功能的 SMART700IE 触摸屏发出给定信号。

（1）V20 变频器的控制方式及接线特点

SINAMICS V20 是用于控制三相异步电机速度的变频器系列，具有操作简单、调试快捷、稳定安全、经济高效的特点。

V20 变频器的功能很强，需要用参数来设置端子接线控制的功能，有 12 种连接宏和 5 种应用宏，连接宏类似于配方，V20 变频器的手册提供了各种连接宏的外部接线图，选中某种连接宏后，有关的参数被自动设置为该连接宏的默认值，应用时只需按相应的要求修改少量的参数值。

应用宏是针对某种特定的应用提供一组相应的参数设置。选择了一种应用宏后，变频器会自动应用该应用宏的相关参数设置，可以简化系统调试过程。一般应用时可以采用默认的应用宏 AP000，另外还有水泵、风机、压缩机和传送带 4 个应用宏。设计时可以选择与控制要求最为接近的应用宏。

 V20 典型系统接线如图 9-27 所示，分为电源部分、模拟量输入输出部分、数字量输入输出部分、通信连接部分。在中小容量的变频调速系统中，电源部分采用单相电输入的方式，将 L1 和 L2/N 两端分别接入 220V 交流电即可，输出部分一般连接三相异步电动机，将 V20 模块下方的 U、V、W 三个端子引至三相交流电动机的输入端。

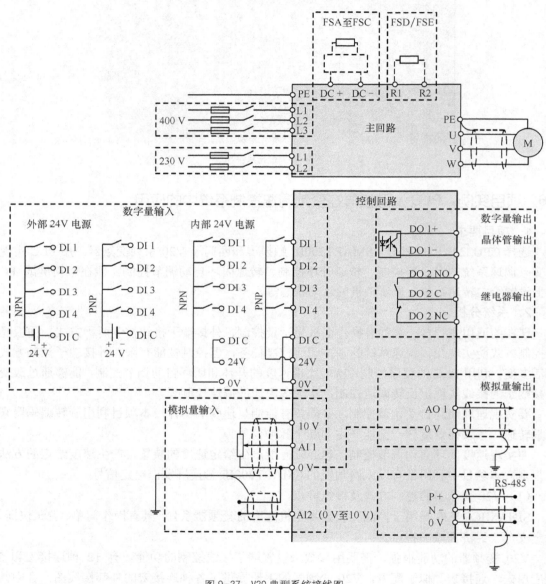

图 9-27 V20 典型系统接线图

 接着是各控制端子接线。将图中 DI1、DI2、DI3、DI4、DIC、24V、0V 引出至 PLC 的输出端，作为变频器的数字量输入信号端；将图 9-27 中 AI1、0V 引出至 PLC 作为变频器模拟量输入端，作为 PLC 模拟量输出端；将旋转编码器输出的 A 相脉冲接到 PLC 的输入点 I0.3 作为速度测量反馈信号，控制系统的接线图如图 9-28 所示。

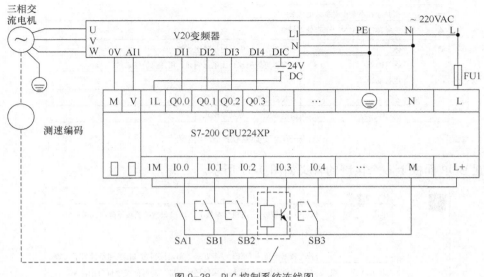

图 9-28　PLC 控制系统连线图

输入输出表见 9-1 所示。

表 9-1　　　　　　　　　　　　　　输入输出信号对照表

元件名称	符号	内部地址	元件名称	符号	内部地址
开环/闭环控制开关	SA1	I0.0	停止按钮	SB3	I0.4
电机正转运行按钮	SB1	I0.1	电动机正向运行	DI1	Q0.0
电机反转运行按钮	SB2	I0.2	电动机反向运行	DI2	Q0.1
脉冲输入信号	脉冲	I0.3	模拟量输出	AI1	AQW0

（2）变频器参数的设置

V20 内置 BOP 面板上各按键和显示图标的含义，如图 9-29 所示。

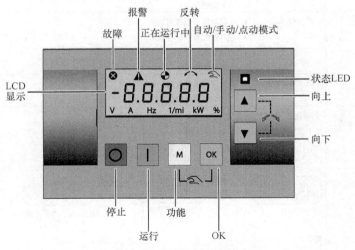

图 9-29　内置 BOP 面板图

变频器状态图标的含义如图 9-30 所示。

图标	含义	
✕	变频器存在至少一个未处理故障。	
▲	变频器存在至少一个未处理报警。	
⊕	⊕：	变频器在运行中（电机转速可能为 0 rpm）。
	⊕（闪烁）：	变频器可能被意外上电（例如，霜冻保护模式时）。
⌒	电机反转。	
✋	✋：	变频器处于"手动"模式。
	✋（闪烁）：	变频器处于"点动"模式。

图 9-30　变频器状态图标含义

内置 BOP 面板上 6 个按键的含义如图 9-31 所示。

按键	说明	
○	停止变频器	
	单击	OFF1 停车方式：电机按参数 P1121 中设置的斜坡下降时间减速停车。 说明： 若变频器配置为 OFF1 停车方式，则该按钮在"自动"运行模式下无效。
	双击（<2s）或 长按（>3s）	OFF2 停车方式：电机不采用任何斜坡下降时间按惯性自由停车。
I	启动变频器 若变频器在"手动"/"点动"运行模式下启动，则显示变频器运行图标（⊕）。 说明： 若当前变频器处于外部端子控制（P0700=2，P1000=2）并处于"自动"运行模式，该按钮无效。	

(a) 起停按键的作用

按键	说明	
M	多功能按钮	
	短按（<2s）	• 进入参数设置菜单或转至下一显示画面 • 就当前所选项重新开始按位编辑 • 返回故障代码显示画面 • 在按位编辑模式下连按两次即返回编辑前画面
	长按（>2s）	• 返回状态显示画面 • 进入设置菜单
OK	短按（<2s）	• 在状态显示数值间切换 • 进入数值编辑模式或换至下一位 • 清除故障 • 返回故障代码显示画面
	长按（>2s）	• 快速编辑参数号或参数值 • 访问故障信息数据
M + OK	手动/点动/自动 按下该组合键在不同运行模式间切换：	

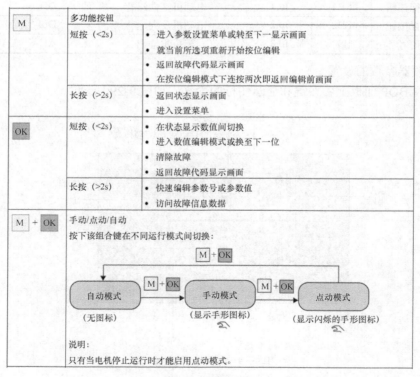

说明：
只有当电机停止运行时才能启用点动模式。

(b) 多功能键的作用

图 9-31　按键功能

▲	• 当浏览菜单时,按下该按钮即向上选择当前菜单下可用的显示画面。 • 当编辑参数值时,按下该按钮增大数值。 • 当变频器处于"运行"模式,按下该按钮增大速度。 • 长按(>2s)该按钮快速向上滚动参数号、参数下标或参数值。
▼	• 当浏览菜单时,按下该按钮即向下选择当前菜单下可用的显示画面。 • 当编辑参数值时,按下该按钮减小数值。 • 当变频器处于"运行"模式,按下该按钮减小速度。 • 长按(>2s)该按钮快速向下滚动参数号、参数下标或参数值。
▲ + ▼	使电机反转。按下该组合键一次启动电机反转。再次按下该组合键撤消电机反转。变频器上显示反转图标(∽)表明输出速度与设定值相反。

(c) 上翻/下翻键的作用

图 9-31　按键功能(续)

本项目使用的是变频器的一种外部控制功能,即模拟量+外接端子控制功能,由外部模拟量调节电动机运行的速度,用改变外接端子的控制方式实现电动机的正向运行、反向运行及停止控制,连接宏应设为 CN002,相关参数设置说明如下。

在 V20 首次上电或更改连接宏之前要执行变频器工厂复位操作,方法为:短按回键小于 2s,出现参数显示菜单,令参数 P0010=30,P0970=1;待到变频器复位完成后,BOP 面板上出现"50?"字样,点击"OK"键即可。

接着设置电机数据。长按回键大于 2s,出现快速调试参数,按照以下顺序依次设置参数:P0304=380(电机额定电压为 380V),P0305=0.3(额定电流为 0.3A),P0307=0.04(电机额定功率为 0.04KW),P0311=1430(电机额定转速为 1430r/min)。

接着更改连接宏为 2,即 Cn002 外加模拟量调速连接宏。短按回键小于 2s 显示"-Cn000"字样,按▲键找到 Cn002,按OK完成设置,长按回键大于 2s 返回到初始界面。

3. 程序设计

可以利用高速计数器及 PID 向导编程,所编写的程序如图 9-32 所示。

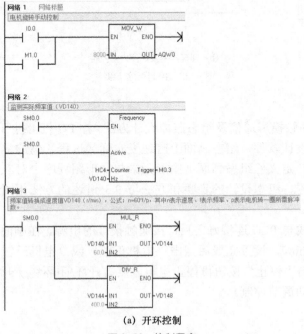

(a) 开环控制

图 9-32　控制程序

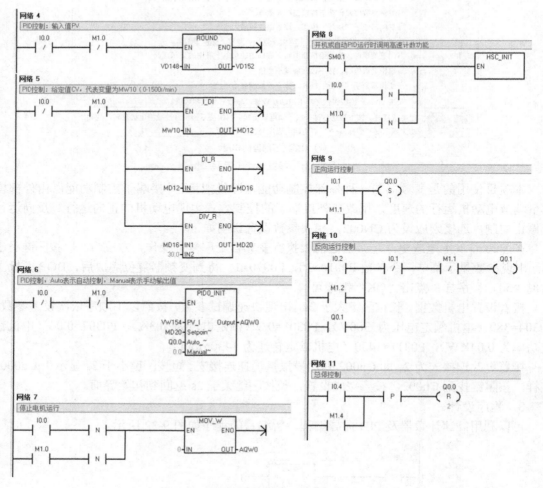

(b) 闭环控制及起停方向控制

图 9-32 控制程序（续）

4. 组态监控设计

根据 9.3 节介绍的触摸屏通信及组态监控设计方法，在 PC 机上打开 WinCC flexible 2008 SP4 触摸屏组态开发设计软件，组态画面上有速度实际（过程）值的显示。设定值可以在组态画面中设定并显示，定义好组态画面上图形元素与梯形图程序中对应的变量。设备连接的方法、通信端口的设置、组态设计的步骤和方法与 9.3 讲述的方法相同，组态开发设计的画面如图 9-33 所示。

当触摸屏用通信线与 PLC 连接好之后，接通触摸屏的电源，在画面上设置电机转速（电机额定转速为 1500r/min），设置完成后点击"电机正转"或"电机反转"即可使伺服电机按照设定转速运转，点击"停止"按钮可停止电机。点击开环/闭环切换开关，可以实现开环手动调节控制和闭环自动调节控制。

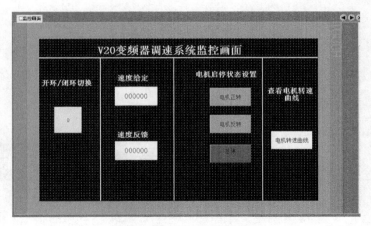

图 9-33　组态监控的设计画面

习　　题

9-1　人机界面有哪些功能？

9-2　与 S7-200 PLC 对应的主要的人机界面设备有哪些？

9-3　人机界面有哪些监控组态软件？

9-4　采用 PLC 和触摸屏（或组态软件）控制八个彩灯。

（1）系统描述：置位启动开关 SD 为 ON 时，LED 指示灯依次循环显示 1→2→3→…→8→1、2→3、4→5、6→7、8→1、2、3→4、5、6→7、8→1→2…，模拟当前喷泉"水流"状态。置位启动开关 SD 为 OFF 时，LED 指示灯停止显示，系统停止工作。

（2）控制任务

①　制作触摸屏画面，在画面中能完成指令的控制，能监控彩灯的工作状况。

②　通过 PLC 外部输入端钮能控制 8 个彩灯。

（3）任务要求

①　编写触摸屏（或组态）程序。

②　编写 PLC 程序。

③　正确接线并调试。

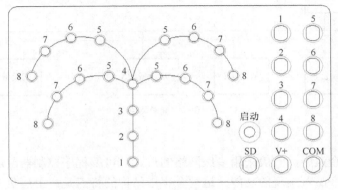

图 9-34　题 9-4 的图

10.1　PLC 网络控制概述

为了快速应对新的市场需求，缩短产品面世的时间，需要提供从生产现场到工厂控制层和公司管理层的连续信息流，用于战略决策。现代生产对工厂纵向集成的要求越来越高，工业通信在自动化领域中的地位越来越重要。许多现代化生产不仅要有自动化程度较高的设备，还要将自动化设备进行联网通信，实现分散控制和集中管理。

现代 PLC 已经具有强大的通信能力，可以实现 PLC 与 PLC、PLC 与计算机、PLC 与其他智能控制设备之间的联网通信。

PLC 与计算机可以直接或通过通信处理器、通信链接器相连构成网络，以实现信息的交换，可以构成"集中管理、分散控制"的分布式控制系统，满足工厂自动化系统发展的需要，各 PLC 或远程 I/O 模块按功能各自放置在生产现场进行分散控制，然后用网络连接起来，构成集中管理的分布式网络系统，实现自动化系统集成。

10.1.1　PLC 网络控制的类型

1. 简单网络

多台设备通过传输线相连，可以实现多设备间的通信，形成网络结构。如图 10-1 所示就是一种最简单的网络结构，它由单主设备和多个从设备构成。

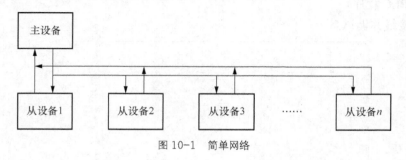

图 10-1　简单网络

2. 多级网络

现代大型工业企业中，一般采用多级网络的形式，可编程序控制器制造商经常用生产金字塔结构来描述其产品可实现的功能。这种金字塔结构的特点是：上层负责生产管理，底层负责现场检测与控制，中间层负责生产过程的监控与优化。

国际标准化组织（ISO）对企业自动化系统确立了初步的模型，如图 10-2 所示。

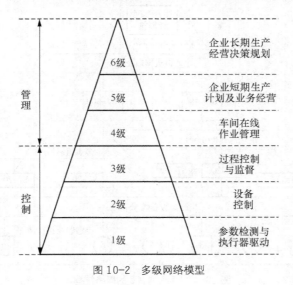

图 10-2 多级网络模型

3. 通信协议

（1）通用协议

国际标准化组织（International Standard Organization，ISO）于 1978 年提出，它所采用的通信协议一般为 7 层，如图 10-3 所示。

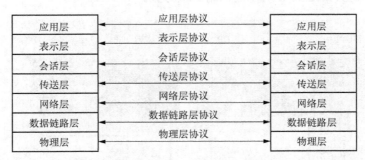

图 10-3 开放系统互联 OSI（Open Systems Interconnection）的模型

（2）公司专用协议

低层子网和中层子网一般采用公司专用协议，尤其是最底层子网，由于传送的是过程数据及控制命令，这种信息较短，但实时性要求高。公司专用协议的层次一般只有物理层、链路层和应用层，而省略了通用协议所必需的其他层，信息传送速率快。

10.1.2 网络层次结构

以西门子 PLC 为例，西门子公司的生产金字塔网络结构由 4 级组成，由下到上依次是：过程测量与控制级、过程监控级、工厂与过程管理级、公司管理级。S7 系列 PLC 的网络结构如图 10-4 所示。

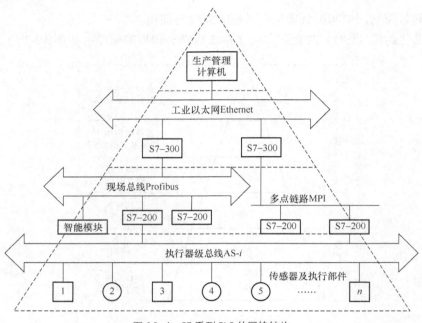

图 10-4　S7 系列 PLC 的网络结构

10.2　S7-200 PLC 的网络控制

根据不同的自动化水平的要求（工厂级、单元级、现场和传感器/执行器级），SIMATIC S7-200 系列 PLC 提供如图 10-5 所示的网络解决方案。

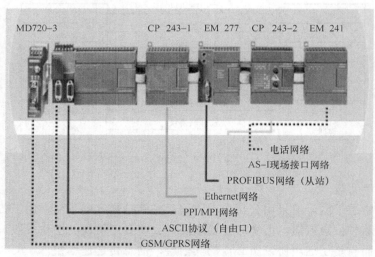

图 10-5　S7-200 系列 PLC 的网络类型

10.2.1　S7-200 PLC 通信类型及协议

1. 通信类型

S7-200 PLC 的控制网络常见的有以下类型：把计算机或编程器作为主站、把操作员界面作为主站和把 PLC 作为主站等类型，这几种类型又各有两种连接：单主站和多主站。单主站的网络连接见图 10-6，多主站的网络连接见图 10-7。

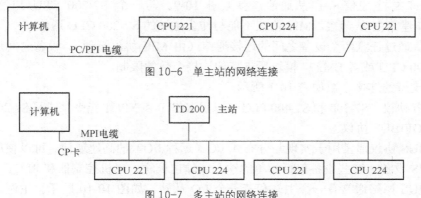

图 10-6　单主站的网络连接

图 10-7　多主站的网络连接

2．通信协议选择

S7-200 CPU 所支持的协议有：点对点接口（PPI）、多点接口（MPI）、PROFIBUS。

在开放系统互联（OSI）七层模式通信结构的基础上，这些通信协议在一个令牌环网络上实现。令牌环网络符合欧洲标准 EN 50170 中定义的 PROFIBUS 标准。这些协议是非同步的字符协议，有 1 位起始位、8 位数据位、偶校验位和 1 位停止位。通信结构依赖于特定的起始字符和停止字符、源和目地站地址、报文长度和数据校验和。在波特率一致的情况下，这些协议可以同时在一个网络上运行，并且互不干扰。

如果带有扩展模块 CP243-1 和 CP243-1 IT，那么 S7-200 也能运行在以太网上。

（1）PPI 协议

PPI 是一种主—从协议：主站器件发送要求到从站器件，从站器件响应。从站器件不发信息，只是等待主站的要求并对要求作出响应，如图 10-8 所示。

主站靠一个 PPI 协议管理的共享连接来与从站通信。

PPI 并不限制与任意一个从站通信的主站数量，但是在一个网络中，主站的个数不能超过 32。

图 10-8　PPI 网络

如果在用户程序中使能 PPI 主站模式，S7-200 CPU 在运行模式下可以作为主站。在使能 PPI 主站模式之后，可以使用网络读写指令来读写另外一个 S7-200。当 S7-200 作为 PPI 主站时，它仍然可以作为从站响应其他主站的请求。

PPI 高级协议允许网络设备建立一个设备与设备之间的逻辑连接。对于 PPI 高级协议，每个设备的连接个数是有限制的。S7-200 支持的连接个数如表 10-1 所示。

所有的 S7-200 CPU 都支持 PPI 和 PPI 高级协议，而 EM277 模块仅支持 PPI 高级协议。

表 10-1　　　　　　　　　　　　　　S7-200 CPU 和 EM277 模块的连接个数

模块		波特率	连接数
S7-200 CPU	通信口 0	9.6k、19.2k 或 187.5k	4
	通信口 1	9.6k、19.2k 或 187.5k	4
EM277		9.6k 到 12M	6（每个模块）

（2）MPI 协议

MPI 允许主-主通信和主-从通信，参见图 10-9。与一个 S7-200 CPU 通信时，STEP 7-Micro/WIN 建立主-从连接。MPI 协议不能与作为主站的 S7-200 CPU 通信。

网络设备通过任意两个设备之间的连接通信（由 MPI 协议管理）。设备之间通信连接的个数受 S7-200 CPU 或者 EM277 模块所支持的连接个数的限制。

S7-200 支持的连接个数如表 10-1 所示。

对于 MPI 协议，S7-300 和 S7-400 PLC 可以用 XGET 和 XPUT 指令来读写 S7-200 的数据。

（3）PROFIBUS 协议

PROFIBUS 协议通常用于实现与分布式 I/O（远程 I/O）的高速通信。可以使用不同厂家的 PROFIBUS 设备。这些设备包括简单的输入或输出模块、电机控制器和 PLC。

PROFIBUS 网络通常有一个主站和若干个 I/O 从站，如图 10-10 所示。主站器件通过配置可以知道 I/O 从站的类型和站号。主站初始化网络，使网络上的从站器件与配置相匹配。主站不断地读写从站的数据。

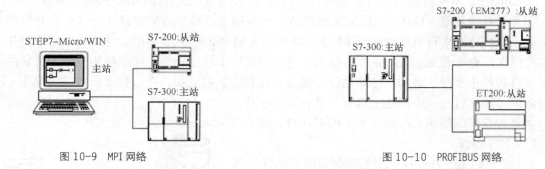

图 10-9　MPI 网络　　　　　　　　　　　　　　　　图 10-10　PROFIBUS 网络

当一个 DP 主站成功配置了一个 DP 从站之后，它就拥有了这个从站器件。如果在网上有第二个主站器件，那么它对第一个主站的从站的访问将会受到限制。

（4）TCP/IP 协议

通过以太网扩展模块（CP243-1）或互联网扩展模块（CP243-1 IT），S7-200 将能支持 TCP/IP 以太网通信。表 10-2 列出了这些模块所支持的波特率和连接数。

表 10-2　　　　　以太网模块（CP243-1）和互联网模块（CP243-1 IT）的连接数

模块	波特率	连接数
以太网（CP243-1）模块 互联网（CP243-1 IT）模块	10～100M	8 个普通连接 1 个 STEP 7-MicroMIN 连接

更多信息可参考 SIMATIC NET CP243-1 工业以太网通信处理器手册或 SIMATIC NETCP243-1 IT 工业以太网及信息技术通信处理器手册。

（5）AS-Interface 协议

利用扩展模块 CP243-2，S7-200 PLC 可以作为传感器-执行器接口网络的主站，读写从站的数据。

（6）自由口协议

S7-200 CPU 的通信口还提供了建立在自由串行通信基础上的自由通信能力，数据传输协议完全由用户程序决定。通过自由口方式，S7-200 PLC 可以与串行打印机、条码阅读器等通信。

10.2.2 通信设备

1. 通信口

S7-200 CPU 主机上的通信口是符合欧洲标准 EN 50170 中 Profibus 标准的 RS-485 兼容 9 针 D 型接口。接口引脚如图 10-11 所示，端口 0 或端口 1 的引脚与 Profibus 的名称对应关系如表 10-3 所示。

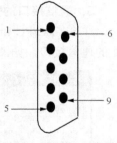

图 10-11 接口引脚图

表 10-3 对应关系表

针号	端口 0/端口 1	Profibus 名称
1	逻辑地	屏蔽
2	逻辑地	24V 返回
3	RS-485 信号 B	RS-485 信号 B
4	RTSTTL	发送申请
5	逻辑地	5V 返回
6	+5V，100Ω，串联电阻	+5V
7	+24V	+24V
8	RS-485 信号 A	RS-485 信号 A
9	10 位协议选择	不用
端口外壳	机壳接地	屏蔽

2. 网络连接器

网络连接器可以用于把多个设备很容易地连接到网络中。网络连接器有两种类型：一种是仅提供连接到主机的接口，另一种增加了一个编程接口。带有编程口的连接器可以把编程器或操作员面板直接增加到网络中，编程口传递主机信号的同时，为这些设备提供电源，而不用另加电源。

3. 网络中继器

网络中继器在 Profibus 中可以用来延长网络的距离、允许给网络加入设备、隔离不同网络段，每个中继器为网络段提供偏置和终端匹配。

每个网络中最多可以有 9 个中继器，每个中继器最多可再增加 32 个设备。

4. 调制解调器

用调制解调器可以实现计算机或编程器与 PLC 主机之间的远距离通信。以 11 位调制解调器为例，通信连接如图 10-12 所示。

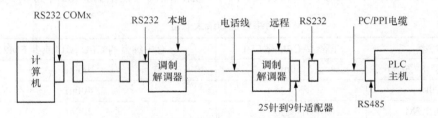

图 10-12 调制解调器的通信连接示意图

5. 通信接口的安装和删除

在 Set PG/PC Interface 对话框中，可以使用安装/删除接口对话框来安装或者删除计算机上的通信接口，如图 10-13 所示。

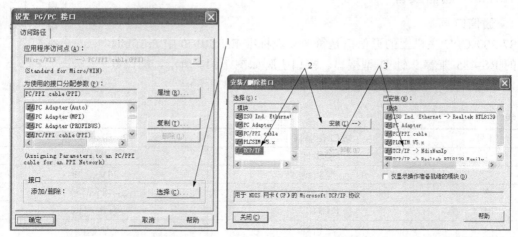

图 10-13　Set PG/PC Interface 和安装/删除接口对话框

（1）在 Set PG/PC Interface 对话框中，点击 Select，弹出安装/删除接口对话框。选择框中列出了可以使用的接口，安装框中显示计算机上已经安装了的接口。

（2）要添加一个接口：选择计算机上已经安装了的通信硬件并点击安装。当关闭安装/删除接口对话框后，Set PG/PC Interface 对话框中会在 Interface Parameter Assignment Used 框中显示接口。

（3）要删除一个接口：选择要删除的接口并点击删除。当关闭安装/删除接口对话框后，Set PG/PC Interface 对话框中会在 Interface Parameter Assignment Used 框中删除该接口。

10.2.3　网络的建立

1. 基本原则

（1）导线必须安装合适的浪涌抑制器，这样可以避免雷击浪涌。

（2）应避免将低压信号线和通信电缆与交流导线和高能量、快速开关的直流导线布置在同一线槽中。要成对使用导线，用中性线或公共线与能量线或信号线配对。

（3）S7-200 CPU 的端口是不隔离的。如果想使网络隔离，应考虑使用 RS-485 中继器或者 EM277。

（4）为网络确定通信距离、通信速率和电缆类型。

如表 10-4 所示，网段的最大长度取决于两个因素：隔离（使用 RS-485 中继器）和波特率。

表 10-4　　　　　　　　　　　　网络电缆的最大长度

波特率	非隔离 CPU 端口 1	有中继器的 CPU 端口或者 EM277
9.6k 到 187.5k	50m	1000m
500k	不支持	400m
1M 到 1.5M	不支持	200m
3M 到 12M	不支持	100m

当连接具有不同地电位的设备时需要隔离。当接地点之间的距离很远时，有可能具有不同的地电位。即使距离较近，大型机械的负载电流也能导致地电位不同。

2．在网络中使用中继器

RS-485 中继器为网段提供偏压电阻和终端电阻。中继器有以下用途。

（1）增加网络的长度：在网络中使用一个中继器可以使网络的通信距离扩展 50m。如图 10-14 所示，如果在已连接的两个中继器之间没有其他节点，那么网络的长度将能达到波特率允许的最大值。在一个串联网络中，最多可以使用 9 个中继器，但是网络的总长度不能超过 9600m。

图 10-14　带中继器的网络举例

（2）网络增加设备：在 9600 波特率下，50m 距离之内，一个网段最多可以连接 32 个设备。使用一个中继器允许在网络上再增加 32 个设备。

（3）实现不同网段的电气隔离：如果不同的网段具有不同的地电位，将它们隔离会提高网络的通信质量。

一个中继器在网络中被当作网段的一个节点，尽管如此，它没有被指定站地址。

3．选择网络电缆

S7-200 网络使用 RS-485 标准，使用双绞线电缆。表 10-5 中列出了网络电缆的技术指标。每个网段中最多只能连接 32 个设备。

表 10-5　　　　　　　　　　网络电缆的通信技术标准

技术指标	描述
电缆类型	屏蔽双绞线
回路阻抗	≤115Ω/km
有效电容	30pF/m
标称阻抗	135Ω～160Ω（频率=3MHz～20MHz）
衰减	0.9dB/100m（频率=200MHz）
导线截面积	$0.3mm^2$～$0.5mm^2$
电缆直径	8mm±0.5mm

4．网络电缆的偏压电阻和终端电阻

为了能够把多个设备很容易地连接到网络中，西门子公司提供两种网络连接器：一种标准网络连接器和一种带编程接口的连接器，后者允许在不影响现有网络连接的情况下，再连接一个编程站或者一个 HMI 设备到网络中。带编程接口的连接器将 S7-200 的所有信号（包括电源引脚）传到编程接口。这种连接器对于那些从 S7-200 取电源的设备（例如 TD400）尤为有用。

两种连接器都有两组螺钉连接端子，可以用来连接输入连接电缆和输出连接电缆。两种连接器也都有网络偏置和终端匹配的选择开关。典型的网络连接器偏置和终端如图 10-15 所示。电缆的两个末端必须有终端和偏置。

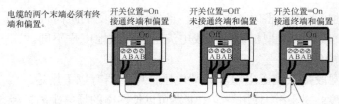

图 10-15 网络电缆的偏置电阻和终端

5. 为网络选择 PPI 多主站电缆或 CP 卡

STEP 7-Micro/WIN 支持多种 CP 卡以及 RS-232/PPI 多主站电缆和 USB/PPI 多主站电缆，并允许编程站（计算机或 SIMATIC 编程器）作为网络的主站。

当波特率小于等于 187.5k 时，PPI 多主站电缆能以最简单和经济的方式将 STEP 7-Micro/WIN 连接到 S7-200 CPU 或 S7-200 网络。PPI 多主站电缆有两种类型，都能将 STEP 7-Micro/WIN 连接到 S7-200 网络。

USB/PPI 多主站电缆是一种即插即用设备，适用于支持 USB1.1 以上版本的 PC。当在 187.5k 的波特率下进行 PPI 通信时，它能将 PC 和 S7-200 网络隔离。此时，无需设置任何开关，只需连上电缆，将 PPI 电缆设为接口并选用 PPI 协议，然后在 PC 连接标签下设置好 USB 端口即可。但在使用 STEP 7-Micro/WIN 时，不能同时将多根 USB/PPI 多主站电缆连接到 PC 上。

USB/PPI 多主站电缆带有 LED，用来指示 PC 或网络是否在进行通信。Tx LED 用来指示电缆是否在将信息传送给 PC。Rx LED 用来指示电缆是否在接收 PC 传来的信息。而 PPI LED 则用来指示电缆是否在网络上传输信息。由于多主站电缆是令牌持有方，因此，当 STEP 7-Micro/WIN 发起通信时，PPI LED 会保持亮。而当与 STEP 7-Micro/WIN 的连接断开时，PPI LED 会关闭。在等待加入网络时，PPI LED 也会闪烁，其频率为 1Hz。

CP 卡为编程站管理多主网络提供了硬件，并且支持多种波特率下的不同协议，如表 10-6 所示。每一块 CP 卡为网络连接提供了一个单独的 RS-485 接口。CP 5511 PCMCIA 卡有一个 9 针 D 型接口的适配器。可以将通信电缆的一端接到 CP 卡的 RS-485 接口上，另一端接入网络。

表 10-6　　　　　　　　　　STEP-Micro/WIN 支持的 CP 卡和协议

配置	波特率	协议
RS-232/PPI 多主站或 USB/PPI 多主站电缆	9.6～187.5k	PPI
CP5511　PCMCIA 卡（适用于笔记本电脑）	9.6k～12M	PPI、MPI 和 PROFIBUS
CP5512　PCMCIA 卡（适用于笔记本电脑）	9.6k～12M	PPI、MPI 和 PROFIBUS
CP5611　（版本 3 以上）PCI 卡	9.6k～12M	PPI、MPI 和 PROFIBUS
CP1613　S7613　PCI 卡	10M 或 100M	TCP/IP
CP1612　SoftNet7　PCI 卡	10M 或 100M	TCP/IP
CP1512　SoftNet7　　PCMCIA 卡（适用于笔记本电脑）	10M 或 100M	TCP/IP

如通过 CP 卡建立 PPI 通信，那么，STEP 7-Micro/WIN 将无法支持在同一块 CP 卡上同时运行两个应用。在通过 CP 卡将 STEP 7-Micro/WIN 连接到网络之前，必须关掉另外一种应用。如果使用的是 MPI 或 PROFIBUS 通信，那么，将允许多个 STEP7-Micro/WIN 应用在网络上同时进行通信。

6. 在网络中使用 HMI 设备

S7-200 CPU 支持西门子公司的多种 HMI 设备，同时也支持其他厂家的产品。有些 HMI 设备（如 TD 200 或 TP070）不允许选择此设备所使用的通信协议，而另一些（如 OP7 和 TP170）则允许用户选择它们所用的通信协议。

如果 HMI 设备允许选择通信协议，应考虑以下原则。

（1）对于直接连接在 S7-200 CPU 通信端口上的 HMI 设备，如果网络上没有其他设备，既可以选择 PPI 协议，又可以选择 MPI 协议。

（2）对于连接在 EM277 模块上的 HMI 设备，可以选择 MPI 或 PROFIBUS。

（3）如果网络中有 S7-300 或 S7-400 PLC，为 HMI 设备选择 MPI 协议。

（4）如果 HMI 设备连接在一个 PROFIBUS 网络中，为 HMI 设备选择 PROFIBUS 协议与其他主站相兼容。

（5）如果 HMI 设备所连接的 S7-200 CPU 已经被配置为主站，为 HMI 设备选择 PPI。最好使用 PPI 高级协议。MPI 和 PROFIBUS 协议不支持 S7-200 CPU 作为主站。

10.3　网络读写

S7-200 CPU 提供网络读写指令，用于 S7-200 CPU 之间的联网通信。网络读写指令只能在网络中充当主站的 CPU 执行；从站 CPU 不必做通信编程，只需准备通信数据。主站可以对 PPI 网络中的其他任何 CPU（包括主站）进行网络读写。

10.3.1　网络指令

网络指令有两条：NETR 和 NETW。它们的梯形图指令盒如图 10-16 所示。

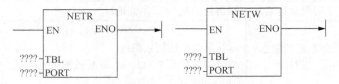

图 10-16　网路读写指令的指令盒形式

1. NETR 指令

NETR，网络读指令。使能输入有效时，指令初始化通信操作，通过通信端口 PORT 从远程设备上接收数据并形成数据表 TBL。

NETR 指令最多可从远程站点上读 16 字节的信息。

指令格式：　NETR　TBL，　PORT

2. NETW 指令

NETW，网络写指令。使能输入有效时，指令初始化通信操作，通过端口 PORT 将数据表 TBL 中的数据发送到从远程设备。

NETW 指令最多可向远程站点上写 16 字节的信息。

指令格式：NETW　TBL，PORT

10.3.2　控制寄存器和传送数据表

1．控制寄存器

SMB30 控制和设置通信端口 0，如果 PLC 主机上有通信端口 1，则用 SMB130 来进行控制和设置。SMB30 和 SMB130 的各位及其的含义如下。

P	P	D	B	B	B	M	M

（1）PP 位：奇偶选择。

（2）D 位：有效位数。

（3）BBB 位：自由口波特率。

（4）MM 位：协议选择，即 MM 用来决定相应通信口的工作模式，其中，

MM=00：PPI 从站模式（默认设置为 PPI/从站模式）。

MM=01：自由口模式。

MM=10：PPI 主站模式。

所以，只要向 SMB30 或 SMB130 中写入数值 2（即二进制的 10），就可以将通信口设置为 PPI 主站模式。PPI 通信速率在"系统块"中设置，在 PPI 模式下忽略 2～7 位。

2．传送数据表

（1）数据表格式

执行网络读写指令时，PPI 主站与从站之间的数据以数据表的格式传送。传送数据表的程式描述如表 10-7 所示。

表 10-7　　　　　　　　　　　　　　　　　数据表格式

字节偏移地址	名称	描述
0	状态字节	反映网络指令的执行结果状态及错误码
1	远程站地址	被访问的从 PLC 站的地址
2		
3	远程站的数据	被访问数据的间接指针
4	指针	指针可以指向 1、Q、M 和 V 数据区
5		
6	数据长度	远程站上被访问的数据的长度
7	数据字节 0	
8	数据字节 1	对 NETR 指令，执行后，从远程站读的数据放到这个数据区
…	…	NETW 指令，执行前，要发送到远程站的数据放到这个数据区
22	数据字节 15	

（2）状态字节

传送数据表中的第一个字节为状态字节，各位及其的含义如下。

D	A	E	0	E1	E2	E3	E4

其中，D=1 表示操作已完成，D=0 表示操作未完成；A=1 表示操作有效，A=0 表示操作

无效。E1、E2、E3、E4 错误编码，如果执行指令后 E 位为 1，则由这 4 位返回一个错误码。这 4 位组成的错误编码及含义如表 10-8 所示。

表 10-8　　　　　　　　　　　　　　　　错误编码及含义

EI E2 E3 E4	错误码	说明
0000	0	无错误
0001	1	时间溢出错误，远程站点不响应
0010	2	接收错误：奇偶校验错，响应时帧或检查时出错
0011	3	离线错误：相同的站地址或无效的硬件引发冲突
0100	4	列队溢出错误：激活了超过 8 个 NETR 和 NETW 指令
0101	5	违反通信协议：没有在 SMB30 中允许 PPI 协议而执行网络指令
0110	6	非法参数：NETR 和 NETW 指令中包含非法或无效的值
0111	7	没有资源：远程站点正在忙中，如上装或下装顺序正在处理中
1000	8	第 7 层错误，违反应用协议
1001	9	信息错误：错误的数据地址或不正确的数据长度
1010～1111	A～F	未用，为将来的使用保留

【例 10-1】　网络通信应用

有一简单网络，结构如图 10-17 所示。其中 PC 为编程计算机，在 RUN 模式下，CPU 226 在用户程序中允许 PPI 主站模式，可以利用 NETR 和 NETW 指令来不断读写 CPU 224 模块中的数据。

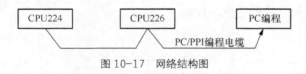

图 10-17　网络结构图

操作要求如下

要求将主站的 I0.0～I0.7 的状态映射到从站的 Q0.0～Q0.7，将从站的 I0.0～I0.7 的状态映射到主站的 Q0.0～Q0.7。

表 10-9　　　　　　　　　　　　　　　　数据表

站号		发送缓冲区		接收缓冲区
CPU226	VB200	状态字节	VB300	状态字节
	VB201	CPU224 的地址（4）	VB301	CPU224 的地址（4）
	VB202	&VB300，CPU224 的接收缓冲区地址	VB302	&VB200，CPU224 的发送冲区地址
	VB206	1，数据长度字节数	VB306	1，数据长度字节数
	VB207	数据字节 1	VB307	数据字节 1
CPU224	VB200	发送缓冲区字节 1	VB300	接收缓冲区字节 1

CPU 226 通信端口号为 1，接收缓冲区从 VB300 开始，发送缓冲区从 VB200 开始，内容如表 10-9 所示。CPU224 通信端口号为 0，从 VB200 开始设置接收和发送缓冲区。

主站网络通信的程序如图 10-18 所示。

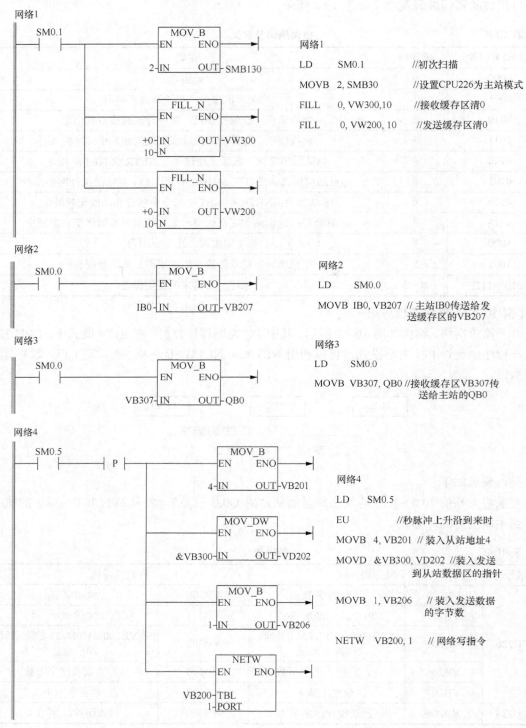

网络1

LD	SM0.1	//初次扫描
MOVB	2, SMB30	//设置CPU226为主站模式
FILL	0, VW300,10	//接收缓存区清0
FILL	0, VW200, 10	//发送缓存区清0

网络2

LD　　SM0.0

MOVB IB0, VB207 //主站IB0传送给发送缓存区的VB207

网络3

LD　　SM0.0

MOVB VB307, QB0 //接收缓存区VB307传送给主站的QB0

网络4

LD　　SM0.5

EU　　　//秒脉冲上升沿到来时

MOVB 4, VB201 //装入从站地址4

MOVD &VB300, VD202 //装入发送到从站数据区的指针

MOVB 1, VB206 //装入发送数据的字节数

NETW VB200, 1 // 网络写指令

(a) 主站通信程序（一）

图 10-18 主站通信程序

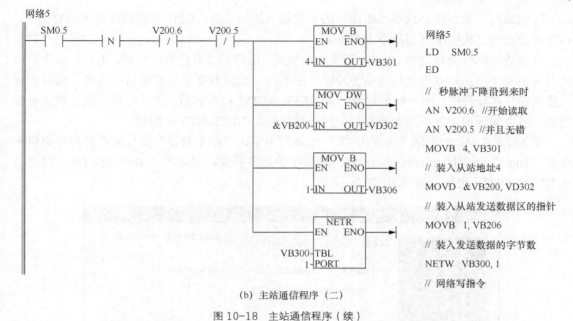

（b）主站通信程序（二）

图 10-18 主站通信程序（续）

从站通信程序如图 10-19 所示。

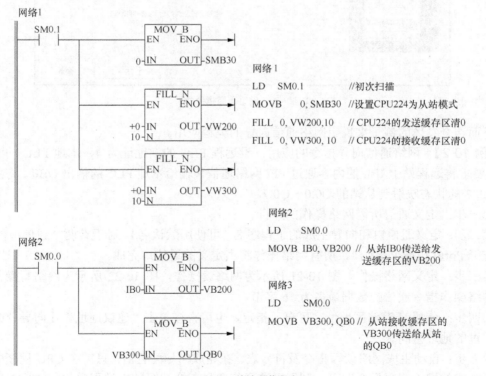

图 10-19 从站通信程序

网络5
LD   SM0.5
ED

// 秒脉冲下降沿到来时
AN V200.6 //开始读取
AN V200.5 //并且无错
MOVB 4, VB301
// 装入从站地址4
MOVD &VB200, VD302
// 装入从站发送数据区的指针
MOVB 1, VB206
// 装入发送数据的字节数
NETW VB300, 1
// 网络写指令

网络1
LD SM0.1   //初次扫描
MOVB   0, SMB30   //设置CPU224为从站模式
FILL 0, VW200,10 // CPU224的发送缓存区清0
FILL 0, VW300, 10 // CPU224的接收缓存区清0

网络2
LD   SM0.0
MOVB IB0, VB200 // 从站IB0传送给发
                    送缓存区的VB200

网络3
LD   SM0.0
MOVB VB300, QB0 // 从站接收缓存区的
                    VB300传送给从站
                    的QB0

10.3.3　使用网络读写向导编程

网络读写向导可以帮助用户自动生成一个 PPI 网络中多个 CPU 之间的通信指令，简化网

络读写的编程步骤。用户只要按照向导的要求输入初始信息、CPU 之间的读写通信数据区，向导就会自动生成网络读写指令及数据块。

网络读写向导会自动将 CPU 设置成主站模式，用户不必另行编程设置。用户只需为主站编写通信程序，从站直接使用通信缓冲区中的数据，或将数据整理到通信区即可。向导的通信使用顺序控制程序，同一时刻只有一条 NETR/NETW 指令激活，并且对读写通信状态进行判断，可以保证通信的可靠及稳定性。所以建议使用 NETR/NETW 编程。

在 STEP 7-Micro/WIN 导航栏中的"Tools"中单击"指令向导"图标或者在命令菜单中选择"Tools" >"Instruction Wizard"，然后在指令向导窗口中选择"NETR/NETW"指令进入 NETR/NETW 向导，如图 10-20 所示。

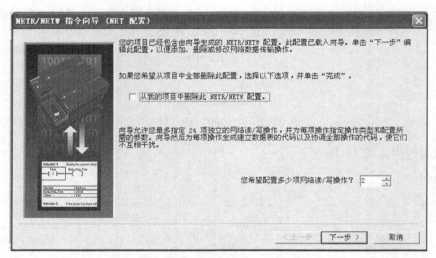

图 10-20　网络读写指令向导

下面结合具体的例子来说明网络通信向导的编程应用。

【例 10-2】　网络通信向导指令的应用，设远程 PLC 的站地址为 4，本地 PLC 的站地址为 2，要求将远程站上 IB0 的内容通过 PPI 网络通信传输给本地 PLC 的输出 QB0。将主站的 I0.0～I0.7 的状态映射到从站的 Q0.0～Q0.7。

第一步：定义通信所需网络操作的数目。

第二步：定义通信口和向导生成的子程序名（可使用默认名）。对于有两个通信口的 CPU 可以选择 Port0 口或 Port1 口，所有网络操作将由定义的通信口完成。

第三步：定义网络操作。图 10-21 所示为网络读操作，图 10-22 所示为网络写操作，每一个网络操作指令通信的数据最多为 16 字节。

第四步：分配 V 存储区地址。可自己指定，也可直接单击"建议地址"让向导分配程序中未用过的地址空间。

第五步：自动生成网络读写指令及符号表。在完成向导配置后，只需在 CPU 程序中调用向导所生成的网络读写指令即可，利用网络通信向导指令编写的主站程序如图 10-23 所示。只能用 SM0.0 来调用 NETR/NETW 子程序，以保证它的正常运行。

PPI 从站的程序与非向导编程一样，如图 10-19 所示。

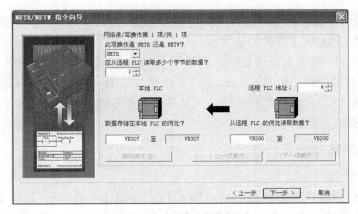

图 10-21　网络读操作设置

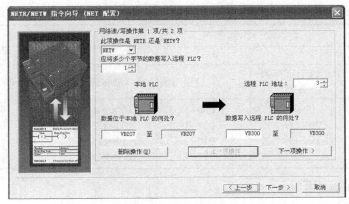

图 10-22　网络写操作设置

10.4　自由口通信

S7-200 CPU 拥有自由口通信的能力。自由口通信是建立在半双工 RS-485 硬件基础上的一种通信方式，它允许用户自己定义一些简单、基本的字符通信格式，如数据长度和奇偶校验等。灵活运用自由口功能，可以使编程适应比较复杂的帧格式，以实现各种通信协议。

处于自由口通信模式时，通信功能完全由用户程序控制，所有的通信任务必须由用户编程完成。

如果 S7-200 CPU 的某个通信端口工作在自由口模式下，它就不能用于其他模式的通信。例如，STEP 7-Micro/WIN 软件不能通过一个定义为自由口模式的通信口与 CPU 通信。当 CPU 处于 STOP（停止）模式时，自由口不能工作，从而可以建立正常的编程通信。

在 CPU 运行状态下，可以通过程序对通信口进行重新定义。例如，可以使用特殊寄存器位 SM0.7 来控

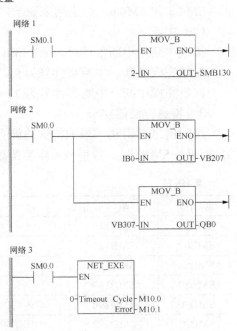

图 10-23　主站调用 NET_EXE 子程序

制自由口模式，这样可以在 CPU 处于运行模式时，使用 STEP 7-Micro/WIN 软件监控。SM0.7 的状态取决于 CPU 上的模式开关的位置。

调试 S7-200 CPU 的自由口通信时，可以用 PC/PPI 电缆将 CPU 和 PC 机连接起来，在 PC 机上运行串口调试软件，如 Windows 操作系统集成的 Hyper Terminal（超级终端）应用程序（如果 Windows 中没有超级终端程序，可能需要添加安装 Windows 组件），向 CPU 发送数据，或从 CPU 接收数据。

10.4.1　相关寄存器及标志

1. 控制寄存器

SMB30 控制自由端口 0 的通信方式，如果 PLC 主机上有通信端口 1，则用 SMB130 来控制自由端口 1 的通信方式。其含义如表 10-10 所示。

表 10-10　　　　　　　　　　自由口模式控制字节各位的含义

MSB			自由端口控制字节	P P	D B	B B M M		LSB
7	6	5	4	3		2	1	0
校验选择		每个字符的数据位	自由口波特率（kbit/s）				协议选择	
00=不选择 01=偶校验 10=不校验 11=奇校验		0=8 位/字符 1=7 位/字符	000=38.4　　100=2.4 001=19.2　　101=1.2 010=9.6　　110=115.2 011=4.8　　111=57.6				00=PPI/从站模式 01=自由口协议 10= PPI/主站模式 11=保留	

2. 特殊标志位及中断

（1）特殊标志位

SM4.5 和 SM4.6：分别用来表示口 0 和口 1 发送空闲状态。

（2）中断

接收中断：中断事件号为 8（口 0）和 25（口 1）。

发送完成中断：中断事件号为 9（口 0）和 26（口 1）。

接收完成中断：中断事件号为 23（口 0）和 24（口 1）。

3. 特殊存储器字节

接收信息时用到一系列特殊功能存储器。对端口 0 用 SMB86～SMB94；对端口 1 用 SMB186～SMB194。各字节及内容描述如表 10-11 所示。

表 10-11　　　　　　　　　　特殊存储器

端口 0	端口 1	说明
SMB86	SMB186	接收信息状态字节
SMB87	SMB187	接收信息控制字节
SMB88	SMB188	信息字符的开始
SMB89	SMB189	信息字符的结束
SMD90	SMD190	空闲时间段毫秒设定，空闲后收到的第一个字符是新信息的首字符
SMD92	SMD192	中间字符定时器溢出值按毫秒设定，超过这一时间则终止接收信息
SMB94	SMB194	要接收的最大字符数

10.4.2　自由口指令

1. XMT 指令

XMT，发送指令。使能输入有效时，指令初始化通信操作，通过通信端口 PORT 将数据表 TBL 中的数据发送到远程设备。发送指令允许 S7-200 的通信口上发送最多 255 字节。发送中断通知程序发送完成。

发送指令执行完成后，会产生一个中断事件（Port0 为中断事件 9，Port1 为中断事件 26）。在 SMB4 中也有相应的位对应于发送指令状态（SM4.5 置位对应 Port0 空闲，SM4.6 对应 Port1 空闲）。

发送缓冲区（数据表）TBL 的格式如表 10-12 所示。发送指令的梯形图指令盒形式如图 10-24 所示。

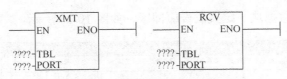

图 10-24　发送和接收指令的指令盒形式

2. RCV 指令

RCV，接收指令。使能输入有效时，指令初始化通信操作，通过通信端口 PORT 从远程设备上接收数据并放到缓冲区（数据表）TBL。接收缓冲区（数据表）TBL 的格式如表 10-12 所示。

接收指令从通信口接收整条信息，当接收完成后会产生一个中断事件（对 Port0 为中断事件 23，对 Port1 为中断事件 24）。特殊寄存器 SMB86（对 Port0）和 SMB186（对 Port1）也提供了接收信息状态字节，以便用户程序使用。

接收指令的梯形图指令盒形式如图 10-24 所示。

表 10-12　发送接收缓存区

发送缓冲区	接收缓冲区
发送字节个数	接收字节个数
字节 1	字节 1
字节 2	字节 2
……	……
字节 n	字节 m

10.4.3　自由口通信发送指令（XMT）的应用

【例 10-3】 把 CPU 224 的 Port0 定义为自由口通信模式。在一个定时中断程序中对定时中断次数计数，并将计数值转换为 ASCII 字符串，再从 Port0 发送出去。计算机接收并利用超级终端（Hyper Terminal）显示与 S7-200 CPU 通信的内容。

自由口通信模式以字节为单位发送数据，而不考虑其内容，在这个例子中使用 ASCII 字符只是为了便于在 PC 机上显示。

1. 参数设置

自由口通信模式。通信协议为：波特率 9600，无奇偶校验，每字符 8 位。规定发送缓冲区从 VB100 开始，如表 10-13 所示。在本例中设置 16 # 0D0A 为结束字符，是因为在 Hyper Terminal（超级终端）中 16 # 0D0A 正好是字符"回车"，可用来换行显示。

表 10-13   发送缓冲区数据定义

VB100	14	发送数据字节数
VB101～112	数据字节	ASCII 字符表（共 12 字节长）
VB113	16 # 0D	消息结束字符
VB114	16 # 0A	即"回车"符

2. 程序

使用 Data Block（数据块）定义发送缓冲区，如图 10-25 所示。

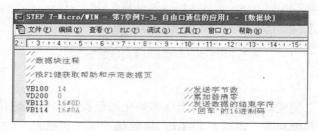

图 10-25 数据块

本例 PLC 程序包括主程序，子程序 SBR_1、SBR_0 和中断子程序，分别如图 10-26～图 10-29 所示。

主程序：初始化自由口通信设置，并根据"模式选择开关"的状态重新设置通信端口 0。SBR_0：定义通信端口 0 为自由口，初始化定时中断。SBR_1：定义通信端口 0 为普通 PPI 从站通信口。INT_0：对定时中断计数并从 Port0（端口 0）发送计数值。

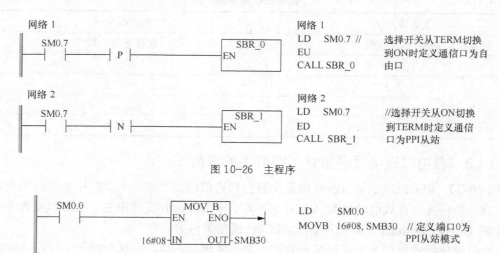

图 10-26 主程序

图 10-27 SBR_1 编程

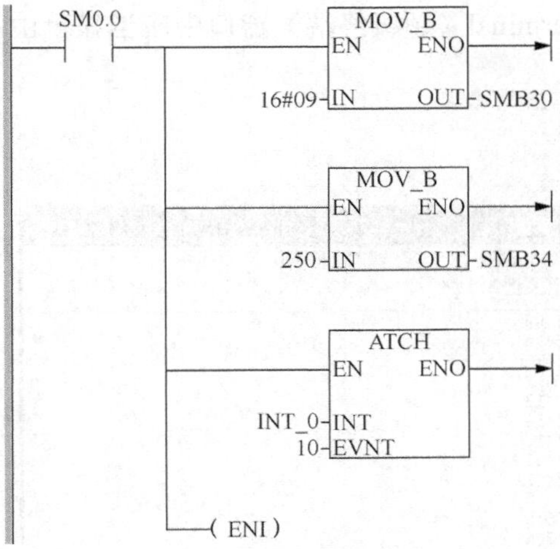

```
SM0.0      ┌─────MOV_B─────┐           LD    SM0.0
──┤ ├──┬───┤EN        ENO├──         MOVB  16#09, SMB30    //定义端口0的
          │   │             │                                     参数
          │ 16#09─┤IN    OUT├─SMB30   MOVB  250, SMB34       //定时中断周期
          │   └─────────────┘           ATCH  INT_0, 10        //连接定时中断事件10到中断服务程序0
          │   ┌─────MOV_B─────┐
          ├───┤EN        ENO├──
          │   │             │
          │ 250─┤IN    OUT├─SMB34      ENI
          │   └─────────────┘
          │   ┌─────ATCH─────┐
          ├───┤EN        ENO├──
          │   │             │
          │   INT_0─┤INT        │
          │   10─┤EVNT       │
          │   └─────────────┘
          └──( ENI )
```

图 10-28   SBR_0 编程

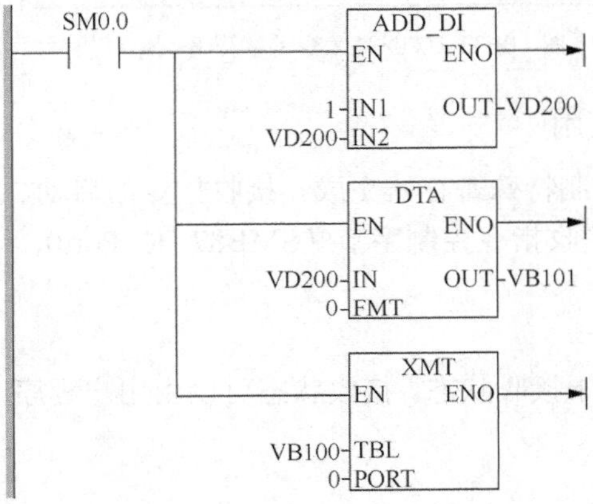

```
SM0.0      ┌─────ADD_DI─────┐          LD    SM0.0
──┤ ├──┬───┤EN        ENO├──         +D    1, VD200            // VD200用作累加器，每次中断加1
          │   1─┤IN1    OUT├─VD200
          │ VD200─┤IN2         │
          │   └──────────────┘
          │   ┌─────DTA─────┐           DTA   VD200, VB101, 0    //将VD200内的整数转换为12个ASCII字符
          ├───┤EN        ENO├──                                      并填入发送缓冲区
          │   │             │
          │ VD200─┤IN    OUT├─VB101
          │   0─┤FMT          │
          │   └─────────────┘
          │   ┌─────XMT─────┐            XMT   VB100, 0            // 从PORT0发送缓冲区内容
          ├───┤EN        ENO├──
          │   │             │
          │ VB100─┤TBL          │
          │   0─┤PORT         │
          │   └─────────────┘
```

图 10-29   INT_0 编程

3. 使用 Hyper Terminal 监视串口通信

如同编程时那样连接 PC/PPI 电缆。使用 Hyper Terminal 时需要注意不要让多个应用程序争夺串行通信口的控制权。

如果使用了多主站 RS-232/PPI 电缆，需将 DIP 开关 5 拨为 "0"，并设置适当的通信速率。

打开 Windows 系统的 Hyper Terminal 程序，选择图标，指定一个连接名称，如图 10-30 所示。选择 PC 机连接 PC/PPI 电缆的串行通信端口（这里是 COM1），如图 10-31 所示。

图 10-30   指定连接名称

图 10-31   选择串行通信端口

选择通信口参数，如图 10-32 所示。在 Hyper Terminal（超级终端）窗口中应当显示由 S7-200 CPU 发送来的字符串，如图 10-33 所示。

图 10-32　选择通信口参数

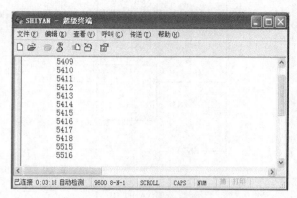

图 10-33　CPU224 发送的字符串

10.4.4　自由口通信接收指令（RCV）的应用

RCV 指令的所有控制均通过程序设置接收指令控制特殊寄存器完成。接收指令的启动、结束（或终止），以及消息起始和结束条件，都通过接收指令控制字节（SMB87 对 Port0，SMB187 对 Port1）和其他一些控制特殊存储器设置。

1. 接收指令的启动和结束（或中止）

启动接收指令后，S7-200 CPU 的通信控制器就处于接收状态。接收状态可以由用户程序中止，接收指令结束。

2. 消息串起始/结束的判断

使用接收指令时需要设置消息起始和结束的判断条件。接收指令启动后，通信控制器用这些条件来判断消息的开始和结束。判断消息结束时，接收状态终止；否则，通信口会一直处于接收状态。

【**例 10-4**】 S7-200 CPU 的通信口 0 接收字符串，并在信息接收中断服务程序中把接收到的第一个字节传送到 CPU 输出字节 QB0 上显示。

使用 PC/PPI 电缆连接 S7-200 CPU 和编程 PC 的串口。应用 Hyper Terminal 向 CPU 发送字符串。

1. 参数设置

选择空闲线检测为信息起始标志，字符 16#0A 为消息结束字符，根据接收字节控制字节定义表，应当写入 SMB87 的控制数据为 16#B0。

2. 程序

此例程序主要包括主程序、SBR_0、SBR_1、INT_0。主程序如图 10-34 所示，SBR_1 编程如图 10-35 所示，SBR_0 编程如图 10-36 所示，INT_0 编程如图 10-37 所示。

主程序：根据 CPU 模式开关的状态，定义通信口。

SBR_0：定义自由口接收指令参数，连接接收结束中断，开始接收。

SBR_1：重定义 PPI 通信口。

INT_0：传送消息首字节到 QB0 输出，开始下一个接收过程。

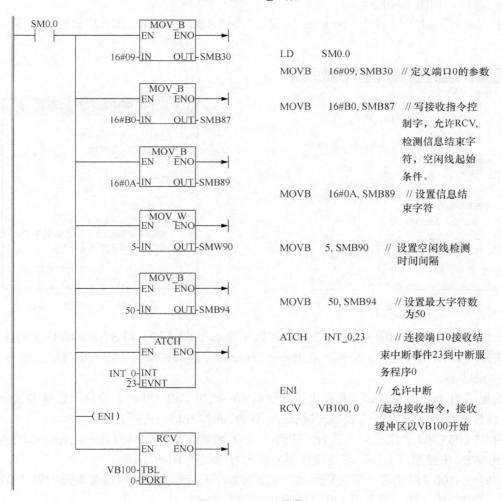

网络1
SM0.7 —| |—| P |—　SBR_0　EN

网络1
LD　SM0.7　　// 选择开关从TERM切换到ON时定义通信口
EU　　　　　　为自由口
CALL SBR_0

网络2
SM0.7 —| |—| N |—　SBR_1　EN

网络2
LD　SM0.7　　// 选择开关从ON切换
ED　　　　　　到TERM时定义通信
CALL SBR_1　口为PPI从站

图 10-34　主程序

SM0.0 —| |—　MOV_B　EN ENO
16#08-IN OUT-SMB30

LD　SM0.0
MOVB　16#08, SMB30　// 定义端口0为
PPI从站模式

图 10-35　SBR_1 编程

SM0.0
MOV_B　16#09-IN OUT-SMB30
MOV_B　16#B0-IN OUT-SMB87
MOV_B　16#0A-IN OUT-SMB89
MOV_W　5-IN OUT-SMW90
MOV_B　50-IN OUT-SMB94
ATCH　INT_0-INT 23-EVNT
(ENI)
RCV　VB100-TBL 0-PORT

LD　　　SM0.0
MOVB　16#09, SMB30　// 定义端口0的参数
MOVB　16#B0, SMB87　// 写接收指令控
制字，允许RCV，
检测信息结束字
符，空闲线起始
条件。
MOVB　16#0A, SMB89　// 设置信息结
束字符
MOVB　5, SMB90　// 设置空闲线检测
时间间隔
MOVB　50, SMB94　// 设置最大字符数
为50
ATCH　INT_0,23　// 连接端口0接收结
束中断事件23到中断服
务程序0
ENI　　　// 允许中断
RCV　VB100, 0　//起动接收指令，接收
缓冲区以VB100开始

图 10-36　SBR_0 编程

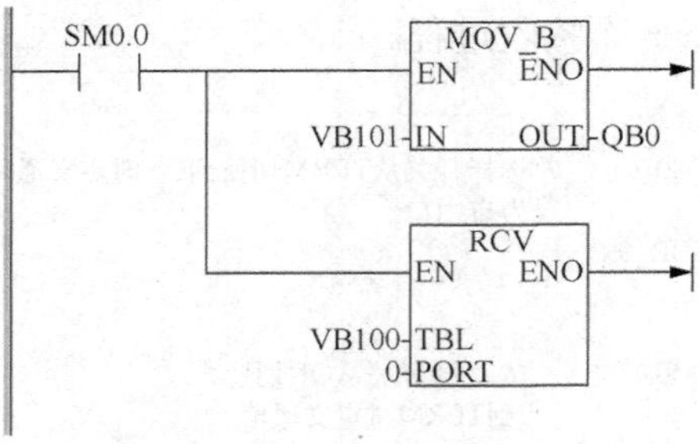

```
    SM0.0              MOV_B                 LD      SM0.0
    ─┤ ├──────────────┤EN   ENO├──          MOVB    VB101, QB0    //QB0输出接收到的
                                                                     第一各字节
              VB101─┤IN   OUT├─QB0           RCV     VB100, 0      //开始下一次接收
                     ┌──────────┐
                     │   RCV    │
                ─────┤EN    ENO├──
                     │          │
             VB100─┤TBL       │
                 0─┤PORT      │
```

图 10-37 INT_0 编程

3. 使用 Hyper Terminal 调试

打开 Windows 系统的 Hyper Terminal 程序，选择图标，指定一个连接名称，本例利用了【例 10-3】所定义的连接。

选择监控通信口，设置波特率后进入主界面。在"File"（文件）菜单中选择"Properties"（属性）选项，如图 10-38 所示。

在"属性"菜单中，单击"Settings"（设置）>"ASCII Setup"（ASCII 设置），如图 10-39 所示。

图 10-38 属性窗口

图 10-39 ASCII 码设置窗口

下载 S7-200 项目后断开 STEP 7-Micro/WIN 与 CPU 的连接。将 S7-200 CPU 上的模式选择开关拨动到 RUN（运行）位置。在 Hyper Terminal（超级终端）中输入字符串，观察 CPU 上 QB0 的状态。

如果在 Hyper Terminal 工具栏上按挂断按钮，或在 Call（呼叫）菜单中选择 Disconnect（断开连接）命令，可以释放 Hyper Terminal 对 PC 机串行口的占用。

将 S7-200 CPU 上模式开关从 ON 拨到 TERM，重新定义自由口为 PPI 从站模式。在 STEP 7-Micro/WIN 中使用状态表，在线观察缓冲区内容，如图 10-40 所示。

这时 VB100（即接收字节数）为零。这是因为在未接收到任何字符前重新设置了 S7-200 CPU 的通信模式，恢复为普通 PPI 从站模式。

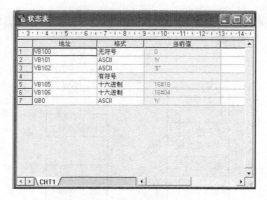

图 10-40　状态表监控缓冲区内容

10.5　S7-200 PLC 的 PROFI BUS-DP 通信

PROFIBUS-DP 是通用的国际标准，符合该标准的第三方设备可以作为 DP 网络的主站或从站。第三方设备作为主站时，组态软件由第三方提供。第三方设备作为从站时，可以用 STEP 7 组态。需要在 HW Config 中安装 GSD 文件后，才能在硬件目录窗口中看到第三方设备和对它组态。

S7-200 CPU 可以通过 EM277 PROFIBUS-DP 从站模块连入 PROFIBUS-DP 网，可以作为 PROFIBUS-DP 从站与主站通信，主站可以通过 EM277 对 S7-200 CPU 进行读/写数据。

10.5.1　PROFIBUS 从站模块 EM 277

PROFIBUS 从站模块 EM 277 用于将 S7-200 CPU 连接到 PROFIBUS-DP 网络，波特率为 9.6kbit/s～12Mbit/s。在 S7-300/400 与其他系统通信时，尽量使用这种通信方式。EM 277 是智能模块，能自适应通信速率，其 RS-485 接口是隔离型的。作为 DP 从站，EM 277 接收来自主站的 I/O 组态，向主站发送和接收数据，主站可以读写 S7-200 的 V 存储区，每次可以与 EM 277 交换 1～128B 的信息。

EM 277 只能作为从站，必须设定与主站组态中的地址相匹配的 DP 端口地址。从站地址是使用 EM 277 模块上的旋转开关设定的。不需要在 S7-200 一侧对 PROFIBUS-DP 通信组态和编程。

EM 277 在网络中除了作为 DP 主站的从站外，还能作为 MPI 从站，与同一网络中的编程计算机或 S7-300/400 CPU 等其他主站进行通信。S7-200 的编程软件可以通过 EM 277 对 S7-200 编程。模块共有 6 个连接，其中的两个分别保留给编程器（PG）和操作员面板（OP）。EM 277 实际上是通信端口的扩展，可以用于连接人机界面（HMI）等。

10.5.2　EM 277 的 PROFIBUS 通信的数据交换

EM 277 模块不仅仅是传输 I/O 数据。EM 277 还能读写 S7-200 CPU 中定义的变量数据块。这样，能使从站与主站交换任何类型的数据。首先将数据移到 S7-200 CPU 中的变量存储器，就可将输入、计数值、定时器值或其他计算值送到主站。其次，从主站来的数据存储在 S7-200 CPU 中的变量存储器内，也可移到其他数据区。

主站通过将其输出区的信息发送给从站的输出缓冲区（称为"接收信箱"），如图 10-41

所示,与其每个从站交换数据。从站将其输入缓冲区(称为"发送信箱")的数据返回给主站的输入区,以响应从主站来的信息。

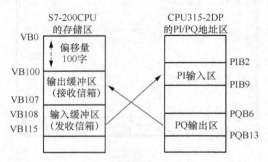

图 10-41   V 存储区和 I/O 地址区域

EM 277 可用 DP 主站组态,以接收从主站来的输出数据,并将输入数据返回给主站。输出和输入数据缓冲区驻留在 S7-200 CPU 的变量存储器(V 存储器)内。当组态 DP 主站时,应定义 V 存储器内的字节位置,从这个位置开始为输出数据缓冲区,它应作为 EM 277 的参数赋值信息的一个部分。还要定义 I/O 组态,它是写入到 S7-200 CPU 的输出数据总量和从 S7-200 CPU 返回的输入数据总量。EM 277 根据 I/O 组态确定输入和输出缓冲区的大小。DP 主站将参数赋值和 I/O 组态信息写入到 EM 277 模块,然后,EM 277 将 V 存储器地址和输入及输出数据长度传送给 S7-200 CPU。

如图 10-41 所示,CPU 224 中的 V 存储器的一个存储器模型,以及一个 DP 主站 CPU 的 I/O 地址区。DP 主站已定义了 8 输出字节和 8 输入字节的一种 I/O 组态,以及 V 存储器偏移为 100。S7-200 CPU 中的输出缓冲区和输入缓冲区长度(由 I/O 组态确定)都是 8 字节。输出数据缓冲区从 VB100 开始,输入缓冲区紧紧跟随输出缓冲区,并在 VB108 处开始。输出数据(从主站来)放置在 V 存储器中的 VB100。输入数据(传送到主站)取自 V 存储器的 VB108。

10.5.3   从站模块 EM 277 的组态应用举例

本例中,S7-300 与 S7-200 通过 EM 277 进行 PROFIBUS DP 通信,CPU315-2DP 是主站,S7-200 PLC 通过 EM277 模块设为从站,要求将 S7-300 的输入 IB0 写到 S7-200 的输出 QB0 中,S7-200 的输入 IB2 写到 S7-300 的输出 QB4 中。

只需要在 STEP7 中对 S7-300 和 EM 277 组态。在 S7-200 中,只需将待发送的数据传送到组态时指定的 V 存储区,或者从组态时指定的 V 存储区中读取接收的数据就可以了。其实现的步骤如下。

1. 组态 S7-300 站

在 STEP 7 的 SIMATIC 管理器中,生成一个项目,CPU 模块的型号为 CPU 315-2DP。选中该站后,点击右边窗口的"硬件"图标,打开硬件组态工具,按硬件安装顺序一次插入机架、电源、CPU 模块及输入输出模块进行 S7-300 PLC 的硬件组态,如图 10-42 所示。

双击"DP"所在的行,点击打开对话框"常规"选项卡中的"属性"按钮,在出现的对话框的"参数"选项卡中设置站地址,默认的站地址为 2。点击"新建"按钮,生成一条 PROFIBUS-DP 网络,如图 10-43 所示。点击"确定"按钮返回 HW Config,形成如图 10-44 所示的硬件组态画面。

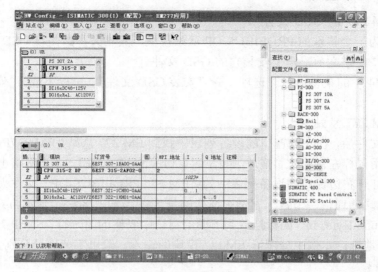

图 10-42 硬件组态

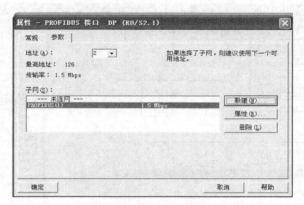

图 10-43 PROFIBUS 的建立

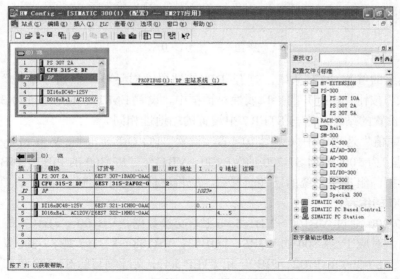

图 10-44 带有 PROFIBUS 网络的组态画面

2. 安装 EM 277 的 GSD 文件

EM 277 作为一个特殊的 PROFIBUS-DP 从站模块，其相关参数是以 GSD 文件的形式保存的。在 STEP 7 组态之前，需要安装它的 GSD 文件。

执行图 10-44 中的菜单命令"选项"→"安装 GSD 文件"（可以下载），安装 EM 277 从站配置文件。

3. 组态 EM 277 从站

导入 GSD 文件后，在右侧窗口的设备列表中找到 EM 277 从站"EM 277PROFIBUS-DP"（见图 10-45），用鼠标左键将它"拖放"到左边窗口中的 PROFIBUS-DP 网络上。用鼠标选中 EM 277 从站，打开右边窗口的设备列表中的"EM 277 PROFIBUS-DP"文件夹，根据实际系统的需要选择传送的通信字节数。本例中选择的是 8 字节输入/8 字节输出方式，将图 10-45 中的"8 Bytes Out/8 Bytes In"图标拖放到下面的窗口中表格的第一行。STEP 7 自动分配远程 I/O 的输入/输出地址，本例中分配给 EM277 模块的输入、输出字节地址分别为 PIB2~PIB9 和 PQB6~PQB13。

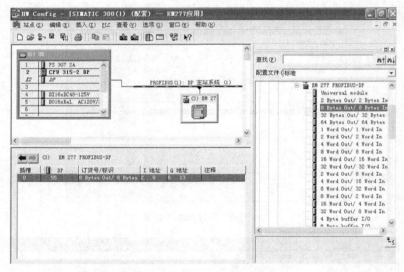

图 10-45 组态 DP 从站

双击网络上的 EM 277 从站，打开 DP 从站属性对话框。点击"常规"选项卡中的"PROFIBUS…"按钮，在打开的接口属性对话框中，设置 EM 277 的站地址为 3。用 EM 277 上的拨码开关设置的站地址应与 STEP 7 中设置的站地址相同。

在"参数赋值"选项卡中（见图 10-46），设置"I/O Offset in the V-memory"（V 存储区中的 I/O 偏移量）为 100，即用 S7-200 的 VB100~VB115 与 S7-300 的 PIB2~PIB9 和 PQB6~PQB13 交换数据。组态完系统的硬件配置后，应将硬件信息下载到 S7-300 的 CPU 模块。

4. S7-200 的编程

本例中 S7-200 通过 VB100~VB115 与主站交换数据。VB100~VB107 是 S7-300 写到 S7-200 的数据，对应于 S7-300 的 PQB6~PQB13；VB108~VB115 是 S7-300 从 S7-200 读取的数据，对应于 S7-300 的 PIB2~PIB9。用 STEP 5.4 中文版编写的 S7-300 PLC 的 OB1 程序如图 10-47 所示。S7-200 PLC 的主程序如图 10-48 所示。

属性 - DP 从站
常规
参数赋值
参数
数值
工作站点参数
设备专用参数
I/O Offset in the V-memory
100
十六进制参数赋值

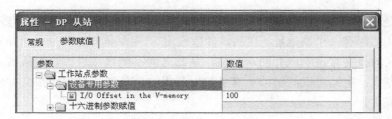

图 10-46 组态 DP 从站

在运行时可以用 STEP 7 的变量表和 STEP 7-Micro/Win 的状态表来监控通信的数据。

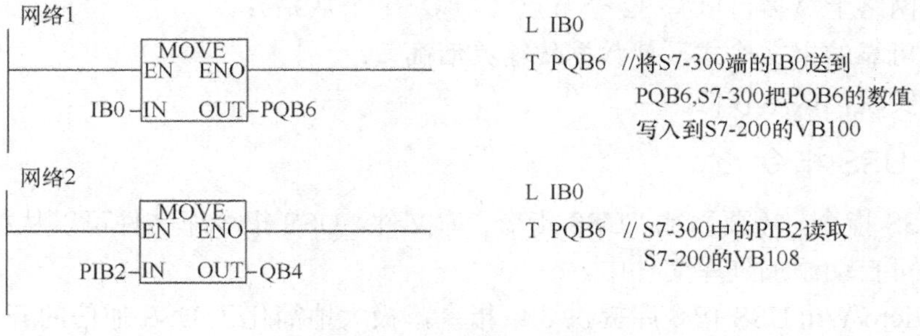

网络1
MOVE
EN ENO
IB0 IN OUT PQB6
L IB0
T PQB6 //将S7-300端的IB0送到
PQB6,S7-300把PQB6的数值
写入到S7-200的VB100
网络2
MOVE
EN ENO
PIB2 IN OUT QB4
L IB0
T PQB6 // S7-300中的PIB2读取
S7-200的VB108

图 10-47 S7-300 的 OB1 程序

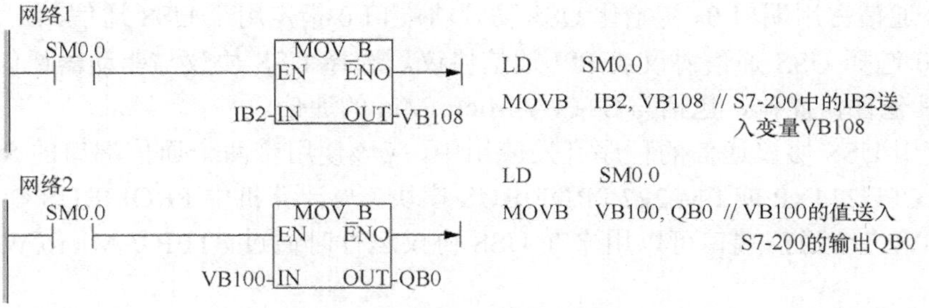

网络1
SM0.0
MOV_B
EN ENO
IB2 IN OUT VB108
LD SM0.0
MOVB IB2, VB108 // S7-200中的IB2送
入变量VB108
网络2
SM0.0
MOV_B
EN ENO
VB100 IN OUT QB0
LD SM0.0
MOVB VB100, QB0 // VB100的值送入
S7-200的输出QB0

图 10-48 S7-200 的主程序

10.6 S7-200 PLC 与变频器的 USS 协议通信

10.6.1 USS 通信协议

USS 协议（Universal Serial interface Protocol，通用串行接口协议）是西门子公司所有传动产品的通用通信协议，是一种基于串行总线进行数据通信的协议。通过 STEP 7 Micro/Win 软件指令库中的 USS 库指令，可简单、方便地实现通信，控制实际驱动器和读取/写入驱动器参数。USS 指令库是集成到编程软件中的子程序集。西门子提供的指令库可大大简化用户的编程工作量。用户也可以生成自己的指令库。USS 指令库使用 S7-200 CPU 的自由口通信模式编程实现。

S7-200 的编程软件 STEP7_Micro/WIN（V3.2 以上版本）提供了 USS 指令库。USS 指令库可以对 SIEMENS 生产的 MicroMaster 系列（MM420、MM430、MM440、MM3 系列等）、MasterDrive（6ES70 交流变频和 6RA70 直流驱动装置），以及 SINAMICS 系列变频器进行串行通信控制。

USS 协议是主从结构的协议，规定了在 USS 总线上可以有一个主站和最多 31 个从站；总线上的每个从站都有一个站地址（在从站参数设定），主站依靠它识别每个从站；每个从站也只对主站发来的报文做出响应并回送报文，从站之间不能直接进行数据通信。另外，还有一种广播通信方式，主站可以同时给所有从站发送报文，从站在接收到报文并做出相应的响应后可不回送报文。

USS 协议的特点为：

（1）支持多点通信（因而可以应用在 RS 485 等网络上）；

（2）采用单主站的“主—从”访问机制；

（3）一个网络上最多可以有 32 个节点（最多 31 个从站）；

（4）简单可靠的报文格式，使数据传输灵活高效；

（5）容易实现，成本较低。

10.6.2 USS 指令

要使用 USS 指令，需要添加“USS 指令”库文件，USS 指令库文件可以从相关的网站下载并安装，即可自动添加到库文件中。

STEP 7 Micro/Win USS 指令库提供 8 条指令，极大地简化了 USS 通信的开发和实现。

1. USS 指令使用的 CPU 资源

（1）USS 通信占用端口 0。初始化 USS 协议将端口 0 指定用于 USS 通信。使用 USS_INIT 指令为端口 0 选择 USS 通信协议或 PPI 通信协议。选择 USS 协议与驱动器通信后，端口 0 将不能用于其他任何操作，包括与 STEP 7 Micro/Min 的通信。

（2）在使用 USS 协议通信的程序开发应用中，应该使用带两个通信端口的 S7-200 CPU，如 CPU226、CPU224XP 或 EM 227 PROFIBUS 模块（与计算机中 PROFIBUS CP 连接的 DP 模块），这样第二个通信端口可以用来在 USS 协议运行时通过 STEP 7 Micro/Win 监控应用程序。

（3）USS 指令影响与端口 0 上自由接口通信相关的所有 SM。

（4）USS 指令要占用约 2500 字节的用户程序空间。USS 指令的变量要求一个 400 字节 V 内存块。该内存块的起始地址由用户指定，保留用于 USS 变量。

（5）某些 USS 指令也要求有一个 16 字节的通信缓冲区。作为指令的参数，需要为该缓冲区在 V 内存中提供一个起始地址。建议为 USS 指令的每个实例指定一个独特的缓冲区。

2. USS_INIT 指令

梯形图中 USS_INIT 的指令盒形式如图 10-49 所示，可以使用 SM0.1 或者信号的上升沿或下降沿调用 USS_INIT 指令，其各个参数含义如下。

Mode：模式选择，执行 USS_INIT 时，Mode 的状态决定是否在 Port 上使用 USS 通信功能。Mode=0，恢复 Port0 为 PPI 从站模式，而 Mode=1 则设置 Port0 为 USS 通信协议并进行相关初始化。

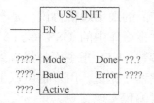

图 10-49 USS_INIT 的梯形图指令盒形式

Baud：USS 通信波特率，此参数要和变频器的参数设置一致，波特率的允许值为 2400、4800、9600、19200、38400、57600 或 115200 bit/s。

Done：初始化完成标志。

Error：初始化错误代码。

Active：此参数决定网络上的哪些 USS 从站在通信中有效。它用来表示网络上哪些 USS 从站要被主站访问，即在主站的轮询表中激活。USS_INIT 指令只用一个 32 位长的双字来映射 USS 从站有效地址表，Active 的无符号整数值就是它在指令输入端的取值。如图 10-50 所示，在这个 32 位的双字中，每一位的位号表示 USS 从站的地址号。要在网络中激活某地址号的驱动装置，则需要把相应位号的位置设为二进制"1"，不需要激活的 USS 从站，相应的位设置为"0"，最后对此双字取无符号整数就可以得出 Active 参数的取值。例如要使用站地址为 18 的 MM420 变频器，则需在位号为 18 的位单元格中填入二进制"1"，其他不需要激活的地址对应的位设置为"0"，取整数，计算出的 Active 值为 00040000h，即 16#00040000。

位号	MSB 31	30	29	…	20	19	18	17	16	…	02	01	LSB 00
对应从站地址	31	30	29	…	20	19	18	17	16	…	2	1	0
从站激活标志	0	0	0	…	0	0	1	0	0	…	0	0	0
取16进制无符号整数值	000					4				0000			
Active=	16#00040000												

图 10-50　Active 参数设置示意图

使用 USS 库指令前必须使用 USS_INIT 指令初始化 USS 通信参数。

3. USS_CTRL 指令

USS_CTRL 指令用于对单个驱动装置进行运行控制。网络上的每一个激活的 USS 从站，都要在程序中调用一个独占的 USS_CTRL 指令，而且只能调用一次。需要控制的驱动装置必须在 USS 初始化指令运行时定义为"激活"。

梯形图中 USS_CTRL 指令盒如图 10-51 所示，其各个参数含义如下。

EN：使用 SM0.0 使能 USS_CTRL 指令。

RUN：驱动装置的启动/停止控制，0 为停车，1 为启动。此停车是按照驱动装置中设置的斜坡减速控制电机的停止。

OFF2：停车信号 OFF2，此信号为"1"时，驱动装置将封锁主回路输出，电机自由停车。

OFF3：停车信号 OFF3，此信号为"1"时，驱动装置将快速停车。

F_ACK：故障确认，当驱动装置发生故障后，将通过状态字向 USS 主站报告；如果造成故障的原因排除，可以使用此输入端清除驱动装置的报警状态，即复位。

DIR：电机运转方向控制，其"0/1"状态决定运行

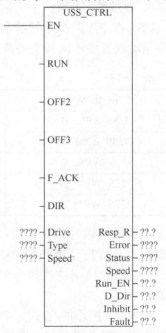

图 10-51　USS_CTRL 的梯形图指令盒形式

方向。

Drive：驱动装置在 USS 网络上的站号。

Type：向 USS_CTRL 功能块指示驱动装置类型。0，MM3 系列或更早的产品；1，MM4 系列或 SINAMICSG110。

Speed_SP：速度设定值。速度设定值必须是一个实数，给出的数值是变频器的频率范围百分比还是绝对的频率值取决于变频器中的参数设置（如 MM440 的 P2009）。

Resp_R：从站应答确认信号。主站从 USS 从站收到有效的数据后，此位将为"1"一个程序扫描周期，表明以下的所有数据都是最新的。

Error：错误代码，0=无错。

Status：驱动装置的状态字。此状态字直接来自驱动装置的状态字，表示当时的实际运行状态。

Speed：驱动装置返回的实际运转速度值。

Run_EN：运行模式反馈，表示驱动装置是运行（为 1）还是停止（为 0）。

D_Dir：指示驱动装置的运转方向，反馈信号。

Inhibit：驱动装置禁止状态指示（0，未禁止，1，禁止状态），禁止状态下驱动装置无法运行。要清除禁止状态，故障位必须复位，并且 RUN、OFF2 和 OFF3 都为 0。

Fault：故障指示位（0，无故障，1，有故障）。表示驱动装置处于故障状态，驱动装置上会显示故障代码（如果有显示装置）。要复位故障报警状态，必须先消除引起故障的原因，然后用 F_ACK 或者驱动装置的端子、或操作面板复位故障状态。

USS_CTRL 指令已经能完成基本的驱动装置控制，如果需要更多的参数控制选项，可以选择 USS 指令库中的参数读写指令实现。

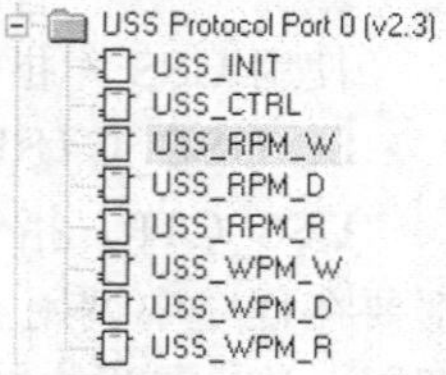

图 10-52　读写功能块

4. 参数读写指令

USS 指令库共有 6 种参数读写功能块，如图 10-52 所示。分别用于读写驱动装置中不同规格的参数，如表 10-14 所示。

表 10-14　　　　　　　　　各种不同规格参数的读写功能块

USS_RPM_W	读取无符号字参数	U16 格式
USS_RPM_D	读取无符号双字参数	U32 格式
USS_RPM_R	读取实数（浮点数）参数	Float 格式
USS_WPM_W	写入无符号字参数	U16 格式
USS_WPM_D	写入无符号双字参数	U32 格式
USS_WPM_R	写入实数（浮点数）参数	Float 格式

USS 参数读写指令采用与 USS_CTRL 功能块不同的数据传输方式。由于许多驱动装置把参数读写指令用到的 PKW 数据处理作为后台任务，参数读写的速度要比控制功能块慢一些。因此使用这些指令时需要更多的等待时间，并且在编程时要考虑到，进行相应的处理。

图 10-53 所示的程序段读取实际的电动机电流值（参数 r0068），由于此参数是一个实数，而参数读写指令必须与参数的类型配合，因此选用实型参数读写功能块，其参数含义如下。

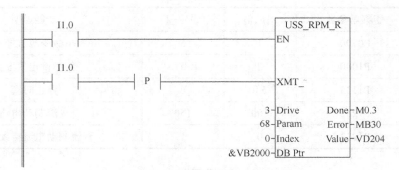

图 10-53　读参数功能块编程例图

EN：要使能读写指令，此输入端必须为 1。

XMT_REQ：发送请求，必须使用一个边沿检测点以触发读操作，其前面的触发条件必须与 EN 端输入一致。

Drive：要读写参数的驱动装置在 USS 网络上的地址。

Param：参数号（仅数字），此处也可以是变量。

Index：参数下标，有些参数由多个带下标的参数组成一个参数组，下标用来指出具体的某个参数。对于没有下标的参数，可设置为 0。

DB_Ptr：读写指令需要一个 16B 的数据缓冲区，用间接寻址形式给出一个起始地址。此数据缓冲区与"库存储区"不同，是每个指令（功能块）各自独立需要的，也不能与其他数据区重叠，各指令之间的数据缓冲区也不能冲突。

Done：读写功能完成标志位，读写完成后置 1。

Error：出错代码，0=无错。

Value：读出的数据值，要指定一个单独的数据存储单元。

EN 和 XMT_REQ 的触发条件必须同时有效，EN 必须持续到读写功能完成（Done 为 1），否则会出错。

写参数指令的用法与读参数指令类似。Value 是要写入变频器 RAM 的参数值，也可以写入变频器的 EEPROM。

在任一时刻 USS 主站内只能有一个参数读写功能块有效，否则会出错。因此如果需要读写多个参数（来自一个或多个驱动装置），必须在编程时进行读写指令之间的轮替处理。

【例 10-5】　基于 USS 通信方式的变频器速度闭环定位控制

1．控制要求

PLC 根据输入端的控制信号及脉冲信号，经过程序运算后由通信端口控制变频器运行设定的行程，电机运行到减速值后开始减速，电机运行到设定值后停止运行并锁定。

2．控制系统组成

如图 10-54 所示，变频器的控制是通过 PLC 使用 USS 通信方式来实现的，PLC S7-200采用 CPU224XP，变频器为 MM420，旋转编码器的 A 相脉冲输出信号作为 PLC 高速计数器3 的输入信号，控制 I0.2 的开关作为驱动装置的起动停止信号。变频器的参数分配如表 10-15所示。S7-200 PLC 的 I/O 分配表及其含义如表 10-16 所示。

表 10-15　　　　　　　　　　　变频器的相关参数表

序号	变频器参数	出厂值	设定值	功能说明
	P0700	1	5	命令源选择
	P1000	2	5	频率设定值选择
	P1135	5.0	0	停止时间
	P1232	100	150	直流制动电流
	P1233	0	1	直流制动电流持续时间

表 10-16　　　　　　　　　　　　　I/O 分配表

地址	含义
I0.1	旋转编码器的脉冲输入
I0.2	用于控制变频器的运行和停止，用开关 K 控制
Q0.0	运行模式反馈，表示驱动装置是运行（1）还是停止（0）
Q0.1	指示驱动装置的运转方向，反馈信号，正转为 1，反转为 0
Q0.2	驱动装置禁止状态指示（0，未禁止，1，禁止状态），禁止状态下驱动装置无法运行
Q0.3	故障指示位（0，无故障，1，有故障）

3. 控制流程

控制流程如图 10-55 所示。

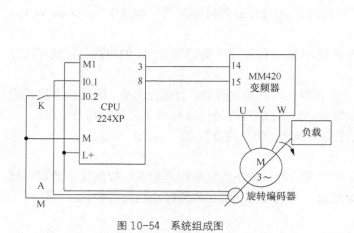

图 10-54　系统组成图

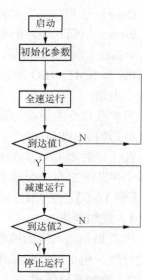

图 10-55　程序流程图

4. 程序设计

系统设计的主程序如图 10-56 所示，子程序如图 10-57 所示，中断程序如图 10-58 所示。

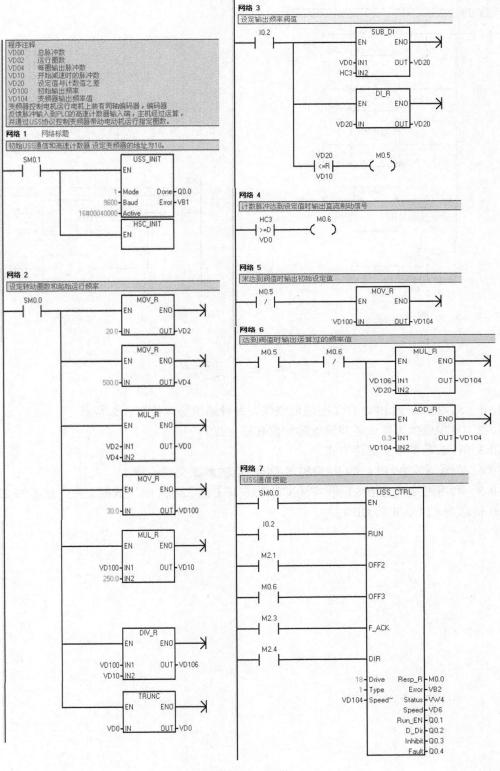

图 10-56 主程序

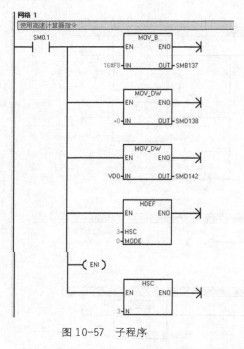

图 10-57 子程序

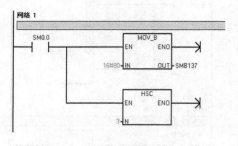

图 10-58 中断程序

习　　题

10-1　S7-200 系列 PLC 有哪些通信协议？每种通信协议各有什么特点？

10-2　异步通信为什么需要设置起始位和停止位？

10-3　什么是半双工通信方式？

10-4　简述 S7-200 PLC 的 PRFIBUS-DP 通信的数据交换原理。

10-5　利用网络读写指令编程实现 CPU226 和 CPU224 之间的数据交换，把 CPU226 中 MB100 传送到 CPU224 的 QB0。

附录 A 存储器类型和属性

区域	说明	作为位存取	作为字节存取	作为字存取	作为双字存取	可保持	可强制
I	离散输入和映象寄存器	读取/写入	读取/写入	读取/写入	读取/写入	否	是
Q	离散输出和映象寄存器	读取/写入	读取/写入	读取/写入	读取/写入	否	是
M	标志存储器	读取/写入	读取/写入	读取/写入	读取/写入	是	是
SM[1]	特殊存储器	读取/写入	读取/写入	读取/写入	读取/写入	否	否
V	变量存储器	读取/写入	读取/写入	读取/写入	读取/写入	是	是
T	定时器当前值和定时器位	定时器位、读取/写入	否	定时器当前值读取/写入	否	定时器当前值 - 是 定时器位 - 否	否
C	计数器当前值和计数器位	计数器位读取/写入	否	计数器当前值读取/写入	否	计数器当前值 - 是 计数器位 - 否	否
HC	高速计数器当前值	否	否	否	只读	否	否
AI	模拟量输入	否	否	只读	否	否	是
AQ	模拟量输出	否	否	只写	否	否	是
AC	累加器寄存器	否	读取/写入	读取/写入	读取/写入	否	否
L	局部变量存储器	读取/写入	读取/写入	读取/写入	读取/写入	否	否
S	SCR	读取/写入	读取/写入	读取/写入	读取/写入	否	否

[1] 位于字节（SMB0～SMB29）和（SMB1000～SMB1535）的特殊存储器地址为只读。

附录 B　S7-200 PLC 的 CPU 模块的技术性能指标

性能指标	CPU221	CPU222	CPU224	CPU224XP	CPU226
外形尺寸（mm）	90×80×62	90×80×62	120.5×80×62	140×80×62	196×80×62
用户程序（byte）	4096	4096	8192	12288	16384
用户数据（byte）	2048	2048	8192	10240	10240
掉电保持时间	50 小时	50 小时	100 小时	100 小时	100 小时
本机数字量 I/O	6/4	8/6	14/10	14/10	24/16
本机模拟量 I/O	无	无	无	2/1	无
扩展模块数量	0	2	7	7	7
数字量 I/O 映像区	128 入/128 出	128 入/128 出	128 入/128 出	128 入/128 出	128 入/128 出
模拟量 I/O 映像区	无	16 入/16 出	32 入/32 出	32 入/32 出	32 入/32 出
脉冲捕捉输入	6	8	14	14	24
脉冲输出	2	2	2	2	2
辅助继电器（M）	256	256	256	256	256
定时器/计数器	256/256	256/256	256/256	256/256	256/256
状态寄存器（S）	256	256	256	256	256
高速计数器	4	4	6	6	6
定时中断	2（1~255ms）	2（1~255ms）	2（1~255ms）	2（1~255ms）	2（1~255ms）
边沿中断	4 个上升沿或 4 个下降沿				
模拟电位器	1（8bit）	1（8bit）	2（8bit）	2（8bit）	2（8bit）
布尔指令执行速度	0.22μs/指令	0.22μs/指令	0.22μs/指令	0.22μs/指令	0.22μs/指令
口令保护	有	有	有	有	有
通信口	1	1	1	2	2
通信协议	PPI、DP、自由口				
最多主站数	32	32	32	32	32

附录 C　可编程控制器的精简指令集

布尔指令		
LD	N	装载（开始的常开触点）
LDI	N	立即装载
LDN	N	取反后装载（开始的常闭触点）
LDNI	N	取反后立即装载
A	N	与（串联的常开触点）
AI	N	立即与
AN	N	取反后与（串联的常开触点）
ANI	N	取反后立即与
O	N	或（并联的常开触点）
OI	N	立即或
ON	N	取反后或（并联的常闭触点）
ONI	N	取反后立即与

布 尔 指 令

LDBx	N1，N2	装载字节比较结果 N1（x：<，<=，=，>=，>，<> ）N2
ABx	N1，N2	与字节比较结果 N1（x：<，<=，=，>=，>，<> ）N2
OBx	N1，N2	或字节比较结果 N1（x：<，<=，=，>=，>，<> ）N2
LDWx	N1，N2	装载字比较结果 N1（x：<，<=，=，>=，>，<> ）N2
AWx	N1，N2	与字比较结果 N1（x：<，<=，=，>=，>，<> ）N2
OWx	N1，N2	或字比较结果 N1（x：<，<=，=，>=，>，<> ）N2
LDDx	N1，N2	装载双字比较结果 N1（x：<，<=，=，>=，>，<> ）N2
ADx	N1，N2	与双字比较结果 N1（x：<，<=，=，>=，>，<> ）N2
ODx	N1，N2	或双字比较结果 N1（x：<，<=，=，>=，>，<> ）N2
LDRx	N1，N2	装载实数比较结果 N1（x：<，<=，=，>=，>，<> ）N2
ARx	N1，N2	与实数比较结果 N1（x：<，<=，=，>=，>，<> ）N2
ORx	N1，N2	或实数比较结果 N1（x：<，<=，=，>=，>，<> ）N2
NOT		栈顶值取反
EU		上升沿检测
ED		下降沿检测
=	N	赋值（线圈）
=I	N	立即赋值
S	S_BIT，N	置位一个区域
R	S_BIT，N	复位一个区域
SI	S_BIT，N	立即置位一个区域
RI	S_BIT，N	立即复位一个区域

传送、移位、循环和填充指令

MOVB	IN，OUT	字节传送
MOVW	IN，OUT	字传送
MOVD	IN，OUT	双字传送
MOVR	IN，OUT	实数传送
BIR	IN，OUT	立即读取物理输入字节
BIW	IN，OUT	立即写物理输出字节
BMB	IN，OUT，N	字节块传送
BMW	IN，OUT，N	字块传送
BMD	IN，OUT，N	双字块传送
SWAP	IN	交换字节
SHRB	DATA，S_BIT，N	移位寄存器
SRB	OUT，N	字节右移 N 位
SRW	OUT，N	字右移 N 位
SRD	OUT，N	双字右移 N 位
SLB	OUT，N	字节左移 N 位
SLW	OUT，N	字左移 N 位
SLD	OUT，N	双字左移 N 位

续表

		传送、移位、循环和填充指令
RRB	OUT，N	字节右移 N 位
RRW	OUT，N	字右移 N 位
RRD	OUT，N	双字右移 N 位
RLB	OUT，N	字节左移 N 位
RLW	OUT，N	字左移 N 位
RLD	OUT，N	双字左移 N 位
FILL	IN，OUT，N	用指定的元素填充存储器空间
		逻辑操作
ALD		电路块串联
OLD		电路块并联
LPS		入栈
LRD		读栈
LPP		出栈
LDS		装载堆栈
AENO		对 ENO 进行与操作
ANDB	IN1，OUT	字节逻辑与
ANDW	IN1，OUT	字逻辑与
ANDD	IN1，OUT	双字逻辑与
ORB	IN1，OUT	字节逻辑或
ORW	IN1，OUT	字逻辑或
ORD	IN1，OUT	双字逻辑或
XORB	IN1，OUT	字节逻辑异或
XORW	IN1，OUT	字逻辑异或
XORD	IN1，OUT	双字逻辑异或
INVB	OUT	字节取反（1 的补码）
INVW	OUT	字取反
INVD	OUT	双字取反
		表、查找和转换指令
ATT	TABLE，DATA	把数据加到表中
LIFO	TABLE，DATA	从表中取数据，后入先出
FIFO	TABLE，DATA	从表中取数据，先入先出
FND=	TBL，PATRN，INDX	
FND<>	TBL，PATRN，INDX	在表中查找符合比较条件的数据
FND<	TBL，PATRN，INDX	
FND>	TBL，PATRN，INDX	
BCDI	OUT	BCD 码转换成整数
IBCD	OUT	整数转换成 BCD 码
BTI	IN，OUT	字节转换成整数
IBT	IN，OUT	整数转换成字节
ITD	IN，OUT	整数转换成双整数
TDI	IN，OUT	双整数转换成整数

表、查找和转换指令		
DTR	IN，OUT	双整数转换成实数
TRUNC	IN，OUT	实数四舍五入为双整数
ROUND	IN，OUT	实数截位取整为双整数
ATH	IN，OUT，LEN	ASCII 码→16 进制数
HTA	IN，OUT，LEN	16 进制数→ASCII 码
ITA	IN，OUT，FMT	整数→ASCII 码
DTA	IN，OUT，FMT	双整数→ASCII 码
RTA	IN，OUT，FMT	实数→ASCII 码
DECO	IN，OUT	译码
ENCO	IN，OUT	编码
SEG	IN，OUT	7 段译码
中断指令		
CRETI		从中断程序有条件返回
ENI		允许中断
DISI		禁止中断
ATCH	INT，EVENT	给事件分配中断程序
DTCH	EVENT	解除中断事件
通信指令		
XMT	TABLE，PORT	自由端口发送
RCV	TABLE，PORT	自由端口接收
NETR	TABLE，PORT	网络读
NETW	TABLE，PORT	网络写
GPA	ADDR，PORT	获取端口地址
SPA	ADDR，PORT	设置端口地址
高速计数器指令		
HDEF	HSC，MODE	定义高速计数器模式
HSC	N	激活高速计数器
PLS	X	脉冲输出
数学、加 1 减 1 指令		
+I	IN1，OUT	整数、双整数或实数法
+D	IN1，OUT	IN1+OUT=OUT
+R	IN1，OUT	
-I	IN1，OUT	整数、双整数或实数法
-D	IN1，OUT	OUT-IN1 =OUT
-R	IN1，OUT	
MUL	IN1，OUT	整数乘整数得双整数
*R	IN1，OUT	实数、整数或双整数乘法
*I	IN1，OUT	IN1×OUT=OUT
*D	IN1，OUT	
MUL	IN1，OUT	整数除整数得双整数
/R	IN1，OUT	实数、整数或双整数除法
/I	IN1，OUT	OUT/IN1=OUT
/D	IN1，OUT	

数学、加1减1指令		
SQRT	IN，OUT	平方根
LN	IN，OUT	自然对数
LXP	IN，OUT	自然指数
SIN	IN，OUT	正弦
COS	IN，OUT	余弦
TAN	IN，OUT	正切
INCB	OUT	字节加1
INCW	OUT	字加1
INCD	OUT	双字加1
DECB	OUT	字节减1
DECW	OUT	字减1
DECD	OUT	双字减1
PID	Table，Loop	PID 回路
定时器和计数器指令		
TON	Txxx，PT	通电延时定时器
TOF	Txxx，PT	断电延时定时器
TONR	Txxx，PT	保持型通延时定时器
CTU	Txxx，PV	加计数器
CTD	Txxx，PV	减计数器
CTUD	Txxx，PV	加/减计数器
实时时钟指令		
TODR	T	读实时时钟
TODW	T	写实时时钟
程序控制指令		
END		程序的条件结束
STOP		切换到 STOP 模式
WDR		看门狗复位（300 ms）
JMP	N	跳到指定的标号
LBL	N	定义一个跳转的标号
CALL	N（N1，…）	调用子程序，可以有 16 个可选参数
CRET		从子程序条件返回
FOR	INDX，INIT，FINAL	For/Next 循环
NEXT		
LSCR	N	顺控继电器段的启动
SCRT	N	顺控继电器段的转换
SCRE		顺控继电器段的结束

附录 D　实验

实验一　可编程控制器的基本编程练习

一、实验目的

1. 熟悉 PLC 实验装置，S7-200 系列编程控制器的外部接线方法。

2. 了解编程软件 STEP7 的编程环境，掌握编程软件的基本使用方法。

3．掌握与、或、非逻辑功能的编程方法。掌握定时控制、计数控制的基本编程应用。

二、实验说明

首先应根据参考程序，判断 Q0.0、Q0.1、Q0.2 的输出状态，再拨动输入开关 I0.0、I0.1、I0.2、I0.3，观察输出指示灯 Q0.0、Q0.1、Q0.2 是否符合与、或、非逻辑的正确结果。

注：在本装置中可编程控制器的输入公共端接主机模块电源的"L+"，此时输入端是低电平有效；输出公共端接主机模块电源的"M"，此时输出端输出的是低电平。

三、实验内容

1．基本逻辑指令应用实验。

2．定时器/计数器功能实验。

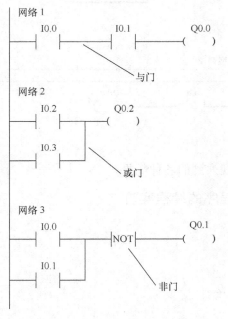

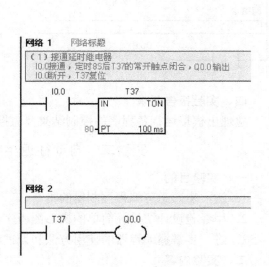

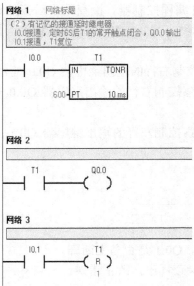

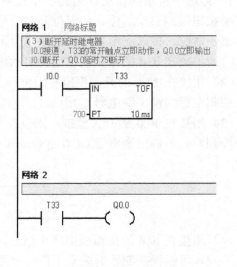

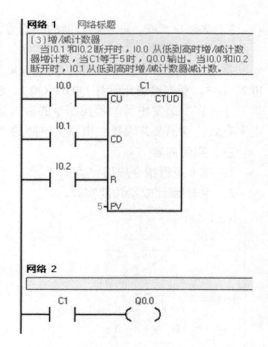

四、实验报告要求

整理出模拟运行各程序的控制结果及监控操作时观察到的各种现象。

实验二　自动往返小车控制程序的编程实验

一、实验目的

1. 进一步熟悉可编程控制器的指令。

2. 用经验设计法设计简单的梯形图程序。

3. 进一步掌握编程器的使用方法和调试程序的方法。

二、实验内容

1. 将图中所示的自动往返的小车控制程序写入可编程控制器，检查无误后开始运行程序，用按钮模拟启动、停止和限位开关信号，通过观察与 Q0.0～Q0.1 对应的 LED，检查小车的工作情况，按以下步骤检查程序是否正确。

（1）用接在 I0.4 的按钮模拟运行启动信号，观察控制右行的输出继电器 Q0.0 是否动作。

（2）用接在 I0.1 的开关模拟右限位开关信号，观察控制右行的输出继电器 Q0.0 是否断开，控制左行的输出继电器 Q0.1 是否动作。

（3）用接在 I0.0 的开关模拟左限位开关信号，观察控制左行的输出继电器 Q0.1 是否断开，控制右行的输出继电器 Q0.0 是否动作。

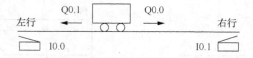

（4）用接在 I0.6 的按钮模拟停止信号，观察 Q0.0、Q0.1 是否马上断开。

若发现可编程控制器的关系不符合上述关系，应检查程序，改正错误。

2．较复杂的自动往返小车控制程序实验。

在上图所示系统的基础上，增加延时功能，即小车碰到限位开关 I0.1 后停止右行，延时 5s 后自动左行。小车碰到限位开关 I0.0 后停止左行，延时 3s 后自动右行。

将设计好的程序写入可编程控制器，运行和调试程序，使控制程序能满足运行要求。

```
网络1      网络标题
  I0.4         I0.5      I0.6      I0.1      Q0.1         Q0.0
──┤ ├──┬──────┤/├──────┤/├──────┤/├──────┤/├──────────(   )
  I0.0  │
──┤ ├──┤
  Q0.0  │
──┤ ├──┘


网络2
  I0.5         I0.4      I0.6      I0.0      Q0.0         Q0.1
──┤ ├──┬──────┤/├──────┤/├──────┤/├──────┤/├──────────(   )
  I0.1  │
──┤ ├──┤
  Q0.1  │
──┤ ├──┘
```

三、实验步骤

1．输入输出接线。

注：PLC 主机公共端接线方法见实验一。

2．打开主机电源将程序下载到主机中。

3．启动并运行程序，观察并记录实验现象。

四、实验报告要求

整理出调试好的有延时功能的自动往返小车的梯形图程序，写出该程序的调试步骤和观察结果。

实验三　LED 数码显示控制

一、实验目的

熟练掌握移位寄存器 SHRB，能够灵活地运用。

二、实验说明

1．SHRB 指令简介

移位寄存器指令（SHRB）将 DATA 数值移入移位寄存器。S_BIT 指定移位寄存器的最低位。N 指定移位寄存器的长度和移位方向（移位加=N，移位减=-N）。SHRB 指令移出的每个位被放置在溢出内存位（SM1.1）中。该指令由最低位（S_BIT）和由长度（N）指定的位数定义。

2．参考程序描述

按下启动按钮，八段数码管开始循环显示：先是一段一段显示，显示次序是 A、B、C、

D、E、F、G、H 各段，随后显示数字及字符，显示次序是 0、1、2、3、4、5、6、7、8、9、A、b、C、d、E、F，断开启动按钮程序停止运行。

三、实验面板图

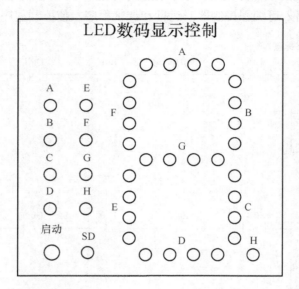

LED数码显示控制

四、实验步骤

1. 输入输出接线

输入	SD							
	I0.0							
输出	A	B	C	D	E	F	G	H
	Q0.0	Q0.1	Q0.2	Q0.3	Q0.4	Q0.5	Q0.6	Q0.7

注：PLC 主机公共端接线方法见实验一。

2. 打开主机电源将程序下载到主机中。

3. 启动并运行程序，观察实验现象。

五、实验报告要求

整理出调试好的梯形图程序，写出该程序的调试步骤和观察结果。

实验四 天塔之光模拟控制

一、实验目的

了解并掌握移位寄存器 SHRB 指令的基本应用及编程方法。

二、实验说明

合上启动开关后，按以下规律显示：L1→L1、L2→L1、L3→L1、L4→L1、L2→L1、L2、L3、L4→L1、L8→L1、L7→L1、L6→L1、L5→L1、L8→L1、L5、L6、L7、L8→L1→L1、L2、L3、L4→L1、L2、L3、L4、L5、L6、L7、L8→L1……循环执行，断开启动开关，程序停止运行。

三、实验面板图

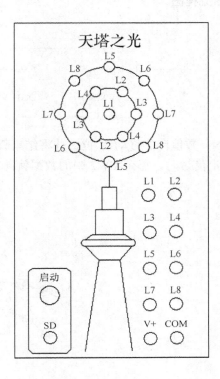

四、实验步骤

1. 输入输出接线。

输入	SD							
	I0.0							
输出	L1	L2	L3	L4	L5	L6	L7	L8
	Q0.0	Q0.1	Q0.2	Q0.3	Q0.4	Q0.5	Q0.6	Q0.7

注：PLC 主机公共端接线方法见实验一。

2. 打开主机电源将程序下载到主机中。

3. 启动并运行程序观察实验现象。

五、实验报告要求

整理出调试好的梯形图程序，写出该程序的调试步骤和观察结果。

实验五　喷泉控制

一、实验目的

掌握移位指令的应用，掌握顺序控制设计法的编程设计。

二、实验说明

1. 置位启动开关 SD 为 ON 时，LED 指示灯依次循环显示 1→2→3…→8→1、2→3、4→5、6→7、8→1、2、3→4、5、6→7、8→1→2…，模拟当前喷泉"水流"状态。

2. 置位启动开关 SD 为 OFF 时，LED 指示灯停止显示，系统停止工作。

三、功能指令使用及程序流程图

1. 字右移指令使用

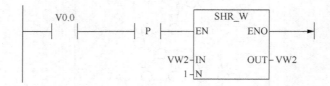

字右移指令将输入字（IN）数值向右移动 N 位，并将结果载入输出字（OUT）。如上所示：当每有一个 V0.0 的上升沿信号时，那么 VW2 中的数据就向右移动 1 位，并将移位后的结果存入 VW2 中。

2. 程序流程图

四、实验面板图

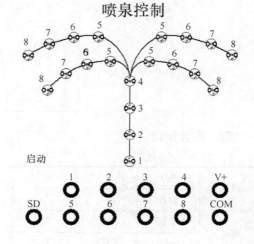

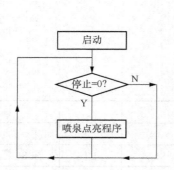

五、端口分配及接线图

I/O 端口分配功能表

序号	PLC 地址（PLC 端子）	电气符号 （面板端子）	功能说明
1.	I0.0	SD	启动
2.	Q0.0	1	喷泉 1 模拟指示灯
3.	Q0.1	2	喷泉 2 模拟指示灯
4.	Q0.2	3	喷泉 3 模拟指示灯
5.	Q0.3	4	喷泉 4 模拟指示灯
6.	Q0.4	5	喷泉 5 模拟指示灯
7.	Q0.5	6	喷泉 6 模拟指示灯
8.	Q0.6	7	喷泉 7 模拟指示灯
9.	Q0.7	8	喷泉 8 模拟指示灯
10.	主机输入 1M 接电源+24V		电源正端
11.	主机 1L、2L、3L、面板 GND 接电源 GND		电源地端

注：PLC 主机公共端接线方法见实验一。

六、操作步骤

1. 按控制接线图连接控制回路。
2. 将编译无误的控制程序下载至 PLC 中，并将模式选择开关拨至 RUN 状态。
3. 拨动启动开关 SD 为 ON 状态，观察并记录喷泉"水流"状态。
4. 尝试编译新的控制程序，实现不同于示例程序的控制效果。

七、实验报告要求

整理出调试好的梯形图程序，写出该程序的调试步骤和观察结果。

实验六　舞台灯光

一、实验目的

掌握定时器及移位指令的使用及编程方法。

二、实验说明

合上启动开关后，按以下规律显示：1—2—3—4—5—6—7—8—12—1234—123456—12345678—345678—5678—78—15—26—48—26—15—1357—2468—1，如此循环。

三、实验面板图

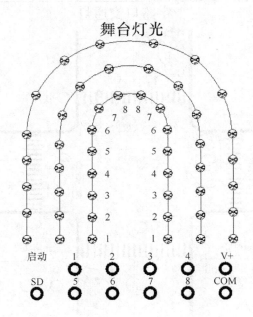

舞台灯光

四、实验步骤

1. 输入输出接线。

输入	SD							
	I0.0							
输出	1	2	3	4	5	6	7	8
	Q0.0	Q0.1	Q0.2	Q0.3	Q0.4	Q0.5	Q0.6	Q0.7

注：PLC 主机公共端接线方法见实验一。

2. 打开主机电源将程序下载到主机中。
3. 启动并运行程序，观察并记录实验现象。

五、实验报告要求

整理出调试好的梯形图程序，写出该程序的调试步骤和观察结果。

实验七 十字路口交通灯控制

一、实验目的

熟练使用基本指令，用 PLC 解决一个实际问题。根据控制要求，掌握顺序控制系统的 PLC 程序设计和程序调试方法。

二、实验说明

信号灯受一个启动开关控制，当启动开关接通时，信号灯系统开始工作，且先南北红灯亮 25s，东西绿灯亮 20s。东西绿灯到 20s 后，东西绿灯闪烁 3s 后熄灭。在东西绿灯熄灭时，东西黄灯亮 2s。到 2s 时，东西黄灯熄灭，东西红灯亮，同时，南北红灯熄灭，绿灯亮，东西红灯亮 25s。南北绿灯亮 20s，然后闪烁 3s 熄灭。南北黄灯亮 2s 后熄灭，这时南北红灯亮，东西绿灯亮。周而复始。当启动开关断开时，所有信号灯都熄灭。

三、实验面板图

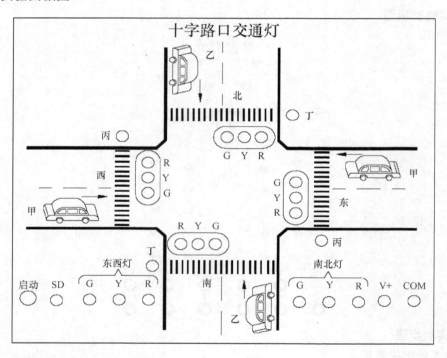

四、实验步骤

1. 输入输出接线。

输入	SD	输出	R	Y	G	输出	R	Y	G
	I0.0	南北	Q0.2	Q0.1	Q0.0	东西	Q0.5	Q0.4	Q0.3

注：PLC 主机公共端接线方法见实验一。

2. 打开主机电源将程序下载到主机中。

3. 启动并运行程序，观察实验现象。

五、实验报告要求

整理出调试好的梯形图程序，写出该程序的调试步骤和观察结果。

<h2 style="text-align:center">实验八　水塔水位控制</h2>

一、实验目的

用 PLC 构成水塔水位自动控制系统，进一步提高 PLC 的应用能力。

二、实验说明

当水池水位低于水池低水位界（S4 为 ON 表示），阀 Y 打开进水（Y 为 ON），定时器开始定时，4s 后，如果 S4 还不为 OFF，那么阀 Y 指示灯闪烁，表示阀 Y 没有进水，出现故障，S3 为 ON 后，阀 Y 关闭（Y 为 OFF）。当 S4 为 OFF 时，且水塔水位低于水塔低水位界时 S2 为 ON，电机 M 运转，向水塔抽水。当水塔水位高于水塔高水位界（S1 为 ON）时电机 M 停止。

三、实验面板图

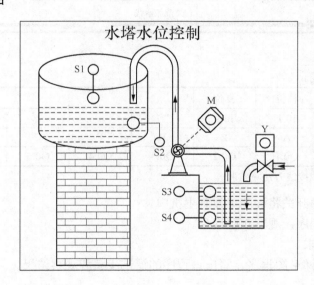

四、实验步骤

1. 输入输出接线。

输入	S1	S2	S3	S4	输出	M	Y
	I0.0	I0.1	I0.2	I0.3		Q0.0	Q0.1

注：PLC 主机公共端接线方法见实验一。

2. 打开主机电源开关将程序下载到主机中。

3. 启动并运行程序，观察实验现象。

五、实验报告要求

整理出调试好的梯形图程序，写出该程序的调试步骤和观察结果。

<h2 style="text-align:center">实验九　装配流水线的模拟控制</h2>

一、实验目的

了解移位寄存器在控制系统中的应用，掌握移位寄存器指令或顺序功能图的程序设计方法。

二、实验说明

在本实验中，传送带共有 20 个工位。工件从 1 号位装入，依次经过 2 号位、3 号位………20 号工位。在这个过程中，工件分别在 A（操作 1）、B（操作 2）、C（操作 3）三个工位完成三种装配操作，经最后一个工位送入仓库。

按下启动开关 SD，程序按照 D→A→E→B→F→C→G→H 顺序自动循环执行；在任意状态下选择复位按钮程序都返回到初始状态；选择移位按钮，每按动一次，完成一次操作。

三、实验面板图

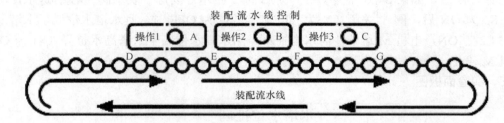

四、实验步骤

1．输入输出接线。

输入	启动	移位	复位					
	I0.0	I0.1	I0.2					
输出	D	A	E	B	F	C	G	H
	Q0.0	Q0.1	Q0.2	Q0.3	Q0.4	Q0.5	Q0.6	Q0.7

注：PLC 主机公共端接线方法见实验一。

2．打开主机电源开关将程序下载到主机中。

3．启动并运行程序，观察实验现象。

五、实验报告要求

整理出调试好的梯形图程序，写出该程序的调试步骤和观察结果。

实验十　液体混合装置控制的模拟

一、实验目的

熟练掌握各基本指令的应用，通过对工程实例的模拟，熟练地掌握顺序控制系统的 PLC 编程和程序调试方法。

二、实验说明

由实验面板图可知：本装置为两种液体混合装置，SL1、SL2、SL3 为液面传感器，液体 A、B 阀门与混合液体阀门由电磁阀 YV1、YV2、YV3 控制，M 为搅动电机。控制要求如下：按下启动按钮 SB1，装置投入运行时，液体 A、B 阀门关闭，混合液体阀门打开 20s 将容器放空后关闭；液体 A 阀门打开，液体 A 流入容器。当液面到达 SL2 时，SL2 接通，关闭液体 A 阀门，打开液体 B 阀门。液面到达 SL1 时，关闭液体 B 阀门，搅动电机开始搅动。搅动电机工作 6s 后停止搅动，混合液体阀门打开，开始放出混合液体。当液面下降到 SL3 时，SL3 由接通变为断开，再过 5s 后，容器放空，混合液阀门关闭，开始下一周期。停止操作：

当前的液体混合操作完毕后。按下停止按钮 SB1，停止操作。

三、实验面板图

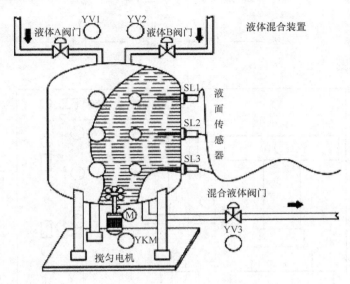

四、实验步骤

1. 输入输出接线。

输入	SB1	SL1	SL2	SL3
	I0.0	I0.1	I0.2	I0.3
输出	YV1	YV2	YV3	YKM
	Q0.0	Q0.1	Q0.2	Q0.3

注：PLC 主机公共端接线方法见实验一。

2. 打开主机电源开关将程序下载到主机中。

3. 启动并运行程序，观察实验现象。

五、实验报告要求

整理出调试好的梯形图程序，写出该程序的调试步骤和观察结果。

实验十一　机械手动作的模拟

一、实验目的

通过对模拟机械手动作过程的分析与操作，熟练地掌握较复杂的顺序控制系统的 PLC 编程和程序调试方法。

用数据移位指令来实现机械手动作的模拟。

二、实验说明

下图为一个将工件由 A 处传送到 B 处的机械手，上升/下降和左移/右移的执行用双线圈二位电磁阀推动气缸完成。当某个电磁阀线圈通电，就一直保持现有的机械动作，例如一旦下降的电磁阀线圈通电，机械手下降，即使线圈再断电，仍保持现有的下降动作状态，直到相反方向的线圈通电为止。另外，夹紧/放松由单线圈二位电磁阀推动气缸完成，线圈通电执行夹紧动作，线圈断电时执行放松动作。设备装有上、下限位开关和左、右限位开关，它的工作过程如下图所示，有八个动作，即为：

三、实验面板图

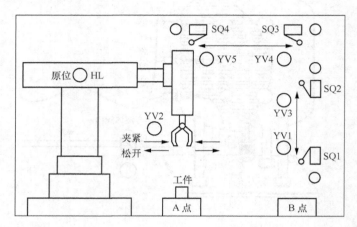

四、实验步骤

1．输入输出连线。

输入	SB1	SQ1	SQ2	SQ3	SQ4	
	I0.0	I0.1	I0.2	I0.3	I0.4	
输出	YV1	YV2	YV3	YV4	YV5	HL
	Q0.0	Q0.1	Q0.2	Q0.3	Q0.4	Q0.5

注：PLC 主机公共端接线方法见实验一。

2．打开主机电源将程序下载到主机中。

3．启动并运行程序，接通或断开各对应位置的开关，观察实验现象。

五、实验报告要求

整理出调试好的梯形图程序，写出该程序的调试步骤和观察结果。

实验十二　温度 PID 实验（实物）

一、实验目的

熟悉使用西门子 S7-200 系列 PLC 的 PID 控制，通过对实物的控制，熟练地掌握 PLC 控制的流程和程序调试。

二、实验说明

初始状态，在室温时模拟量模块输出一个电压值（<5V），加热块开始对物体加热，随着温度上升，PT100 反馈给 PLC 一个正比例电压信号，模拟量模块输出电压逐渐减小，当电压减到 0V 时则停止对物体的加热。

不要把实验目标值设置得过高，以免损坏实验装置。一般设置为高于室温 10～20℃即可。

由于季节或气温的影响，如果在不同的时间和环境内使用同一种参数做此实验，则可能造成控制效果的优劣差异。为了弥补这方面的差异，也为了达到更好的控制目的，请在不同的时间和环境下设置更佳的 P、I、D 参数。

在实验的过程中，由于硬件及其他原因，系统温度与系统输出电压之间可能存在一定的误差，因此，为了更好地控制系统温度，目标值的设定应遵循以下步骤。

先把中断程序中的目标值 MD104 设定为较大的数值，启动系统加热，进入监控模式。当系统温度上升到预期所要达到的温度值时，读取子程序中网络 1 中的 MD100 中的数值，此数值即为预期目标值，把此值填入中断程序中的目标值 MD104 中，再次下载程序，重新启动 PID 控制。

三、实验面板图

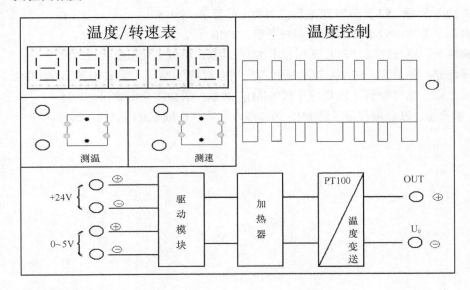

四、实验步骤

1．输入输出接线。

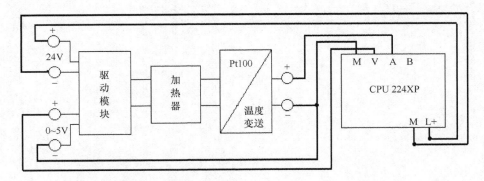

2．打开主机电源将程序下载到主机中。

3．启动并运行程序观察实验现象。

五、实验报告要求

整理出调试好的梯形图程序，写出该程序的调试步骤和观察结果。

参考文献

[1] 刘星平. PLC 原理及工程应用[M]. 第 2 版. 北京：中国电力工业出版社，2015.

[2] 李仁. 电器控制[M]. 北京：机械工业出版社，2006.

[3] 刘华波. S7-200 PLC 编程及应用案例精选[M]. 北京：机械工业出版社，2009.

[4] 蔡行健，黄文钰. 深入浅出西门子 S7-200PLC[M]. 北京：北京航空航天大学出版社，2003.

[5] 西门子公司. S7-200CN 可编程控制器产品目录. 2013.

[6] 西门子公司. S7-200SMART 系统手册. 2013.

[7] 梅丽凤. 电气控制与 PLC 应用技术[M]. 北京：机械工业出版社，2014.

[8] 潘海鹏，张益波. S7-200 PLC 编程及应用案例精选[M]. 北京：机械工业出版社，2014.

[9] 黄永红. 电气控制与 PLC 应用技术[M]. 北京：机械工业出版社，2015.

[10] 廖常初. PLC 编程及应用[M]. 第 4 版. 北京：机械工业出版社，2015.